全国高等职业院校食品类专业第二轮规划教材

（供食品营养与健康、食品检验检测技术、食品生物技术、食品质量与安全等专业用）

食品安全与质量控制技术

第2版

主　编　张　挺　吴美香

副主编　谢桂勉　孙国勇

编　者　（以姓氏笔画为序）

尹佳欣（湖南食品药品职业学院）

邓绮慧（广州城市职业学院）

孙国勇（茂名职业技术学院）

李小燕（山东药品食品职业学院）

吴炎松（广州中认认证培训有限公司）

吴美香（湖南食品药品职业学院）

张　挺（广州城市职业学院）

欧爱芬（广州城市职业学院）

周　昀（福建生物工程职业技术学院）

谢桂勉（揭阳职业技术学院）

薛宝玲（内蒙古农业大学职业技术学院）

中国健康传媒集团
中国医药科技出版社 ·北京

内 容 提 要

本教材为“全国高等职业院校食品类专业第二轮规划教材”之一，系根据本套教材的编写指导思想与原则的要求，结合专业培养目标和本课程的教学目标、内容和任务要求编写而成。本教材具有紧密结合新时代行业要求和社会用人需求、与职业技能鉴定相对接；内容主要包括影响食品安全的危害因素及其预防、食品危险性评估、食品质量控制方法、食品生产许可制度、食品良好生产规范、卫生标准操作程序、危害分析与关键控制点、ISO 9000 质量管理体系、ISO 22000 食品安全管理体系、食品质量管理体系审核等。本教材为书网融合教材，即纸质教材有机融合电子教材、教学配套资源（PPT、微课、视频等）、题库系统、数字化教学服务（在线教学、在线作业、在线考试）等，使教学内容更加立体化、生动化。

本教材主要供高等职业院校食品类专业师生使用，也可作为食品企业、餐饮食品企业等相关企事业单位从业人员的参考教材。

图书在版编目（CIP）数据

食品安全与质量控制技术 / 张挺，吴美香主编．

2 版．－－北京：中国医药科技出版社，2024.7（2025.7 重印）.

（全国高等职业院校食品类专业第二轮规划教材）.

ISBN 978－7－5214－4797－2

Ⅰ．TS201.6；TS207.7

中国国家版本馆 CIP 数据核字第 2024SF0078 号

美术编辑 陈君杞

版式设计 友全图文

出版 **中国健康传媒集团** | 中国医药科技出版社

地址 北京市海淀区文慧园北路甲 22 号

邮编 100082

电话 发行：010－62227427 邮购：010－62236938

网址 www.cmstp.com

规格 889mm×1194mm 1/16

印张 16

字数 474 千字

初版 2019 年 1 月第 1 版

版次 2024 年 7 月第 2 版

印次 2025 年 7 月第 2 次印刷

印刷 河北环京美印刷有限公司

经销 全国各地新华书店

书号 ISBN 978－7－5214－4797－2

定价 50.00 元

出版说明

为了贯彻党的二十大精神，落实《国家职业教育改革实施方案》《关于推动现代职业教育高质量发展的意见》等文件精神，对标国家健康战略、服务健康产业转型升级，服务职业教育教学改革，对接职业岗位需求，强化职业能力培养，中国健康传媒集团中国医药科技出版社在教育部、国家药品监督管理局的领导下，通过走访主要院校，对2019年出版的“全国高职高专院校食品类专业‘十三五’规划教材”进行广泛征求意见，有针对性地制定了第二轮规划教材的修订出版方案，并组织相关院校和企业专家修订编写“全国高等职业院校食品类专业第二轮规划教材”。本轮教材吸取了行业发展最新成果，体现了食品类专业的新进展、新方法、新标准，旨在赋予教材以下特点。

1.强化课程思政，体现立德树人

坚决把立德树人贯穿、落实到教材建设全过程的各方面、各环节。教材编写将价值塑造、知识传授和能力培养三者融为一体。深度挖掘提炼专业知识体系中所蕴含的思想价值和精神内涵，科学合理拓展课程的广度、深度和温度，多角度增加课程的知识性、人文性，提升引领性、时代性和开放性。深化职业理想和职业道德教育，教育引导学生深刻理解并自觉实践行业的职业精神和职业规范，增强职业责任感。深挖食品类专业中的思政元素，引导学生树立坚持食品安全信仰与准则，严格执行食品卫生与安全规范，始终坚守食品安全防线的职业操守。

2.体现职教精神，突出必需够用

教材编写坚持“以就业为导向、以全面素质为基础、以能力为本位”的现代职业教育教学改革方向，根据《高等职业学校专业教学标准》《职业教育专业目录(2021)》要求，进一步优化精简内容，落实必需够用原则，以培养满足岗位需求、教学需求和社会需求的高素质技能型人才，体现高职教育特点。同时做到有序衔接中职、高职、高职本科，对接产业体系，服务产业基础高级化、产业链现代化。

3.坚持工学结合，注重德技并修

教材融入行业人员参与编写，强化以岗位需求为导向的理实教学，注重理论知识与岗位需求 相结合，对接职业标准和岗位要求。在不影响教材主体内容的基础上保留第一版教材中的“学习目标”“知识链接”“练习题”模块，去掉“知识拓展”模块。进一步优化各模块内容，培养学生理论联系实践的综合分析能力；增强教材的可读性和实用性，培养学生学习的自觉性和主动性。在教材正文适当位置插入“情境导入”，起到边读边想、边读边悟、边读边练的作用，做到理论与相关岗位相结合，强化培养学生创新思维能力和操作能力。

4. 建设立体教材，丰富教学资源

提倡校企“双元”合作开发教材，引入岗位微课或视频，实现岗位情景再现，激发学生学习兴趣。依托“医药大学堂”在线学习平台搭建与教材配套的数字化资源(数字教材、教学课件、图片、视频、动画及练习题等),丰富多样化、立体化教学资源，并提升教学手段，促进师生互动，满足教学管理需要，为提高教育教学水平和质量提供支撑。

本套教材的修订出版得到了全国知名专家的精心指导和各有关院校领导与编者的大力支持，在此一并表示衷心感谢。希望广大师生在教学中积极使用本套教材并提出宝贵意见，以便修订完善，共同打造精品教材。

数字化教材编委会

主　编　张　挺　吴美香

副主编　谢桂勉　孙国勇

编　者　（以姓氏笔画为序）

尹佳欣（湖南食品药品职业学院）

邓绮慧（广州城市职业学院）

孙国勇（茂名职业技术学院）

李小燕（山东药品食品职业学院）

吴炎松（广州中认认证培训有限公司）

吴美香（湖南食品药品职业学院）

张　挺（广州城市职业学院）

欧爱芬（广州城市职业学院）

周　昀（福建生物工程职业技术学院）

谢桂勉（揭阳职业技术学院）

薛宝玲（内蒙古农业大学职业技术学院）

前言

保障食品安全是建设健康中国、增进人民福祉的重要内容，是以人民为中心发展思想的具体体现。《“十三五”国家食品安全规划》指出“提高食品行业从业人员素质，开展食品安全法律法规、职业道德、安全管控等方面的培训。将食品安全教育纳入国民教育体系，作为公民法制和科学常识普及、职业技能培训等的重要内容”。加强食品安全人才培养和培训是促进保障食品安全的重要举措。

食品安全与质量控制技术是职业院校食品类等专业的必修课程，是食品类专业学生必须掌握的专业基础课和专业技能课。本教材紧贴国家食品安全政策法规及标准，密切联系食品及相关企业生产实际，系统介绍了食品安全与质量控制的专业知识和专业技能，每章均有知识目标、能力目标、课后思考题等，有利于学生知识的掌握和巩固。

《食品安全与质量控制技术》是根据全国高职高专食品类专业培养目标和主要就业方向及职业能力要求，按照本套教材的编写指导思想和原则，结合本课程教学大纲，由全国多名职业院校教师和相关企业人员编写而成。本教材适用于全国高等职业院校食品营养与健康、食品检验检测技术、食品生物技术、食品质量与安全等专业师生教学使用，并可作为从事食品安全及相关工作的企业人员、社会人员学习参考用书。

本教材主要内容包括食品生产许可制度、食品良好生产规范、危害分析与关键控制点、食品质量管理体系等共 12 个项目，其中项目一、五由张挺编写，项目二由周昀编写，项目三由尹佳欣编写，项目四由邓绮慧编写，项目六由李小燕编写，项目七由吴美香编写，项目八由孙国勇，项目九由欧爱芬，项目十由吴炎松编写，项目十一由谢桂勉编写，项目十二由薛宝玲编写。本教材为书网融合教材，即纸质教材有机融合电子教材、教学配套资源、题库系统、数字化教学服务。实现课堂教学和现场教学的延伸，有利于提高学生学习兴趣，培养出既具有一定的理论知识又有较强操作技能的全面综合职业素质好的食品技术技能人才。

本教材的编写借鉴、吸收了国内外的相关资料，其中各位编者及所在院校领导都给予了大力支持和帮助，谨此一并致谢！

由于编者水平与经验有限，书中难免有纰漏和不妥之处，敬请使用本教材的师生和各位读者批评指正。

编　者

2024 年 3 月

目录

项目一

认识食品安全与质量

学习目标

知识目标

1. 掌握　食品、食品安全、食品质量的基本概念。
2. 了解　食品安全现状与发展趋势。

能力目标

能够分析我国食品安全现状与发展趋势。

素质目标

树立食品安全责任意识和安全管理意识。

任务一　认识食品安全

微课1

PPT

情境导入

三鹿奶粉事件起因是很多食用三鹿集团生产的奶粉的婴儿被发现患有肾结石，随后在其奶粉中被发现化工原料三聚氰胺。根据公布数字，截至2008年9月21日，因使用婴幼儿奶粉而接受门诊治疗咨询且已康复的婴幼儿累计39,965人，正在住院的有12,892人，此前已治愈出院1,579人，死亡4人。事件引起各国的高度关注和对乳制品安全的担忧。中国国家质检总局公布对国内的乳制品厂家生产的婴幼儿奶粉的三聚氰胺检验通报后，有22个厂家69批次产品中都检出三聚氰胺。

【任务描述】

认识食品安全对经济社会的影响。

【相关知识】

一、食品

1. 食品的定义　《中华人民共和国食品安全法》中食品的定义是指各种供人食用或者饮用的成品和原料以及按照传统既是食品又是中药材的物品，但是不包括以治疗为目的的物品。《食品工业基本术语》对食品的定义：可供人类食用或饮用的物质，包括加工食品（如罐头食品、面包）、半成品（如净菜、保鲜肉）和未加工食品（水果类），不包括烟草或只作药品用的物质。

上述两个对食品的定义比较全面地描述了我们所见到的食品，但只是对最终产品的描述。从全面质量管理的角度来讲，广义的食品概念还应涉及所生产食品的原料、原料种植养殖过程中接触到的物质和环境、食品的添加物、所有直接或间接接触食品的包装材料、食品生产设施以及影响食品原有品质的环境。

2. 食品的特性 食品，首先具有一定的色、香、味、质地和外形；其次是含有人体需要的蛋白质、脂肪、碳水化合物、维生素、矿物质、膳食纤维等营养素；第三，也是最重要的，就是它们必须是无毒无害。也就是说，食品必须在洁净卫生的环境下种养殖、生产加工、包装、贮藏、运输和销售。由此我们可以得出食品的主要特点：第一，食品对卫生的要求比较高，食品的卫生直接关系到人类的生命和健康，国内外发生的食物中毒事件，很多是由于不卫生的物质之间发生交叉污染所致；第二，食品是为人类提供营养的，是通过食用或饮用来实现它的食用价值，也就是满足人们的生理需求；第三，食品只能使用一次，而其他产品一般可以重复使用。如水杯可以重复使用，而食品提供给人体营养素后就完成使命。

二、食品安全

1. 食品安全的定义 保障食品安全是建设健康中国、增进人民福祉的重要内容，是“以人民为中心”的发展思想的具体体现。

《中华人民共和国食品安全法》中食品安全的定义是指食品无毒、无害，符合应当有的营养要求，对人体健康不造成任何急性、亚急性或者慢性危害。《食品安全管理体系 食品链中各类组织的要求》中食品安全是指食品在按照预期用途进行制备和（或）食用时，不会对消费者造成伤害的概念。世界卫生组织（WHO）将“食品安全”定义为：食物中有毒、有害物质对人体健康影响的公共卫生问题。WHO 在其发表的《加强国家级食品安全性计划指南》中把食品安全解释为“对食品按其原定用途进行制作和食用时不会使消费者受害的一种担保。”

一般来讲，广义的食品安全主要是指保障食物的供应方面的安全，即从数量的角度，要使人们既能买得到，又买得起所需要的食品；狭义的食品安全主要是指食品安全与质量对人体健康方面的影响，即从安全与质量的角度，要求食品的营养全面、结构合理、卫生健康。

食品安全可以从五个方面来评价：①营养成分，食品的用途之一就是为食用者提供必要的营养，但食品提供的营养成分过剩或缺失，都会造成对人体的营养性危害，特别是对特定人群危害更大。如发生在安徽阜阳的大头娃娃奶粉事件，就是因为奶粉中营养素严重缺乏，致使婴儿停止生长，四肢短小，身体瘦弱，脑袋尤显偏大；②天然成分，食品天然自带、生长产生、储存生成的某些物质。如河豚鱼体内的毒素，其毒性是剧毒氰化物的几百倍；玉米在贮藏不当时产生黄曲霉毒素等；③微生物污染，导致食品腐败变质、产生微生物毒素，食用有害微生物污染的食物导致食源性疾病；④食品添加剂，违反《食品安全国家标准 食品添加剂使用标准》规定，超量、超范围等使用情况，造成食品安全风险；⑤化学成分，指食物中含有有毒、有害化学物质，包括直接加入的和间接带入的，如米粉、腐竹使用“吊白块”等。

综上所述，食品安全是指食品既无危害又无危险，既不存在对人体有害的因素，也不造成对人体有害的近期或远期影响，兼具食品营养和安全要求，才是真正意义上的食品安全。

2. 食品安全现状 国务院印发的《“十三五”国家食品安全规划》中指出我国的食品安全形势总体稳定向好，人民群众饮食安全得到切实保障。

国家食品安全监督抽检力度不断加强，查处食品安全违法力度不断加大，食品监测覆盖范围不断扩大，食品安全法规标准不断更新和完善。国务院成立食品安全委员会，国家卫生健康委员会成立了国家食品安全风险评估中心，各级政府普遍建立了食品安全综合协调机制并明确办事机构，食品安全科技创新体系逐步完善。食品生产经营者诚信守法意识、公众食品安全意识和社会参与度进一步提高，每年举办“全国食品安全宣传周”活动，社会共治格局初步形成。

在肯定成绩的同时，必须清醒认识到，我国仍处于食品安全风险隐患凸显和食品安全事件集中爆发期，食品安全形势依然严峻。

一是源头污染问题突出。一些地方工业“三废”违规排放导致农业生产环境污染，农业投入品使用不当、非法添加和制假售假等问题依然存在，农药兽药残留和添加剂滥用仍是食品安全的最大风险。

二是食品产业基础薄弱。食品生产经营企业多、小、散，全国一千多万家获得许可证的食品生产经营企业中，绝大部分为10人以下小企业。企业诚信观念和质量安全意识普遍不强，主体责任尚未完全落实。互联网食品销售迅猛增长带来了新的风险和挑战。

三是食品安全标准与发达国家和国际食品法典标准尚有差距。食品安全标准基础研究滞后，科学性和实用性有待提高，部分农药兽药残留等相关标准缺失、检验方法不配套。

四是监管能力尚难适应需要。监管体制机制仍需完善，法规制度仍需进一步健全，监管队伍特别是专业技术人员短缺，打击食品安全犯罪的专业力量严重不足，监管手段、技术支撑等仍需加强，风险监测和评估技术水平亟待提升。

任务二　认识食品质量及其管理 微课2

PPT

情境导入

食品安全管理员在对肉制品的加工车间例行检查时发现，在该车间人员通道处摆放了6个货架，上面摆放着出炉不久待冷却的香肠，通道处人来人往，车间主任对此回答是生产旺季，冷却间不够用，临时放在通道。

【任务描述】

请讨论分析“情景导入”案例中食品质量管理存在的问题。

【相关知识】

一、食品质量管理

1. 质量的定义　“质量”一词非常抽象，不同的人，由于所学专业、从事行业、年龄、素质、经验、时间、需求、文化水平等不同，对质量的理解也不同。美国质量管理专家戴明博士认为：“质量是从客户的观点出发加强到产品上的东西。”世界著名质量专家塔古奇博士将质量定义为：“质量是客户感受到的东西。”世界著名统计工程管理学专家道里安·舍宁认为“质量是客户的满意、热情和忠诚”。海尔集团总裁张瑞敏先生认为：“质量意味着产品无缺陷，质量是产品的生命，信誉是企业的灵魂，产品合格不是标准，用户满意才是目的。”

国际标准化组织（ISO）在《质量管理体系——基础和术语》中对质量的定义是：一组固有特性满足要求的程度。

特性分为固有的特性和赋予的特性，固有特性是指事物本来就有的特性，如火腿中含有蛋白质和脂肪等营养素，含有人体所需的营养物质就是火腿本来就有的；水果蔬菜中含有叶绿素而呈现绿色等。赋予的特性是指人为增加或给予事物的特性，如在火腿中添加亚硝酸盐和红曲色素，使其呈现红色；食品的价格；鲜奶、冷鲜肉在运输过程中要求在低温条件下运输和贮藏等。

要求可分为明示的、隐含的和必须履行的需求或期望。明示的要求是指明确提出来的或规定的要求。如在水果买卖合同中明确提出水果的大小或顾客口头明确提出的要求。隐含的要求是指组织、顾客和其他相关方的惯例或一般做法，所考虑的需求或期望是不言而喻的。例如采购方便面，只需要提出购买某一品牌的方便面就可以了，而不用单独提出方便面必须是安全的或要满足相应的国家标准，因为只要是生产食品，食品企业就知道必须满足这些要求。必须履行的是指法律法规要求的或有强制性标准要求的。例如出口食品企业必须进行卫生注册或登记；须通过 HACCP、ISO 9001 认证等。

从质量概念中，我们可以理解到：质量的内涵是由一组固有特性组成，并且这些固有特性是以满足顾客及其他相关方所要求能力加以表征。质量具有经济性、广义性、时效性和相对性。

（1）质量的经济性　人们在日常生活中经常要求“货真价实，物美价廉”实际上是反映人们的价值取向，物有所值，就表明质量有经济性的表征。企业从事生产活动，目的就是以最好的产品最大限度地满足顾客的需求，以求获得最大的利润。

（2）质量的广义性　质量不仅指产品质量，而且还包括过程质量、部门质量、体系质量、管理质量。在食品生产过程中，要按照全面质量管理的思想，实现“从农田到餐桌”的全程质量控制食品的质量。

（3）质量的时效性　随着技术水平和人们生活水平的提高，对质量的要求也在不断提高，各种标准也在不断地被修订，旧的标准逐渐被淘汰。例如原先被顾客认为质量好的产品可能会因为顾客要求的提高而不再受到顾客的欢迎。因此，食品企业应不断地调整对质量的要求。

（4）质量的相对性　不同的人对质量的要求是不同的，因此会对同一产品的功能提出不同的需求，也可能对同一产品的同一功能提出不同的需求。例如薯片，有的人喜欢番茄酱口味的，有的人喜欢吃咸味的。因此，需求不同，质量要求也就不同。

由以上内容我们可以总结出食品质量的定义，即食品的一组固有特性（营养、安全、色、香、味、质、形等）满足消费者需求的程度。

2. 质量形成过程

（1）质量环　任何产品都要经历设计、制造和使用的过程，食品质量相应也有一个产生、形成和实现的过程，这一过程由按照一定的逻辑顺序进行的一系列活动构成。人们往往用一个不断循环的圆环来表示这一过程并称之为质量环。它是对产品质量的产生、形成和实现过程进行的抽象描述和理论概括。过程中的一系列活动一环扣一环，互相制约、互相依存、互相促进。过程不断循环，每经过一次循环，就意味着产品质量的一次提高。通过将食品质量形成的全过程分解为若干相互联系而又相对独立的阶段，就可以对之进行有效的控制和管理。

任何产品质量的形成基本遵循这样的过程：市场调研→产品研发→生产设计→采购→生产制造→检验→包装→储存→运输→销售→服务→营销和市场调研。

首先进行市场调研，了解顾客对烤鸡的消费需求（烤鸡的大小、价格、风味、宗教信仰等），针对顾客需求进行产品的研发以及生产工艺的设计，接着根据设计采购所需的原料，然后进行烤制、检验、包装、运输和销售；服务的内容主要包括食用方法、保存方法等；销售和服务的过程中，通过调研了解烤鸡存在的问题，以备下次烤制过程中进行改进。

（2）质量螺旋　美国质量管理专家朱兰于 20 世纪 60 年代用一条螺旋曲线来表示质量的形成过程，称之为朱兰质量螺旋曲线。在朱兰质量螺旋曲线图上可以看到，产品质量的形成由市场研究、开发（研制）、设计、制定产品规格、制定工艺、采购、仪器仪表以及设备装置、生产、工序控制、检验、测试、销售、服务十三个环节组成；产品质量形成的各个环节环环相扣，周而复始，不断循环上升。

（3）朱兰三部曲　朱兰博士认为质量管理是由质量策划、质量控制和质量改进三个相互联系的阶段所构成的一个逻辑的过程，每个阶段都有其关注的目标和实现目标的相应手段。

质量策划指明确企业的产品和服务所要达到的质量目标，并为实现这些目标所必需的各种活动进行规划和部署的过程。

质量控制就是为实现质量目标，采取措施满足质量要求的过程。

质量改进是指突破原有计划从而实现前所未有的质量水平的过程。

在质量管理的三部曲中，质量策划明确了质量管理所要达到的目标以及实现这些目标的途径，是质量管理的前提和基础；质量控制确保事物按照计划的方式进行，是实现质量目标的保障；质量改进则意味着质量水平的飞跃，标志着质量活动是以一种螺旋式上升的方式在不断攀登和提高。

3. 质量决定因素　从食品质量形成过程来看，食品质量是否能够满足消费者的要求，取决于四个因素：开发设计质量、生产制造质量、食用质量和服务质量。

（1）开发设计质量　开发设计是产品质量形成最为关键的阶段。设计一旦完成，产品的固有质量也就随之确定。食品质量设计的好坏，直接影响着消费者的购买和产品的食用安全。食品的开发设计主要包括产品的配方、加工工艺及流程、所需要的生产原料、生产设备、包装、运输和贮藏条件等。每一个环节设计出现问题，都将影响最终产品的质量和安全。世界快餐巨头麦当劳和肯德基每年都会针对不同的消费群体开发出不同的产品，而且花样百出，从而吸引更多的消费者。

（2）生产制造质量　生产制造是将设计的成果转化为现实的产品，是产品形成的主要环节。没有生产制造，就不可能有人们所需要的食品。生产制造质量体现在生产设备的稳定性、先进性及消毒、清洗和维修保养情况，生产人员的技术和管理水平以及管理体系运行情况等。

（3）食用质量　主要包括产品的颜色、风味、气味、口感、营养、安全以及食用方便等。食用质量是食品的价值体现，它的好坏直接决定着消费者是否重复购买或将其介绍给亲朋好友。

（4）服务质量　是产品质量的延续。服务质量体现了一个企业对顾客的重视，是企业形象的体现。每一个企业的产品不可能100%完美，出现质量问题，能够及时跟上服务，是对产品质量的弥补，可以挽回企业的损失和声誉。

4. 食品质量管理　《质量管理体系——基础和术语》中对质量管理的定义是指在质量方面指挥和控制组织的协调的活动，这里的活动通常包括制定质量方针和质量目标以及质量策划、质量控制、质量保证和质量改进。

食品质量管理是将质量管理的原理、方法和体系用于食品生产加工，是为保证和提高食品质量所进行的质量策划、质量控制、质量保证和质量改进等活动的总称。

食品的食用性、内在特性、营养性、感官特性、安全性、卫生性、时间性、经济性等特点，决定了食品质量管理的特殊性，主要体现为在空间和时间上具有广泛性、管理的对象具有复杂性、食品安全的重要性、质量监测控的复杂性、对产品功能性和适用性有特殊要求等。

二、食品安全与质量管理的重要性

1. 保障消费者的身体健康和生命安全　食品安全和质量管理工作的重要性可以说是众所周知，因食品在一定程度上影响着人们的身心健康，特别是对特定人群的身体健康的影响尤为明显，如长时间食用缺碘盐可能会引发甲状腺肿等病。

2. 提高产品的市场竞争力　产品质量与安全反映了一个企业的技术水平和管理水平。质量好的产品，在市场竞争中处于优势地位。每一个企业首先应该把产品质量放在第一位。

3. 促进国际贸易，规避各种壁垒 目前，与食品安全相关的贸易壁垒，主要是技术壁垒，成为国际贸易壁垒的主要内容之一，国际食品的自由贸易也为此受到了严重影响。我们承认，其中的部分措施为保护消费者健康和安全所必需。但同时，由于WTO相关协定具体条款的模糊性以及技术堡垒本身的技术性，很难对其中的必要措施和变相的贸易保护进行区分。这就难免造成泥沙俱下、鱼龙混杂，贸易保护主义假借食品质量与安全之名大行其道，对国际贸易造成不良影响。

【同步训练】

·重点概念

1. 食品安全 2. 食品质量管理 3. 质量

·课后讨论

1. 食品安全对我国经济社会发展的影响有哪些？
2. 食品安全与质量管理如何适应数字化时代要求？

练习题

答案解析

一、选择题

1. 以下不属于食品的是（ ）。
   A. 保健食品 B. 功能食品 C. 凉茶 D. 烟草
2. 食品的质量特性中（ ）属性始终放在首要考虑的位置。
   A. 功能性 B. 可信性 C. 安全性 D. 经济性
3. 食品安全是指食品无毒、无害，符合应当有的营养要求，对人体健康不造成任何（ ）。
   A. 急性危害 B. 亚急性危害 C. 慢性危害 D. 以上都是
4. 食品的特性包括（ ）。
   A. 卫生 B. 营养 C. 安全 D. 以上都是
5. 食品质量管理的复杂性包括（ ）。
   A. 空间 B. 时间 C. 对象 D. 以上都是

二、简答题

1. 叙述食品安全的重要性。
2. 简述食品质量管理的特殊性。
3. 简述你对食品安全工作的设想。

书网融合……

本章小结 微课1 微课2 题库

项目二

影响食品安全的危害因素及其预防措施

学习目标

知识目标

1. **掌握** 食品安全危害的种类、特性及其预防措施。
2. **熟悉** 各类食品安全危害的区别，常见食品污染物的来源。
3. **了解** 食品过敏原和流通环节易出现的危害及各类危害的检测手段。

能力目标

1. 能够分析和判断各类食品安全危害因素及性质。
2. 能够分析食品生产环节各类食品安全危害的来源。
3. 能够制定食品安全危害预防措施。

素质目标

教育引导学生深刻理解并自觉实践各行业的职业精神和职业规范，增强职业责任感，培养遵纪守法、爱岗敬业、无私奉献、诚实守信的职业品格和行为习惯。

任务一 预防生物性危害

PPT

情境导入

1900—1906 年，爱尔兰裔的厨娘玛丽在给美国几户雇主服务期间接连导致雇主家中多人患上伤寒病死亡。伤寒病的特点是高烧、腹痛、严重腹泻、头痛、身体出现玫瑰色斑等。肠道出血或穿孔是其最严重的并发症。

【任务描述】

掌握常见的食品生物性危害的来源并熟悉预防生物危害的措施。

【相关知识】

食品在生产、加工或贮运不当时，极易遭受生物性污染，尤其是大量预包装食品的出现，进一步增加了其遭受生物性危害的风险，导致人体健康危害的同时，也给食品工业带来巨大经济损失。一般来说，食品中的生物性危害包括微生物、寄生虫和昆虫等的污染。到目前为止，生物性危害仍是整个食品工业中最重要的食源性危害。

微生物导致的中毒包括微生物增殖和微生物产生的有毒代谢物引起的中毒。不同的微生物产生的毒素各有特点，因此引起的后果也各有特点。根据其各自污染食物的途径进行针对性预防措施是极其有效的。

一、微生物污染 微课

在食品生物性危害中，微生物污染所占比重最大，危害也较大，主要有细菌、霉菌与霉菌毒素和病毒。目前国际上认为食品危害人体健康的最大问题是由微生物引起的食物中毒。据卫生部全国食物中毒事件情况的通报显示，在引起食物中毒的各类原因中，由微生物引起的食物中毒事件在历年来都是最多。

（一）细菌

细菌是食品加工、销售过程中的重要污染来源之一。据国内外统计，细菌性食物中毒在各种食品中毒中所占比例最大。常见的细菌有致病菌、条件致病菌和非致病菌。致病菌污染食品后能使人出现病症；条件致病菌在一般条件下不致病，但是条件发生变化时有可能致病；非致病菌一般不引起人类疾病，但它们可引起食品的腐败变质，并为致病菌的生长繁殖提供条件，而在食品腐败变质时，一些细菌的代谢产物也会对人产生危害。

1. 评价食品卫生质量的细菌污染指数 我国现行食品卫生标准中常用微生物指标有四种：菌落总数、大肠菌群、致病菌和霉菌、酵母菌数。一般将菌落总数及大肠菌群作为食品卫生质量的鉴定指标。菌落总数是指被检验食品中单位质量（g）、体积（ml）或表面积（cm^2）内所含的细菌数，菌落总数虽然不一定代表食品对人体健康的危害程度，但却反映了食品的卫生质量，是食品清洁状态的指标。大肠菌群是肠道致病菌污染食品的指示菌，许多国家把大肠埃希菌值用于判断食品是否受动物粪便和肠道致病菌的污染，是食品被污染的指标。

2. 食品中常见的细菌 在历史数据中，副溶血性弧菌以及葡萄球菌、沙门菌属、志贺菌属等是细菌性食物中毒的首要致病因素，但近年来以上致病源均处于下降状态，而大肠菌科以及变形杆菌属的致病率在逐年上升。随着人们生活水平的不断提升以及生活方式的多样化，导致出现了新的病原菌，导致人们出现食物中毒，例如“O139”霍乱弧菌、“O157”大肠埃希菌等，虽然此类疾病在我国未大面积流行，但是从疾病的发展趋势来看，也需要引起全社会的重视。

（1）大肠埃希菌与大肠埃希菌 O157：H7　大肠埃希菌又称大肠杆菌，在肠道内的正常繁殖对人体是基本无害的，如果它侵入了其他组织和器官，就会引发肠外的感染。大肠埃希菌 O157：H7，则是肠出血性大肠埃希菌（EHEC）中的一个最常见类型，是大肠埃希菌的一种特殊血清型，这种血清型又叫“肠出血性大肠埃希菌”，能够导致人类患上腹泻等疾病，严重时会导致死亡。大肠埃希菌 O157：H7 是两端钝圆的革兰阴性菌，周身鞭毛，能运动，最适的生长温度为37℃。它能够引起人畜共患，比如猪、牛、羊和家禽等动物都可以作为宿主来传播。此外水源性传播是大肠埃希菌 O157：H7 的次要传播途径。其大量繁殖中会产生类似志贺氏毒素的内毒素。

大肠埃希菌 O157：H7 对热敏感，在60℃ 30 分钟或75℃ 1 分钟，可被杀死。原则上说应特别注意食品卫生，生熟食分开，不喝生水，不食不洁的食品，避免与患者密切接触就可避免广泛传播。

（2）副溶血性弧菌　副溶血性弧菌是一种重要的食源性致病菌。广泛存在于鱼贝虾蟹等海产品中，其特点是必须在有盐分的环境中才能生长，因此被称为嗜盐性弧菌。人们在食用被该菌污染的水产品后，极易引起急性肠胃炎，严重时会引起脱水和其他并发症，甚至引起死亡。副溶血性弧菌是一种革兰阴性，多形态球杆菌。大多数菌体在液体培养基中有单端鞭毛、能运动。副溶血性弧菌能够在温度为

5～44℃范围内生长，但以30～35℃为最佳。耐热直接溶血毒素被认为是该菌的主要毒力因子。

引起副溶血性弧菌中毒的食物除海产品外，还有凉拌菜和熟食制品等，由于从业人员卫生意识不强，交叉污染和再次污染的现象经常发生。受到副溶血性弧菌污染的食物，在较高温度下存放，食用前不加热，或加热不彻底，即可引起食物中毒。对于经常食用海产品的地区，要做到尽量采购新鲜的海产品，并在低温下贮藏，加工过程中要煮熟、煮透，切生、熟食物的厨具要分开，用完后进行严格的消毒处理。同时，生、熟食物应分开放置，避免造成交叉污染。

（3）金黄色葡萄球菌　金黄色葡萄球菌广泛存在于自然界中，它为哺乳动物和鸟类皮肤及黏膜的正常菌群。在人体中主要存在于皮肤、黏膜以及外界相通的各种腔道中，特别是鼻咽部。为一种需氧或兼性厌氧革兰阳性球型细菌，营养要求不高，对不良环境抵抗力较强。肠毒素在该菌的致病中起重要的作用，有70%以上的金黄色葡萄球菌株产生一种或多种肠毒素，进入消化道后主要引起恶心、呕吐、腹痛、腹泻等症状，很少出现死亡病例。

金黄色葡萄球菌污染的食品主要为乳制品、蛋及蛋制品、各类熟肉制品，其次是含有乳类的冷冻食品等。食品成分、食品的生产、运输和销售环境、气候条件以及社会因素（如公共卫生）都可能对食品中金黄色葡萄球菌的污染率有较大的影响。预防金黄色葡萄球菌食物中毒需依靠良好的卫生规范，从食品的原料、加工、运输、储藏以及销售等全过程进行控制，减少食品从业人员和保存环境对食品的污染。同时，通过冷藏保存、降低水活度等措施抑制金黄色葡萄球菌的生长和肠毒素的产生，能有效预防金黄色葡萄球菌引起的食物中毒。

知识链接

雪印牛奶中毒事件

2000年6月开始的近半个月时间内，日本关西地区共有1.4万人因饮用雪印乳业公司生产的低脂牛奶而被金黄色葡萄球菌污染中毒。事件发生后，雪印对危机处理不力招致民众抵触，经营不善的雪印牛奶工厂不得不宣布倒闭，1925年就已建立的70多年的老品牌毁于一旦。此后，日本政府出台了新的农业标准，在法律上强化对食品安全的保障。

（4）沙门菌　沙门菌是一种常见的人兽共患病原菌，是一类条件性细胞内寄生的革兰阴性肠杆菌。无芽孢，呈直杆状，一般无荚膜，大多有周身鞭毛，营养要求不高，需氧和兼性厌氧，最适宜温度35～37℃。沙门菌有较强的内毒素，根据侵入机体沙门菌菌种的不同，在临床上引起四种不同的疾病：①伤寒、副伤寒；②食物中毒（急性胃肠炎）；③慢性肠炎；④败血症。

在沙门菌感染过程中病畜和带菌者是沙门菌病的主要传染源。蛋、家禽和肉类产品是其主要传播媒介。患病的人和动物机体内长期带菌和排菌，造成沙门氏菌的交叉污染。沙门菌食物中毒主要发生于夏秋季节，引起中毒的食物主要为肉类、禽类、蛋类和奶类，豆制品和糕点有时也发生。其预防主要应采取积极措施，控制感染沙门菌的病畜肉类流入市场，加强卫生管理，生熟分开以防交叉感染。切断传播途径，保证杀菌的彻底性。对接触动物的所有人、动物预先接种沙门菌疫苗，增强免疫力。

（5）肉毒梭菌　肉毒梭菌是一种革兰阳性厌氧细菌，其广泛存在于土壤、鱼和家畜的肠内及粪便中，在罐头食品及密封腌制食品中具有极强的生存能力，菌体本身对人体没有危害，并且一般的加热手段就能将其杀死。但是肉毒杆菌在适宜的生长环境条件下会产生肉毒毒素，而肉毒毒素是目前发现的毒性最强的毒物之一。虽然肉毒毒素的毒性比较大，但它本身对热不稳定，100℃煮沸10分钟即可破坏。当肉毒杆菌逆境环境下存在时，为了保护自己就会形成芽孢，芽孢在一般加热条件下很难杀死，遇到适宜的环境条件芽孢就会"苏醒"。

引起肉毒毒素中毒的食品通常是因为食品原料被肉毒杆菌污染或食品在加工过程中未进行充分的加热处理，未杀灭芽孢等导致食品可能含有一定量的肉毒毒素。引起肉毒中毒的食品，常因人们的饮食习惯、膳食组成和食品制作工艺的不同而有差别。我国引起中毒的食品大多是家庭自制的发酵食品和腌制食品，也有少数是各种不新鲜肉、蛋、鱼类食品。肉毒毒素被人体吸收后，经淋巴和血液循环在人体内扩散，导致肌肉松弛性麻痹。最根本的预防措施是加强卫生管理，改进加工、储存方式，改善饮食习惯。

（6）单增李斯特菌　单核细胞增生性李斯特菌属于李斯特菌属，是革兰阴性短杆菌，无芽孢，生长环境是需氧和兼性厌氧，可在极端的环境中生长和存活，耐高盐环境，能忍受冷冻和干燥，对热的抵抗力较弱，60℃ 30分钟灭活，对化学杀菌及紫外线照射均较敏感。单增李斯特菌在自然界中广泛存在，由于其能耐各种极端环境可造成多种食品的污染，如奶及奶制品、肉制品包括猪肉、牛肉、羊肉、腌腊食品、水产品、新鲜蔬菜等植物性食品，其不但存在食品原料中，在食品的加工、运输和冷冻保存的食品中均可存在。该菌在我国食物中毒事件零星发生，这可能与我国的饮食方式有关，我国主要以煮食为主。所以应多注意冷饮等即食低温食品的安全性问题。

（二）霉菌与霉菌毒素

霉菌是真菌的一部分，在自然界分布很广，多数霉菌对人体是有益的，如发酵业、酿造、抗生素等的生产都需要霉菌，部分霉菌自身是无毒的，但它们污染食品后会导致其腐败变质；有些霉菌能产生毒素，人畜因误食霉菌毒素而中毒。

霉菌毒素是霉菌的有毒次生代谢产物，多数霉菌毒素有致癌作用，具有耐高温、无抗原性等特点。然而，研究表明，并不是所有的产毒霉菌都产生毒素，只有其中的产毒菌株能产生毒素，即便是产毒菌株，也是在一定条件下才能产毒。

1. 食品中常见的霉菌及其毒素　主要产毒霉菌及其毒素包括：曲霉属中的黄曲霉、赭曲霉、杂色曲霉、烟曲霉、构巢曲霉和寄生曲霉等；青霉属中的岛青霉、橘青霉、黄绿青霉、红色青霉、展青霉、扩散青霉、圆弧青霉、皱褶青霉和荨麻青霉等；镰刀菌属中的玉米赤霉、梨孢镰刀菌、拟枝孢镰刀菌、三线镰刀菌、雪腐镰刀菌、粉红镰刀菌、禾谷镰刀菌；此外还有粉红单端孢霉、木霉属、漆斑霉属、黑色葡萄状穗霉等。

黄曲霉属于曲霉属，适宜生长温度为25～42℃，最佳生长温度为37℃。黄曲霉是一种机会致病菌，可以感染人和动物，使其患曲霉病。黄曲霉毒素是黄曲霉菌和寄生曲霉菌分泌的一种次级代谢产物，容易污染粮食作物及其制品，主要存在于霉变的花生、大米、玉米等作物及与其相关食品中。其是自然界中已经发现的理化性质最稳定的一类真菌毒素，具有很强的毒性、致癌性、致突变性和致畸毒性，其中以黄曲霉毒素 B_1 的毒性最大。黄曲霉毒素进入动物体后会表现出强烈的亲肝性，可引起肝脏出血、脂肪变性、胆管增生等，并导致肝癌发生。黄曲霉和黄曲霉毒素虽然很早就已经被发现且被广泛地研究，但对黄曲霉及其毒素污染的根除依然没有找到快速有效的方法。

2. 避免霉菌污染的方法　要完全避免食物的霉菌污染是比较困难的，为了保证食品安全，必须将食物中的霉菌毒素含量控制在允许的范围内，主要从两方面入手：一是减少谷物、饲料在田野、收割前后、储运和加工过程中霉菌的污染和毒素的产生；二是在食用前去除毒素或不吃霉烂变质的谷物。目前采取的预防和去除霉菌毒素污染的措施包括：利用合理耕作、灌溉及适时收获来降低霉菌的污染和毒素的产生；通过降低储藏温度和改进储藏、加工方式等措施，降低粮食及饲料水分含量，减少霉菌毒素；严格执行食品卫生标准，加强污染检测。

（三）病毒

病毒是微生物中最小的类群，比细菌小得多，是一种具有细胞感染性的亚显微粒子，它实际上就是由一个保护性的外壳包裹的一段 DNA 或者 RNA，借由感染的机制，这些简单的生物体可以利用宿主的细胞系统进行自我复制，但无法独立生长和复制。

目前，食品中常见的传染给人类的病毒主要包括甲型肝炎、戊型肝炎、诺沃克病毒、轮状病毒、病毒性肠炎、脊髓灰质炎、疯牛病、口蹄疫病毒、猪水疱病毒、猪瘟疫病毒等，粪 - 口途径是病毒的主要传播途径，还可以以食品或水为媒介进入人体。

1. 肝炎病毒 肝炎病毒是引起病毒性肝炎的病原体。病毒性肝炎是当前危害人类健康的疾病之一。目前认为病毒性肝炎病原体至少有五种，包括甲型肝炎病毒（HAV）、乙型肝炎病毒（HBV）、丙型肝炎病毒（HCV）、丁型肝炎病毒（HDV）、戊型肝炎病毒（HEV），它们的特性、传播途径、临床经过均不完全相同，但它们均能引起肝炎病变。除了甲型和戊型病毒为通过肠道感染外，其他类型病毒均通过密切接触、血液和注射方式传播。

甲型病毒性肝炎是由甲型肝炎病毒（HAV）引起的以肝脏损伤为主的急性肠道传染性疾病，临床上主要表现为畏寒、发热、恶心、疲乏、食欲减退、肝肿大、肝功能异常、黑尿和黄疸等症状。HAV 的感染多为自限性，但严重时会导致死亡。HAV 的传播途径主要为“粪 - 口”途径，病毒随粪便排出人体后，可通过被污染的水、食物经口传播，这种传播方式是导致急性病毒性肝炎的主要途径（约占 43%），通常不会引起慢性感染。如 1988 年上海市出现了较大规模的流行性甲型肝炎，主要原因是人们食用了被甲肝病毒污染的毛蚶。为防止甲型肝炎的发生和流行，应重视保护水源，管理好粪便，加强饮食卫生管理，讲究个人卫生，患者排泄物、食具、床单衣物等应认真消毒。

2. 诺沃克病毒 诺沃克病毒属于杯状病毒科诺沃克病毒属成员，是一种分布很广泛的肠道腹泻病毒，导致成人和儿童的急性腹泻，是除轮状病毒外造成腹泻最主要的病毒病原。本病毒全年流行，但冬季较多见，常出现暴发流行。诺沃克病毒与食物、水源等的污染造成的急性胃肠炎爆发密切相关。被诺沃克病毒感染食品和诺沃克病毒感染者排泄物引起的粪 - 口传播是造成诺沃克病毒感染的主要途径。食用被病毒污染的食物如牡蛎、冰、鸡蛋、色拉及水等最常引起暴发性胃肠炎流行。生吃贝类食物是导致诺沃克病毒胃肠炎暴发流行的最常见原因。

预防措施为加强控制传染源，个人防护方面一定要养成良好的生活及饮食习惯，对诺沃克病毒感染者严格消毒隔离。重视食品、饮水卫生，保护水源不受病毒污染，加强对海产品如牡蛎的卫生监督，海鲜食品的加工一定要符合卫生要求。

3. 疯牛病朊病毒 疯牛病又称为牛海绵状脑病，是动物传染性海绵样脑病中的一种，是由朊病毒引起的一种致死性人畜共患神经退行性疾病。疯牛病为一种亚急性进行性神经系统疾病，通常脑细胞组织出现空泡，星形胶质细胞增生，脑内解剖发现淀粉样蛋白质纤维，并伴随着全身症状，以潜伏期长，死亡率高，传染性为特征。1993 年英国研究者通过对比实验证实疯牛病主要的传播方式是通过被朊病毒污染的肉骨粉，随后的研究显示肉骨粉加工工艺的缺陷和饲料质量监督部门的忽视导致了疯牛病随着动物饲料链循环并扩散到世界各地。除肉骨粉污染途径外，奶牛在夏季更容易患病的主要原因，是因为患病动物在其分泌液和排泄物中含有感染性朊病毒粒子，其他接触动物可能通过吞食或吸入这些感染颗粒而被感染疯牛病。

迄今针对疯牛病等朊病毒疾病仍然没有研发出特效的治疗药物和治疗办法，目前预防措施主要是主动监控处于疯牛病风险的牛群以降低疯牛病传播的风险。

知识链接

美国"非典型"疯牛病

美国曾在2003年、2005年、2006年和2012年先后发现4例疯牛病病例。其中，第一例属于典型疯牛病，发生在一头从加拿大进口的牛身上，其余都是非典型疯牛病病例。在发现首例疯牛病病例的第二年，美国牛肉行业受到严重影响，损失达数十亿美元。因此，国际上对"非典型"疯牛病不敢一丝怠慢，仍然坚持严格的饲料禁令，美国更是在2009年加强了动物饲料禁令。

4. 禽流感病毒 禽流感是由禽流感病毒（AIV）引起的一种禽类传染病，鸡、火鸡、鸭和鹌鹑等家禽均可感染，发病情况差别较大，有的出现急性死亡，有的无症状带毒。水禽是AIV的自然宿主，也是流感病毒的天然基因库，几乎所有亚型的流感病毒都可以在水禽中分离到。在世界范围内，家禽中流行的主要有H5、H6、H7、H9等亚型。H5和H7亚型的某些毒株可以造成禽类很高的发病率和死亡率，被称为高致病性禽流感（HPAI）病毒。高致病性禽流感不仅可对养禽业造成毁灭性打击，而且能够持续不断地跨种间传播感染人类，人感染后死亡率高达60%。

比如近几年在我国肆虐的H7N9就是变异演化的高致病亚型，病毒可通过呼吸道传播，也可通过接触带毒禽类及其排泄物、分泌物以及受其污染的环境及物品、水源等进行传播。活禽市场是一个潜在的病毒储存库，从事禽类作业的相关人员以及暴露于市场环境的人群为高危人群。潜伏期一般为7天以内，患者开始可表现为流感样症状，如发热、咳嗽、咳痰，有时则伴有肌肉酸痛、头痛和周身不适等症状，随后病情发展迅速，表现为高热、重症肺炎、呼吸困难，病重者还可表现为急性呼吸窘迫综合征、休克、多器官功能障碍综合征等，甚至死亡。预防禽流感应勤洗手，保持室内环境空气流畅，同时加强体育锻炼，增强抵抗力，保证睡眠时间；尽量减少与禽类尤其是病、死禽等不必要的接触，从事禽类作业相关人员在工作期间需穿戴手套、口罩等个人防护装备；尽量不购买活禽自行宰杀、加工；购买加工好的白条鸡等禽类产品时一定要确保经过正规检疫；食用禽类食物需要煮熟、煮透，不吃不熟的鸡蛋及禽肉。

二、寄生虫污染

寄生虫是指不能或不能完全独立生存，需寄生于其他生物体内的虫类。寄生虫所寄生的生物体称为寄生虫的宿主，其中，成虫和有性繁殖阶段寄生的宿主称为终宿主；幼虫和无性繁殖阶段寄生的宿主称为中间宿主。寄生虫及其虫卵直接污染食品或通过病患人群、病畜的粪便污染水体或土壤后，再污染食品，人经口摄入而发生食源性寄生虫病。畜禽、水产品是许多寄生虫的中间宿主，人类食用了含有寄生虫的畜禽和水产品后，就会感染寄生虫。

寄生虫能通过多种途径污染食品，经口进入人体，引起人的食源性寄生虫的发生和流行。污染食品的寄生虫有囊虫、旋毛虫、肝片形吸虫、姜片虫、弓形虫等。其中，囊尾蚴、旋毛虫、肝片形吸虫、姜片虫、弓形虫等常寄生于畜肉中，华支睾吸虫（肝吸虫病）、阔节裂头绦虫、猫后睾吸虫、横川后殖吸虫、异形吸虫、卫氏并殖吸虫、有棘颚口线虫、无饰线虫等常见于鱼贝类中，姜片虫则常寄生于菱、茭白、荸荠等水生植物的表面，蔬菜瓜果则可引起蛔虫病传播。

（一）食品中常见的寄生虫

1. 囊尾蚴 囊尾蚴病是由猪带绦虫幼虫－囊尾蚴寄生于人、畜组织器官所致的疾病。囊尾蚴病呈世界性分布，在许多地区仍是一种重要公共卫生问题。人食入带绦虫虫卵的猪肉是引起人囊尾蚴病的主要原因，当摄入被猪带绦虫虫卵污染的食物，或猪带绦虫病患者因呕吐或肠道逆蠕动，造成绦虫孕节反流入胃而造成感染，虫卵在人体内发育成幼虫囊尾蚴，引起囊尾蚴病。囊尾蚴主要分布在中枢神经系统，也可侵入肌肉、眼睛和皮下组织等，常引起患者出现癫痫、头痛、头晕等症状。

2. 华支睾吸虫 华支睾吸虫病又称肝吸虫病，是由华支睾吸虫寄生在人的肝胆管内所引起的肝胆病变为主的一种人兽共患寄生虫病，是当前我国最严重的食源性寄生虫病之一。肝吸虫成虫主要寄生在人、犬、猫和猪等的肝胆管内，成虫随粪便排出体外，随着生物链和交叉污染传递给其他生物。成虫在人体内的寿命一般为20～30年。人们生食或半生食鱼、虾是主要的感染方式。早期表现为低热、头痛、食欲减退、消化不良；到了中期可表现为上腹部疼痛、肝区隐痛、肝肿大、胆囊炎甚至出现黄疸；如果得不到及时的治疗，晚期患者可发展为肝硬化、腹水、肝癌、胆管癌。

3. 蛔虫 蛔虫是无脊椎动物，线虫动物门，线虫纲，蛔目，蛔科，是人体肠道内最大的寄生线虫。肠道蛔虫感染是世界广泛流行的一种寄生虫病，以第三世界国家最为普遍，在小儿中尤其常见。蛔虫卵对自然因素的抵抗力强、一般消毒剂不易将其杀死，在环境中存活时间长。人受感染后，出现不同程度的发热、咳嗽、食欲不振或善饥、脐周阵发性疼痛、营养不良、失眠、磨牙等症状，有时还可引起严重的并发症。如蛔虫扭聚成团可形成蛔虫性肠梗阻，钻入胆道形成胆道蛔虫病，进入阑尾造成阑尾蛔虫病和肠穿孔等，对人体危害很大。

（二）寄生虫的预防措施

对寄生虫的预防主要有以下几个方面：对于畜肉及禽肉，不吃未彻底熟制的食品；对于菱角、荸荠、茭白等水生植物，应熟食，尽量不要生吃；定期对动物进行健康检查；切断传播途径。加强宣传教育，普及卫生知识，注意饮食卫生和个人卫生，做到饭前、便后洗手，不养成生食的习惯，不饮生水，防止食入虫卵，减少感染机会。

三、鼠类和昆虫污染

（一）鼠类

鼠类繁殖快，数量能在短期内急剧增加，且它的适应性很强常对农业生产酿成巨大灾害。同时害鼠可以传播多种病毒性和细菌性疾病，包括鼠疫和出血性肾综合征。消灭鼠类是食品业卫生管理中一项重要工作。严格保管好各类食品，防止鼠类摄食，以提高药物灭效，减少鼠类生存环境。清理环境，搞好冷库内外卫生，清理卫生死角；保管好垃圾，及时集中处理；仔细检查，发现鼠洞及墙洞等及时堵好；不乱堆杂物，保持物品排列整齐。

（二）昆虫

昆虫是动物世界最大的一个类群，有一百多万种。昆虫携带有毒的病原微生物，可传染疾病。蟑螂、苍蝇、蚊子等昆虫，体表及腹中携带数量巨大的细菌、病毒和寄生虫卵，当人们食用被它们污染过的食物时，就可能导致肠道传染病或寄生虫病的发生。预防昆虫引起的生物性危害，一般可采取切断污染源，加强食品卫生和改善贮藏条件等措施。

任务二 预防化学性危害

PPT

情境导入

“瘦肉精”正式名称为盐酸克仑特罗，主要是指能够促进动物瘦肉生长、抑制脂肪生成的物质，是肾上腺素受体激动剂一类药物。"瘦肉精"从出现到现在已经有了三代产品。最为人所知的就是第一代产品盐酸克仑特罗。盐酸克仑特罗，是一种平喘药，曾作为治疗支气管哮喘、肺气肿等呼吸系统疾病所致的支气管痉挛的用药，因副作用大，现在已经较少用于人类。

【任务描述】

掌握环境污染、添加剂、农药、兽药和天然有害物质的分类并熟悉控制化学性危害因素的措施。

【相关知识】

食品的化学性污染是指食品中含有的（或人为添加的）对人体健康产生急性或慢性危害的化学物质。食品的化学性污染主要包括工业"三废"中有害金属污染，食物中农药、兽药、渔药残留，滥用食品添加剂和违法使用有毒化学物质，动植物中天然有毒物质，食品加工不当产生的有毒化学物质，以及包装材料和容器等。

化学性危害的种类最多，与侵袭到食品上的种类、剂量水平、环境条件、工艺过程、人为因素有密切关系，也成为目前最需要注意的一类危害。

一、有毒金属

食品中含有多种金属元素，其中钙、铁、锌、硒、锰、钒等是人体所必需的金属元素，这些金属元素可以维持人体的正常代谢和生理功能。还有些金属元素，人体只能忍耐极少的剂量，剂量稍高就会呈现一定的毒性，从而危害人体健康，这些金属即为有毒金属，也叫重金属，包括汞、镉、砷、铅、铬。

有毒金属主要来自工业化的发展引起对环境的污染。工业废气、废渣、废水排放到人类生活环境中，经过水体污染、土壤污染、大气污染，有害成分被植物吸收而残留在植物中，聚集在动物的体内，通过食物链与生物富集中，最终通过食物和水源影响人类的健康。

（一）铅

铅是一种用途广泛的重金属元素，在自然界中存在十分普遍。铅及其化合物是现代工业、交通运输业重要的原材料，应用于冶金、印刷、军事、医学、电子、陶瓷、颜料工业中，在使用过程中通过多种途径对食品造成污染。由于铅在自然环境中不能分解，并可不断蓄积，所以环境中的铅可通过生物富集作用、食品加工过程、包装物及生产设备、食品添加剂或配料等污染食品。

1. 铅污染的来源 食品中铅的来源有以下几方面。①食品制作过程中出现的铅污染，如爆米花在加工过程中被铁罐制作机中造成的铅污染，超过我国食品卫生标准的40倍；传统工艺腌制的松花蛋的含铅量也超标。②食品包装和盛放过程造成的铅污染，如用铝合金、陶瓷、搪瓷等材料制备的容器和用具均含有铅，在接触食品时会造成污染，罐装食品或饮料也可能含铅，特别是酸性食品更容易使铅逸出。③环境中铅对食品的污染，环境的铅污染主要来自两方面：一是铅矿的开采、冶炼及铅制品制造业产生的"三废"排入环境造成污染；二是汽车的尾气，是人们日常生活中最为明显的铅污染源。④农业上施用的农药和化肥是造成食品污染的另一渠道，长期使用含铅的农药、化肥，也将导致土壤中铅的积累。另外，不科学的饮食习惯会导致人体内的含铅量增加。

2. 铅的危害 铅中毒是一种蓄积性中毒，随着人体内铅蓄积量的增加可引起造血、肾脏及神经系统损伤。铅中毒后往往表现为智力低下、反应迟钝、贫血等慢性中毒症状。从危害程度来说，铅对胎儿和幼儿生长发育影响最大，因此儿童发生铅中毒的概率远远高于成年人，目前我国儿童金属铅污染较为严重。儿童行为异常与儿童铅中毒有密切关系，造成行为异常，表现出智力和注意力的改变，并最终造成智商损伤。同时铅能阻碍血红蛋白合成造成贫血，能蓄积于长骨组织，影响骨骼生长发育，甚至诱导肿瘤发生有致癌作用。

3. 铅的防控 改进食品生产工艺过程，加快推行标准化生产，加强农产品质量安全关键控制技术研究与推广，加大无公害农产品生产技术标准和规范的实施力度。加强对环境污染，特别是“工业三废”的治理，建立相关污染物排放标准。加强食品安全教育，提高食品安全意识以及公众环保意识，加强群众监督，共同保护自然生态环境，维护人体健康。另外，开展儿童血铅调查及时予以健康指导和驱铅治疗。

（二）汞

汞（又称水银）是一种有毒的重金属元素，可在水、空气和土壤中进行迁移，并通过食物链进入人体，在肝、肾、脑等器官组织富集，毒性与其存在形态密切相关。由于汞的毒性很强，且极易被生物富集，并通过食物链使人中毒，因此我国把汞列为“第一类污染物”。

1. 汞污染的来源 无机汞毒性相对较低，但在水生系统中可以通过生物和非生物的甲基化作用转化为甲基汞化合物，从而增强其毒性，直接对人类构成威胁。在农产品中受汞污染较严重的是水产品、蔬菜及动物的肾脏等。鱼被认为是人类汞暴露的主要来源，在水体中各种形式的汞通过微生物作用转化为甲基汞。汞极易与环境中的污染物通过各种途径对食品造成污染，直接影响人们的饮食安全，危害人体的健康。未经处理的工业废水的排放，是汞及其化合物对食品造成污染的主要渠道。一方面，通过灌溉农作物根系从土壤中吸收并富集重金属汞；另一方面，流入江河湖海中的废水经过非生物的作用使得甲基汞在鱼类等水产品中富集，再经过食物链的传递作用，进而导致人类的中毒现象。

2. 汞的危害 汞是吸入性毒物，且具有生物累积效应，最终会危害人类的生殖和发育，有致畸、致癌、致突变的作用。汞通过食物链的传递而在人体蓄积，蓄积于体内最多部位是骨髓、肾、肝、脑、肺、心等。重金属汞对人体的神经系统、肾、肝脏等可产生不可逆的损害，并对组织具有腐蚀作用。

3. 汞的防控 要减少汞超标对人体的危害，还要大力治理水污染，严格控制工业“三废”和城市生活污水的任意排放。同时，要建立农产品产地环境、农兽药残留及化肥合理使用的安全监管体系，强化对农业投入品的质量和环境安全管理，同时建立严密的食品监管网络，对种植养殖、生产包装、贮运、销售等各个环节实行全过程监管，确保食品安全。此外，汞的检测技术在形态分析、样品前处理、快速检验等方面尚需不断的完善。

二、农药、兽药残留

（一）农药

农药是指用于预防、消灭或控制危害农业林业的病虫草害和其他有害生物，以及有目的地调节植物、昆虫生长的药物的总称。农药按性质可分为化学性农药和生物性农药，按用途可分为杀虫剂、杀菌剂、除草剂、落叶剂和植物生长调节剂等，按照化学组成及结构可分为有机氯、有机磷、有机氟、有机氮、有机硫、有机砷、有机汞、氨基甲酸酯类等。

1. 农药残留的来源 农药在杀灭农作物病虫害、杂草，减少农作物损失，提高产量方面有显著作用。此外，农药还广泛地应用于畜牧业、林业，对控制人畜共患传染病、提高畜产品的产量和质量方面，也起到了重要作用。然而，由于农药长期大量地使用，通过喷洒在作物表面直接污染食用作物；植物根部吸收洒落到土壤中的农药，将其转移到组织内部和果实中；扩散到空气中的农药随雨雪降落，污染水源及土壤；水生生物通过食物链的富集作用等多种途径，对食品造成污染，最终进入人体。另外，有些农药虽然已经停止生产和禁止使用，但由于其化学性质稳定，不易降解，在食物链、环境和人体中可长期残留。

2. 农药残留的危害 有机氯类农药的挥发性并不高，但其脂溶性强，化学性质也比较稳定，其易于在动植物富含脂肪的组织中蓄积，在食物中的残留性也比较强，属于高残毒农药。人体中一旦长期摄入含有有机氯农药残留的食物，则主要会造成急性和慢性中毒，侵害人体的肝肾和神经系统，同时对人体的内分泌系统、生殖系统也有不小的损害作用。有机磷农药在人体的危害作用是：主要抑制血液和组织中乙酰胆碱酯酶活性，如果我们经常摄入微量有机磷农药，甚至可能会引起精神异常和慢性神经炎；同时对视觉、生殖和免疫功能有较大影响，还包括有致癌、致畸、致突变等危害。氨基甲酸酯类农药的中毒症状与有机磷的比较一致，但比有机磷中毒恢复要快。拟除虫菊酯类农药的毒性比较大，有蓄积性，中毒的表现为神经系统症状和皮肤刺激症状。

3. 农药残留的控制 加强法治建设，加快无公害食品标准、检测、认证三大体系建设；严把市场准入关口，建立质量安全责任追溯制度；建立完善的食品质量安全监管体系、食品安全预警机制、重特大食品安全事故应急机制和食品安全信息服务体系；加大在新型、低毒、高效农药研制和推广方面的投入，淘汰对人体危害较大的剧毒、高残留农药；加强农产品基地采前和采后流通环节的农药残留监管，真正实现农产品从农田到餐桌的质量安全。

（二）兽药、渔药和饲料添加剂

随着人类生活水平的提高，动物性食品如肉、蛋、奶，水产品如鱼、虾、蟹等在人们的膳食结构中占到比例越来越大。为了保证这些动物性食品、水产品的产量，往往要在养殖过程中使用兽药、渔药和饲料添加剂。使用兽药、渔药的目的是预防和治疗畜禽、水产品的疾病；使用饲料添加剂则是为了促进动物、水产品的生长繁殖，以及提高饲料的利用率。这些兽药、渔药和饲料添加剂在提高畜牧业、水产品产量的同时，也给食品带来兽药、渔药残留污染问题。

1. 兽药及渔药残留的来源 一般来说，造成兽药及渔药残留的情况包括：随意加大药物用量或者把治疗药物当成添加剂使用；不按规定执行应有的休药期；滥用药物或用药方法错误；使用违禁或淘汰药物，例如盐酸克仑特罗（瘦肉精）、类固醇激素（己烯雌酚）等。

2. 兽药及渔药残留的危害 长期食用含药物残留的动物性食品及水产品，这些药物在体内逐渐蓄积，对人体造成毒性作用、诱导病原菌产生耐药性、过敏反应，以及致癌、畸变和基因突变等危害。如因食用残留有盐酸克仑特罗的猪肉可导致食物中毒。人类的病原菌在长期接触这些低浓度药物后，容易产生耐药性菌株，使得人类疾病的治疗效果受到极大影响。此外，动物产品加工的废弃物未经无害化处理就排放于自然界中，使得有毒有害物质持续性蓄积，从而导致环境受到严重污染，最后导致对人类的危害。

3. 兽药及渔药残留的控制 为了控制兽药、渔药及饲料添加剂的使用，降低其在食物中的残留，必须实施国家残留监控计划，加大监控力度，严把检验检疫关；完善饲料、肉制品及动物代谢物中兽药的检测方法；使用科学的免疫程序、用药程序、消毒程序、病畜禽处理程序、搞好消毒、驱虫等工作；食品企业严格按照 GMP、HACCP 等管理体系，控制好生产的每一道环节，把好质量关。

三、食品添加剂危害

食品添加剂本身不能作为食品消费，也不是食品的特有成分，它是在食品加工、处理、调制、包装、运输、保存过程中，为了改善食品品质和色、香、味，以及由于防腐、加工工艺等需要加入的天然物质或化学合成物质。

我国现行的《食品安全国家标准食品添加剂使用标准》将食品添加剂分为酸度调节剂、消泡剂等23类。食品添加剂具有五个功能：增加食品的保存时间，防止食品腐败变质；改善食品的色香味等感官性状；有利于食品的加工操作；保持或提高食品的营养价值；满足不同人群的特殊需求。

一般来说，如果严格按照标准来使用食品添加，食品安全问题不会出现。然而，在食品生产、加工过程中，仍然存在使用未经国家批准使用或禁用的添加剂、添加剂使用超出规定用量、添加剂使用超出规定范围、使用工业级食品添加剂替代食品级添加剂等现象，给消费者的健康造成了极大的损害。

（一）违法使用非食品添加剂

有的企业非法使用未经国家批准或被国家禁用的添加剂，或以非食用化学物质代替食品添加剂来提高产量，如苏丹红、吊白块、三聚氰胺、柠檬黄和瘦肉精等。甚至在腐竹、粉丝、面粉、竹笋等食品中，利用二水甲醛和次硫酸氢钠来达到增白、保鲜、增加口感和防腐的目的；或者添加味道类似于香油的香精来生产“香油”；甚至用工业用白油、双氧水掺入食用级白油、双氧水，严重违反了食品添加剂的使用原则。

（二）超限量使用食品添加剂

超限量使用防腐剂（苯甲酸或山梨酸）的现象也接踵而至。此类添加剂是酸性物质，会消耗人体内的碘、铁、钙等物质。尤其是苯甲酸及其钠盐，易引起儿童中毒现象。

（三）超范围使用食品添加剂

许多企业不按国标所规定的某类食品中所能加入的食品添加剂的种类，自己扩大使用其他食品添加剂的情况相当常见。诸如，不少儿童喜爱的膨化食品、面食中都加入了含铝的添加剂，使食物更加松软可口或颜色更诱人。但是此类添加剂不仅会给儿童身体机能代谢增加负担，还会对儿童的免疫系统造成影响，如儿童发生的皮肤紫癜性过敏症。

（四）食品添加剂监管

制定和完善食品添加剂相关法律法规；制定食品添加剂的生产规范、使用规范；建立定期对食品添加剂进行评估的机制；发展安全、营养、无公害的食品添加剂，诸如葡萄糖氧化酶、鱼精蛋白、溶菌酶、乳酸菌、壳聚糖、果胶分解物等新型防腐剂的出现；积极引导舆论宣传，提高整个社会对食品添加剂的认识。

四、动植物中天然有毒物质

植物天然有毒物质是指有些动植物中存在的某种对人体有害的非营养性天然物质，或因储存方法不当在一定条件下产生的某种有毒成分。动植物中含有天然有毒物质的种类较多，结构复杂，有些物质化学成分还不清楚。这些天然有毒物质引起的食物中毒屡有发生，给人们带来极大的健康危害和经济损失。

在食品中存在的动植物天然毒素，植物性毒素有苷类、生物碱、酚类及其衍生物、毒蛋白和肽、酶类、非蛋白类神经毒素、硝酸盐和亚硝酸盐、草酸和草酸盐等；水产类中的动物性毒素有河豚毒素、肉毒鱼类毒素、贝类毒素等；其他还有毒蘑菇和麦角毒素、西加毒素（来源于热带水体中有毒藻类）、组胺（源自产组胺菌的海产品）、蟾蜍毒素等。

（一）植物中的天然毒素

1. 毒蛋白和肽　目前所发现的有毒蛋白质包括血凝素和酶抑制剂。血凝素是某些豆科、大戟科等蔬菜中的有毒蛋白质。这类毒素已发现 10 多种，包括蓖麻毒素、巴豆毒素、相思子毒素、大豆凝集素和菜豆毒素等。酶抑制剂主要有胰蛋白酶抑制剂和淀粉酶抑制剂，它们能引起水解不良和过敏反应，有人称其为过敏原。食用的黄豆能引起过敏反应，其中主要的过敏原是胰蛋白酶抑制剂。这类毒素受热后变性，可破坏一些毒素，降低含毒量，所以豆浆等豆制品食用前的彻底热处理是非常重要的。

2. 生物碱 生物碱是一类含氮的有机化合物，绝大多数存在于植物中，存在于食用植物中的主要是龙葵碱、秋水仙碱、咖啡碱及吡咯烷生物碱等。马铃薯发芽后，其幼芽和芽眼部分会产生龙葵碱，其对胃肠道黏膜有较强的刺激性和腐蚀性，对中枢神经有麻痹作用，对红细胞有溶血作用，可引起急性肺水肿、胃肠炎等。预防中毒的措施首先是防止马铃薯发芽，轻度发芽的马铃薯在食用时应彻底挖去芽和芽眼，并充分削去芽眼周围的表皮，以免食入毒素而引起中毒。

3. 蕈蘑菇毒素 由野生毒蘑菇而引起的食物中毒称毒蕈中毒，其有毒物质称为蕈毒素。毒蕈是指食后可引起中毒的蕈类。含有剧毒可致死的不到 10 种。分别是：褐鳞环柄菇、毒蝇鹅膏菌、鹿花菌、鳞柄白毒伞、秋生盔孢伞、包脚黑褶伞、毒粉褶菌、残托斑毒伞等。由于化学成分复杂，毒蘑菇引起的中毒症状也不一样，根据中毒时出现的临床症状不同，可将这些毒素分为胃肠毒素、神经精神毒素、血液毒素、原浆毒素和其他毒素五类。表现出剧烈腹痛、不间断呕吐、腹泻、干渴和少尿，随后症状很快进入到不可逆的严重肝脏、肾脏以及骨骼肌损伤，表现出黄疸、皮肤青紫和昏迷，中毒死亡率很高。因此，毫无识别毒蕈经验者，千万不要自采蘑菇食用。

4. 毒苷和酚类衍生物 主要毒苷化合物是氰苷。典型的有苦杏仁苷、芥子油苷、甾苷、多萜苷等，它们蓄积在植物的种子、果仁和茎叶中，在酶的作用下在摄入者体内水解生成剧毒氰、硫氰化合物。故不直接食用各种生果仁，对杏仁、桃仁等果仁及豆类在食用前要反复用清水浸泡，充分加热，以去除或破坏其中的氰苷。

食用植物原料中往往含有酚类化合物，其中的简单酚类物质毒性很小，有杀菌、杀虫作用；但有些植物中含有复杂酚类，如香豆素、鬼臼毒素、大麻酚和棉酚等特殊结构的酚类化合物，毒性较大，最典型的食物中毒是棉籽引发的棉酚中毒。因此不能吃粗制生棉籽油，而应食用经过炒、蒸或碱炼后的棉籽油。

5. 其他有毒物质 叶菜类蔬菜中含有较多的硝酸盐和极少量的亚硝酸盐。一般来说，蔬菜能主动从土壤中富集硝酸盐，其硝酸盐的含量高于粮谷类，叶菜类的蔬菜含量更高。人体摄入的 NO_3^- 中 80% 以上来自蔬菜，蔬菜中的硝酸盐在一定条件下可还原成亚硝酸盐，当其积累到较高浓度时，就能引起中毒。硝酸盐被还原成亚硝酸盐。亚硝酸盐在人体内与蛋白质类物质结合，可生成致癌性的亚硝胺类物质。中毒症状与组织缺氧相同，出现发绀（皮肤青紫），还伴有头痛、腹痛、腹泻、呕吐等症状。所以，每次选购绿色蔬菜时量不宜过多，避免存放时间过长；少吃发黄变枯的蔬菜，禁吃腐烂蔬菜；腌菜、泡菜和酸菜等腌渍品一定要熟透，一般应在 20 天以后。

（二）动物中的天然毒素

1. 河豚毒素 河豚毒素是河豚鱼体内的毒素，剧毒。河豚毒素的毒性比氰化钠高 1000 倍，因此食用后很容易引起中毒，甚至导致死亡。河鲀毒素在体内的分布较广，以内脏为主。毒性大小随着季节、品种及生长水域而不同。河豚鱼的肝、脾、胃、卵巢、卵子、睾丸、皮肤以及血液均含有毒素，其中以卵和卵巢的毒性最大，肝脏次之。河豚毒素是一种毒性很强的神经毒素，它对神经细胞膜的钠离子通道有专一性作用，能阻断神经冲动的传导，使神经末梢和中枢神经发生麻痹。造成中毒的原因主要是误食或未将毒素去除干净的河豚鱼。中毒初期表现为感觉神经麻痹，全身不适，继而恶心、呕吐、腹痛，口唇、舌尖及指尖刺痛发麻，同时引起外周血管扩张，使血压急剧下降，最后出现语言障碍、瞳孔散大，中毒者常因呼吸衰竭而死亡。

防止河豚毒素中毒需加强管理，禁止擅自经营和加工河豚鱼；做好宣传，提高识别意识。掌握河豚鱼的特征，学会识别河豚鱼的方法，不食用河豚鱼；发现中毒者，要及时采取措施，以催吐、洗胃和导泻为主，尽快使食入的有毒物质及时排出体外，同时还要结合具体症状进行对症治疗。

2. 贝类毒素　我国海水贝类养殖品种众多，有牡蛎、贻贝、扇贝、文蛤、青蛤、蛏、蚶、鲍等10多种，是我国水产品出口创汇的重要品种。由于双壳贝类生长位置比较固定且具有非选择性滤食的习性，在海域生长过程中极易受到生物毒素、重金属、农兽药、放射性物质等的污染。而近年来，赤潮频繁出现，海洋环境农兽药、抗生素污染也不断加剧，食用贝类引起消费者中毒的事件也随之增加。贝类毒素也称为藻毒素，是一类因贝类摄取环境中的有毒海藻而使生物毒素在体内积累，贝类因此具有毒性的生物活性物质。目前已发现的贝类毒素有几十种，根据人们中毒的症状及毒素传递媒介的类型，可归纳为四大类：麻痹性贝类毒素、腹泻性贝类毒素、神经性贝类毒素、记忆缺损贝类毒素，其中以腹泻性贝类毒素和麻痹性贝类毒素的危害最为广泛和严重。

防止此类毒素中毒的有效的方法是加强卫生防疫部门的监督和管理。所以，许多国家规定，从5月到10月进行定期检查，如有毒藻类大量存在，说明食用此时的贝类食品是不安全的，有发生中毒的危险。对贝类作毒素含量测定，若超过规定标准，则应禁止食用。

3. 组胺　组胺是鱼体中的游离组氨酸，在组氨酸脱羧酶催化下，发生脱羧反应而形成的一种胺类。这一过程受很多因素的影响，鱼类在存放过程中，产生自溶作用，先由组织蛋白酶将组氨酸释放出来，然后由微生物产生的组氨酸脱羧酶将组氨酸脱羧产生。组胺中毒大多是由于食用不新鲜或腐败变质的鱼类而引起的，污染鱼类的微生物，如链球菌、沙门菌、摩氏摩根菌等都会使鱼类产生组胺。组胺中毒的特点是发病快、症状轻、恢复快。潜伏期仅数分钟至数小时，主要症状为：面部、胸部及全身皮肤潮红，眼结膜充血，并伴有头疼、头晕、脉快、胸闷、心跳呼吸加快、血压下降，有时出现荨麻疹，咽部烧灼感，个别患者出现哮喘。

不新鲜或腐败变质的鱼类食品都是不安全的，应避免食用，防止中毒，预防组胺中毒的措施是鱼类食品必须在冷冻条件下贮藏和运输，防止组胺产生；加强市场管理，严禁出售腐败变质的鱼类。

五、加工储藏过程中产生的有毒物质

在食品生产过程中，经常会用到油炸、煎制、烘烤、烧烤、烟熏、腌制等加工和储藏技术，这些处理技术可以改善食品的外观和质地，增加风味，延长保存时间，提高了食品的可食性。但随之也产生了一些有毒有害物质，包括硝酸盐、亚硝酸盐等*N*－亚硝基化合物，多环芳烃化合物、杂环胺、油脂氧化及有害加热物质，多氯联苯、二噁英、氯丙醇、丙烯酰胺等，这些物质对人体健康可产生很大的危害。

（一）多环芳烃化合物

多环芳烃是分子中含有2个以上苯环的碳氢化合物，包括萘、蒽、菲、芘等150余种化合物。常见的具有致癌作用的多环芳烃多为4~6个苯环的稠环化合物。由于苯并芘是第一个被发现的环境化学致癌物，而且致癌性很强，故常以苯并芘作为多环芳烃的代表。食物在熏制、烘烤和煎炸过程中，脂肪、胆固醇、蛋白质和碳水化合物等在高温条件下会发生热裂解反应，再经过环化和聚合反应就能够形成包括苯并芘在内的多环芳烃类物质，尤其是当食品在烟熏和烘烤过程中发生焦糊现象时，苯并芘的生成量将会比普通食物增加10~20倍。苯并芘对皮肤、眼睛有较强的刺激作用，是导致人体病变的诱变剂和致癌物。

苯并芘的防控方法有将用于熏烤的烟进行净化处理；控制油温，缩短煎炸时间；清理油内杂质；避免包装和贮运过程中被烟熏或含有苯并芘的水污染。

（二）二噁英

二噁英主要是指多氯代二苯并二噁英和多氯代二苯并呋喃。二噁英类化合物之所以引起国际社会的高度重视，是因为其具有的严重潜在毒性。美国国家环保局发现，二噁英类化合物不仅具有致癌作用，还有生殖毒性、神经毒性、内分泌毒性和免疫毒性效应。由于二噁英类化合物的化学稳定性强和高亲脂性，因此进入人体后很难排出体外，并且容易通过食物链富集于动物和人的脂肪及乳汁中，最终影响人类健康。

对于防止二噁英污染食品的最根本的方法就是“断源”。对主要污染源进行的焚烧过程采取多种措施，以尽量减少二噁英的排放。

六、包装材料和容器的污染

食品包装材料，是指用于制造包装容器和构成产品包装的材料总称，包括纸、塑料、金属、玻璃、陶瓷等原材料以及黏合剂，涂覆材料等各种辅助材料。由于包装材料直接与食品接触，少量可迁移的物质可能渗透到食品中，包括塑料、纸、涂层材料、未涂层的金属和玻璃的原材料，以及原材料成分的异构体、杂质和发生化学反应后的产物。因此，食品包装材料的安全性问题显得至关重要。

（一）塑料和橡胶制品安全性

用于食品包装材料及容器的有聚乙烯（PE）、聚丙烯（PP）、聚苯乙烯（PS）、聚氯乙烯（PVC）、聚碳酸酯（PC）等。塑料由于重量轻、运输销售方便、化学稳定性好、易于加工、装饰效果好以及良好的食品保护作用等特点而受到食品包装业的青睐。它是近30年来世界上发展最快的包装材料。作为包装材料物质进行应用，大多数塑料材料可达到食品包装材料对卫生安全性的要求，但仍存在着不少影响食品的不安全因素。

1. 常见塑料制品　聚乙烯本身是一种无毒材料，聚乙烯塑料的污染物主要包括聚乙烯中的单体乙烯、低分子量聚乙烯、添加剂残留以及回收制品污染物。由于回收渠道复杂，回收容器上常残留有许多有害污染物，很不易洗刷干净，从而将杂质带入再生制品中。聚丙烯塑料的安全性问题与聚乙烯塑料类似。聚苯乙烯树脂常残留有苯乙烯、乙苯、异丙苯、甲苯等挥发性物质，有一定毒性。聚氯乙烯塑料中常加入多种添加剂，以增加塑料的可塑性和稳定性，种类有铅等金属的硬脂酸盐。接触食品可使这些金属溶出。由于这些因素影响食品安全性，决定了聚氯乙烯塑料使用上的局限性。

知识链接

双酚A为何被禁

双酚A是一种化工原料，在工业上用来合成聚碳酸酯和环氧树脂等材料。聚碳酸酯（PC），是一种透明的硬塑料，常用于制造婴儿奶瓶的瓶体。资料表明，双酚A属低毒性化学物。动物实验发现双酚A对动物生殖系统影响较大。然而，塑料容器是否真会释放双酚A，仍存在很大争议，各界学者说法不一。鉴于婴幼儿属于敏感人群，为防范食品安全风险，保护婴幼儿健康，现决定禁止双酚A用于婴幼儿奶瓶。目前推荐大家减少高温下使用塑料制品以及改用其他材料的容器盛装高温饮品。

2. 常见橡胶制品　橡胶制品常用作奶嘴、瓶盖、高压锅垫圈及输送食品原料、辅料、水的管道等。有天然橡胶和合成橡胶两大类。天然橡胶是以异戊二烯为主要成分的天然高分子化合物，本身既不分解也不被人体吸收，因而一般认为对人体无毒。但由于加工的需要，加入的多种助剂，如促进剂、防老剂、填充剂等，给食品带来了不安全的问题。合成橡胶主要来源于石油化工原料，种类较多，是由单体经过各种工序聚合而成的高分子化合物，在加工时也使用了多种助剂。橡胶制品在使用时，这些单体和助剂有可能迁移至食品，对人体造成不良影响。有文献报道，异丙烯橡胶和丁橡胶的溶出物有麻醉作用，氯二丁烯有致癌的可能。丁腈橡胶耐油，其单体丙烯腈毒性较大。

（二）包装纸安全性

纯净的纸是无毒、无害的，但由于原材料受到污染，或经过加工处理，纸中通常会有一些杂质、细菌和某些化学残留物，从而影响包装食品的安全性。食品包装纸中有害物质的主要来源有如下几方面：造纸原料中的污染物。如棉浆、草浆和废纸等不清洁，残留农药及重金属等化学物质；添加的助剂残留，如硫酸铝、纯碱、亚硫酸钠、次氯酸钠、松香和滑石粉、防霉剂等；劣质印刷油墨产品甲苯等溶剂残留甚高，同时，劣质印刷油墨产品中“可溶性”铅含量也远超标准；包装纸在涂蜡、荧光增白处理过程中，使其含有较多的多环芳烃化合物和荧光增白化学污染物；成品纸表面的微生物及微尘杂质污染。

（三）其他包装材料和容器安全性

1. 金属容器 铁、铝和不锈钢是目前主要使用的金属包装材料。马口铁罐头罐身为镀锡的薄钢板，锡起保护作用，但由于种种原因，锡会溶出而污染罐内食品。由于罐藏技术的改进，如在马口铁罐头盒内壁上涂上涂料，这些替代品有助于减少锡、铅等溶入罐内食品。但有实验表明：由于表面涂料的使用而使罐中的迁移物质变得更为复杂。另外，镀有锌层的白铁皮接触食品后锌会迁移至食品。铝制品的食品安全性问题主要在于铸铝和回收铝中的杂质，铝的毒性主要表现为对大脑、肝脏、骨骼、造血系统和细胞的毒性。临床研究证明，透析性脑痴呆症的发生与铝有关。

2. 玻璃陶瓷容器 玻璃是一种惰性材料，无毒无味、化学性质极稳定、与绝大多数内容物不发生化学反应，是一种比较安全的食品包装材料。玻璃的食品安全性问题主要是从玻璃中溶出的迁移物。如高脚酒杯往往添加铅化合物，一般可高达玻璃的 30%，有可能迁移到酒或饮料中，对人体造成危害。陶瓷容器的主要危害来源于制作过程中在坯体上涂的瓷釉、陶釉、彩釉等引起的。釉料主要是由铅、锌、镉、锑、钡、钛、铜等多种金属氧化物及其盐类组成，它们多为有害物质。当使用陶瓷容器或搪瓷容器盛装酸性食品（如醋、果汁）和酒时，这些物质容易溶出而迁移入食品，造成污染。

（四）食品包装安全措施

随着消费者生活理念和消费模式的逐步改变，对食品安全包装也提出了更高的要求。在追求食品包装多样化、多功能的同时，包装材料的安全性往往被人们忽视。为了保证食品安全包装，需要完善食品包装安全相关的法规和标准并严格执行，为食品包装的安全提供有效的保障；进一步研究开发安全的食品包装材料和食品包装新技术；针对儿童食品设计更加科学、安全的食品包装，以确保儿童的安全；为了避免环境污染，食品包装材料的废弃物要安全处理。

任务三 预防物理性危害

PPT

情境导入

广州某女士晚上下单了一款奶茶外卖，快喝完的时候发现杯中有异物，打开后发现是一个螺丝钉，联系商家后，商家承认是出粉口的零件。

【任务描述】

掌握物理性危害和放射性危害的有关概念并熟悉消除物理性危害因素的措施。

【相关知识】

物理性危害相较生物性和化学性危害来说，更易用肉眼辨别，且预防措施也较另两种危害更易达到。但因此物理性危害也更容易在食品生产、运输和销售过程中发生。放射性危害属于物理危害范畴，其随着近年来越来越发展的核工业而对食品安全也产生了一定程度的影响。

一、物理性危害

（一）物理性危害的种类

物理性危害通常描述为外界来的物质或异物，包括在食品中非正式性出现的能引起疾病（包括心理性外伤）和对个人伤害的任何物理物质。物理性危害可以在食品生产的任何环节中进入食品。食品在产、储、运、销过程中，由于存在管理漏洞，使食品受到杂物污染。食品中能引起物理性危害的主要种类及来源：①玻璃、罐、灯罩、温度计、仪表盘等；②石块、装修材料、建筑物等；③塑料、包装材料、原料等；④珠宝、首饰、纽扣等；⑤其他外来物。

（二）物理危害的预防措施

1. 采购控制 原物料的采购应从经审核合格的供应商处进行，且现有供应商须定期审核，在食品验收、入库等环节进行仔细检查，如面粉中的小虫、蔬菜中泥土较多等，另外需要加强对玻璃材料包装物的检查，验收合格后入库。

2. 物料卫生管理 物料保持卫生清洁，仓储环境定期清扫、无积尘、无食物残渣，苍蝇、蟑螂、老鼠等，不准存放与加工无关的物品。加工过程中注意选别异物，如面包企业的面粉、糖、油、水均须经过过筛、过滤后方可使用。

3. 工艺控制 在新工艺设施、设备的设计及现有工艺设施、设备的改造、维护过程中应对潜在的异物源进行评估并采取一定的措施来避免异物源的存在，如加装防爆灯具、防鼠装置、防护纱网、防护罩等。

4. 加工过程异物的控制 严格执行从业人员个人卫生标准；对原材料彻底清理分拣；按规程对设备进行巡检、定检；按规程进行清洗，避免头发、指甲、小石头、碎片、设备小零件、虫害尸体、金属屑等物理危害。

二、放射性危害

放射性核素是指能自发产生放射性核衰变的元素，又称为放射性同位素，包括钾－40（^{40}K）、碘－131（^{131}I）、铯－137（^{137}Cs）、钋－210（^{210}Po）及钚－239（^{239}Pu）等。随着核工业、核医学、核兵器等的不断发展，人类利用放射性核素越来越频繁，放射性核素对食品造成污染的风险也随之增强。

食品放射性污染是指食品吸附或吸收外来的（人为的）放射性核素，使其放射性高于自然本底或超过国家规定的标准。食品中放射性核素主要包括天然放射性核素和人工放射性核素。绝大多数动植物性食品中都不同程度地含有天然放射性物质，亦即食品的天然放射性本底。

（一）可能影响食品的放射性来源

食品中的人工放射性核素来源主要有以下几个方面：一是核工业，放射性核素在医学、科学研究和工农业生产中得到广泛应用，在医学和科学研究中大量使用放射性同位素开展示踪研究，其液态排出物会贡献少量的放射性，虽然浓度不高，但是总量较大，这在一定程度上会污染食品；二是核试验，核试验造成的全球性污染要比核工业造成的污染严重得多。地面、空中特别是水下核试验产生的大部分放射性核素被直接排放到陆地或海洋中沉降到大陆上的放射性核素有一部分也会随着雨水经过河流进入海洋。

（二）食品的放射性污染途径

食品的放射性污染途径一般包括三个方面：直接污染、间接污染和食物链转移途径。①直接污染一般通过重力或降雨等自然因素的作用而沉降到地面或海洋，首先会沉降在生长中的植物表面，尤其是一些表面积较大的叶面和花朵上，例如菠菜、莴苣、卷心菜以及海带、海藻类等，其叶面由于极易吸附放射性核素而造成严重污染。②间接污染主要是指大气、水和土壤等生长环境中的放射性核素直接被动植物吸收而使食品受到污染的过程。③对于高等的动物或水生生物，放射性核素通过食物链传递的影响尤为突出，而且通常情况下核素的食物链传递和间接污染相伴发生。

（三）放射性污染对人体的危害与防治

如果长期的、大量的摄入放射性污染的食物，当进入人体的放射性物质达到一定浓度时，便能对人体产生损害。长期的放射性损伤最终会导致人体患放射性疾病，轻者会产生头痛、头晕、记忆力减退、食欲下降、睡眠障碍及白细胞减少等症状，严重者会出现白血病、肿瘤、代谢病、遗传变异甚至致死等。

一般情况下，为了预防食品的放射性污染及其对人体的危害，通常以控制放射性污染源进行预防。虽然可以采取多种措施来防止食品受到放射性的污染，但是在实践过程中由于存在工作疏忽、突发核事故和核试验等因素，不可能完全预防食品的放射性污染问题。因此，对于已受放射性污染的食品，需要加强监测，制定食品中放射性物质限制浓度标准以及采取放射性核素净化等各种措施，在最大程度上保障食品的安全性，防止已受放射性污染的食品对人体产生危害。

知识链接

日本福岛核辐射食品的监管

在福岛核事故后，中国就开始对日本福岛县等可能遭受核污染影响的日本进口食品进行入境管理，原国家质检总局发布《关于禁止部分日本食品农产品进口的公告》，公告明确指出，禁止进口日本福岛县、枥木县、群马县、茨城县、千叶县的乳品、蔬菜及其制品、水果、水生动物及水产品。目前，所有来自日本的食品、食用农产品和饲料都需要提供原产地证明。同时，蔬菜及其制品、乳及乳制品、水产品及水生动物、茶叶及制品、水果及制品、药用植物产品等6大类产品，需要提供放射性检测合格证明。近年来多个商家因违规售卖日本核辐射区进口食品而被处罚。

【同步训练】

· 重点概念

1. 生物性危害　2. 化学性危害　3. 物理性危害

· 课后讨论

1. 写出食品生物危害的分类有哪些？写出每种生物危害中常见的代表物。
2. 天然存在的化学危害有哪些？它们有什么不同？
3. 食品加工过程会产生哪些有害化学物质？各有哪些途径引起？
4. 简述食品包装的作用以及污染食品的途径。
5. 食品放射性污染的来源有哪些？

答案解析

练习题

一、选择题

1. 对有毒金属铅最敏感的人群是（ ）。

A. 老年人 B. 儿童 C. 男性成年人 D. 女性成年人

2. 食品安全法是在（ ）开始实施。

A. 2009.02.28 B. 2009.06.01 C. 2009.10.01 D. 2015.10.01

3.（ ）是罐头杀菌指示菌。

A. 沙门菌 B. 大肠埃希菌 C. 肉毒梭状芽孢杆菌 D. 枯草芽孢杆菌

4.（ ）病毒致死率是100%。

A. 乙肝 B. 疯牛病 C. 诺瓦克 D. 禽流感

5. 蛔虫容易寄生在（ ）中。

A. 肉类 B. 谷物 C. 鱼贝 D. 蔬果

二、简答题

1. 食品的特性有哪几个方面？

2. 食品添加剂的危害有哪几个方面？

3. 农药残留对人体有哪些危害？如何减少食品中的农药残留？

三、案例分析题

区分下列危害是生物性危害、化学性危害还是物理性危害，或列入其他类。

1. 生长激素类、2. 沙门菌、3. 辐照残留、4. 肉毒梭菌、5. 砷、6. 碎骨、7. 金黄色葡萄球菌、8. 清洁剂、9. 单增李斯特菌、10. 一片塑料薄膜、11. 有机氯农药、12. 秋水仙碱、13. 碎玻璃、14. 猪肉绦虫、15. 铅、16. 木屑、17. 旋毛虫、18. 肝炎病毒、19. 鲭鱼毒素、20. 润滑油、21. 抗生素类、22. 大肠埃希菌 O157、23. 牛肉绦虫、24. 有机磷农药、25. 黄曲霉菌毒素、26. 石块、27. 消毒剂、28. 驱虫剂、29. 类固醇类、30. 多氯联苯、31. 钢丝、32. 贝类毒素、33. 汞、34. 一根毛发、35. 线头、36. 河豚鱼、37. 青霉毒素、38. 龙葵素、39. ^{69}Co、40. 乙醇过敏。

书网融合……

本章小结 微课 题库

项目三

食品危险性评估

微课

学习目标

知识目标

1. 掌握 食品危险性评估的基本程序；掌握危险性评估、危害鉴定、危害特征的描述、暴露评估、危险性特征的描述等基本概念。

2. 熟悉 食品危险性评估的分类和作用。

3. 了解 食品危险性分析的概念和基本框架。

能力目标

1. 能够利用食品危险性评估方法，对目标区域的食品危险性进行准确评估。

2. 能够依据食品危险性评估的基本程序和结果指导食品企业生产和管理。

素质目标

通过本项目的学习，培养学生具备全面的食品安全意识，强化责任担当意识，培养团队协作精神，掌握科学的评估方法，具备独立解决问题的能力，为食品安全做出积极贡献。

危险性分析（risk analysis）是国际食品法典委员会（CAC）、世界卫生组织（WHO）等国际组织和各国政府公认的一种制定食品安全标准的基础。食品危险性分析指通过对影响食品安全质量的各种生物、物理和化学危害进行评估，定性或定量描述危险性特征，在参考了各种相关因素后，提出和实施危险性管理措施，并对有关情况进行交流的过程。其包括三个组成部分：危险性评估（risk assessment）、危险性管理（risk management）和危险性交流（risk communication），其中危险性评估是整个食品危险性分析体系的核心和基础。

食品危险性评估是指对食品、食品添加剂中的生物性、化学性和物理性危害因素对人体健康可能造成的不良影响所进行的科学评估，是对造成伤害的概率的估计，所以，危险性评估包括2个原理，一是确定评估的危害，即确定评估的对象（如某种动物、植物、微生物、化学物质、毒素等），解决何种危害及其存在载体的问题；二是评估危险性，也就是确定危害发生概率及严重程度的函数关系。评估的基本程序具体包括危害鉴定、危害特征的描述、暴露评估、危险性特征的描述四个步骤（图3－1）。

任务一　进行危害鉴定

PPT

情境导入

澳新食品标准局对进口食品的检测中发现一些销售于澳大利亚市场的进口明虾中含有微量（ppb）硝基呋喃代谢物，（3－amino－oxazolidinone，AOZ）。媒体对此作了若干次报道。硝基呋喃是用于人和动物医疗的抗生素，有证据表明在高剂量下，硝基呋喃是致癌物。包括澳大利亚在内的许多国家，禁止硝基呋喃用于作为食品的动物的饲养，但是有些国家至今还没有完全禁止这类化学药物作为食品在动物饲养中使用。

由于澳大利亚不允许硝基呋喃在作为食品的动物的饲养过程中使用，澳新食品标准法典中没有这类抗生素在食品中的最低残留量。在此情况下，最低残留量是零。有关部门请求澳新食品标准局就硝基呋喃在明虾中的残留量对公众健康的影响做出评估。

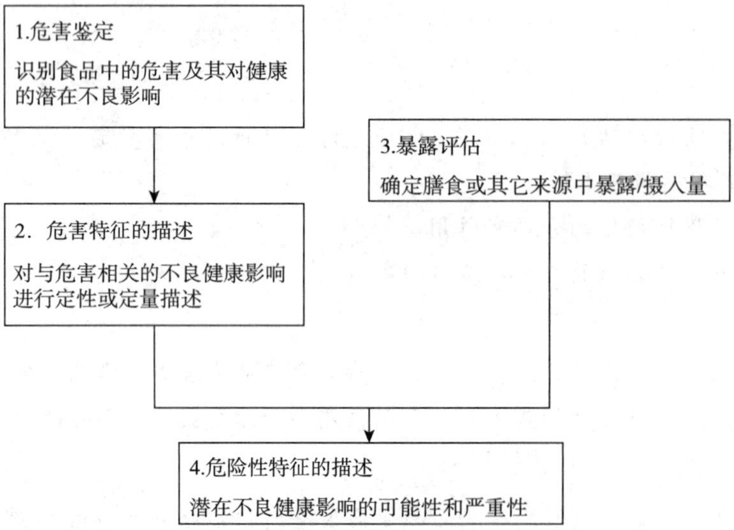

图3－1 食品危险性评估基本程序

【任务描述】

如果要对明虾中出现的这类抗生素进行危害鉴定，需要收集哪些数据？

【相关知识】

一、危害鉴定的概念

危害鉴定（hazard identification）是指确定食品中可能存在的对人体健康造成不良影响的化学性、生物性或物理性因素的过程，确定人体暴露于某种危害后造成不良影响的可能性，以及可能处于风险之中的人群和范围。

危害鉴定是危险性评估的定性阶段，在食品危险性评估中，这一阶段的主要任务是根据已知的科学资料确定某种食源性因素是否对健康有不良影响，该影响的性质和特点以及其在何条件下可能表现出来。

二、食品中不同因素的危害鉴定

（一）化学性危害因素的危害鉴定

对于化学性危害因素（包括食品添加剂、农药和兽药残留、重金属污染物和天然毒素等）而言，危害鉴定主要是指要确定某种物质的毒性，在可能时对这种物质导致不良效果的固有性质进行鉴定。

在对化学性危害因素进行危害鉴定时，需要了解待评估化学物的基本信息，包括化学结构、理化性质等，还要收集该化学物的毒性资料。例如，在对镉污染大米问题进行评估，不仅需要了解大米中镉的含量，还需要了解整个膳食中镉的总含量是否对人体造成危害。一是获得大米中镉的含量和其他食品中的镉含量，这就需要化学特征描述，采用统一的检测方法进行样品检测（专项采样）或者收集统一的检测方法得到的数据（如来自风险监测的数据或文献）。二是了解镉对人体可能造成的健康危害等毒理学资料。

用于危害鉴定的信息可以从国内外科学文献以及食品工业、政府机构和相关国际组织的数据库中获得，也可以通过向专家咨询得到。在鉴定工作中，对不同研究资料的重视程度如下顺序：流行病学研究、动物实验（毒理学研究）、体外试验和定量的结构－活性关系。

1. 流行病学研究 流行病学研究所得的是人体毒性资料，且最直接反映有害物质毒性的就是人群流行病学资料，对于食品添加剂、污染物、农药残留和兽药残留的危害鉴定十分重要，因此是危害鉴定中最有价值的资料。流行病学数据可能来自人类志愿者受控试验、监测研究、不同暴露水平的人群流行病学研究（例如生态学研究、病例－对照研究、队列研究、分析或干预研究），以及在特定人群进行的试验或流行病学研究、临床报告（例如中毒）、个案调查等。人群流行病学的研究重点包括安全或耐受检测、食物/食物成分的营养或功效、受试物的代谢或毒代动力学、作用模式、动物实验中确认的潜在效应标志物、意外暴露污染物引起的不良健康效应等。

食品危险性评估采用的流行病学研究必须按照公认的标准程序进行。在流行病学研究的设计或应用流行病学研究阳性数据时需考虑人体敏感性的个体差异，还要考虑遗传、年龄、性别、社会经济、营养状况因素等可影响易感性的因素以及其他混杂因素。

如果能获得阳性的流行病学研究数据，应当把他们应用于危险性评估中。如果能够从临床研究获得数据，在危害鉴定及其他步骤中应当充分利用。然而，对于大多数化学物，严重污染时才会导致明显的健康损害，流行病学和临床资料相对较少。此外，阴性的流行病学资料难以在危险性评估方面进行解释，因为大部分流行病学研究的统计学力度不足以发现人群中低暴露水平的作用。危险性管理决策不应过于依赖流行病学研究而受耽搁。

要更全面地了解有害物质的危害，实际危害鉴定工作一般以动物实验和体外试验的资料为依据。

2. 动物实验（毒理学研究） 食品危险性评估的绝大多数数据来自于动物实验。实验动物主要为小鼠、大鼠、豚鼠、犬、猕猴等。动物实验不仅要确定对人类健康可能产生的不利影响，而且要提供这些不利影响对人类危害的相关资料，如：毒物的吸收、分布、代谢、排泄情况；毒性效应指标、阈值剂量或未观察到有害作用剂量等；毒性作用机制和影响因素；化学物的相互作用；代谢途径、活性代谢物以及参与代谢的酶等；慢性毒性发生的可能性及其靶器官。

常用于危害鉴定的动物实验主要包括急性经口毒性试验、重复给药毒性试验（28 天、90 天经口毒性试验）、慢性毒性试验、生殖发育毒性试验、遗传毒性试验、致癌试验等。

其中，急性经口毒性试验是指动物 1 次经口暴露于化学物后，即刻或在 14 天内表现出来的毒性。目的是了解受试物的急性毒性强度、性质和靶器官，测定半数致死量（LD_{50}），为进行下一步毒性试验选择剂量和观察指标提供依据，但动物急性毒性对食物化学物的危害鉴定作用并不大，是因为人体暴露量远远低于引起急性毒性的剂量，且暴露时间持续较长。

重复给药毒性试验是检测人或实验动物每天接触食品中有毒有害物质或食物成分 1 个月或更长时间所出现的体内毒性效应。目的是了解受试物的剂量－反应关系，毒作用靶器官等信息，确定 28 天经口或 90 天经口最小可见有害作用水平（lowest observed adverse effect level，LOAEL）和无可见有害作用水平（no observed adverse effect level，NOAEL），或临界剂量，初步评价受试物经口的安全性。重复给药毒性实验作为危害鉴定的核心实验具有着重要的意义，为危害鉴定提供了大量的实验数据，这些数据不仅与组织和器官损伤有关，而且还与生理功能和器官系统功能的细微变化有关。

知识链接

硝基呋喃类药物是一种广谱抗生素，对大多数革兰阳性菌和革兰阴性菌、真菌和原虫等病原体均有杀灭作用。硝基呋喃类药物曾广泛应用于畜禽及水产养殖业，以治疗由大肠埃希菌或沙门菌所引起的肠炎、疥疮、赤鳍病、溃疡病等。但由于硝基呋喃类药物及其代谢物对人体有致癌、致畸胎副作用，我国于2010年3月22日将硝基呋喃类药物呋喃唑酮、呋喃他酮、呋喃妥因、呋喃西林列入可能违法添加的非食用物质黑名单。

研究结果表明，对硝基呋喃类物质的长期暴露，会引起小鼠和大白鼠的多种肿瘤，大白鼠长期暴露于硝基呋喃类物质（实验的剂量为每天每千克体重，25mg或25mg以上）会引起恶性肿瘤。但缺乏人体暴露于硝基呋喃类物质后健康方面的数据。

硝基呋喃对动物的致癌性已经明确，因而国际癌症组织将其与人类致癌的关系确定为第3类（即对动物致癌，但无证据表明对人类致癌）。而国际组织对遗传性致癌物的认识原则是："慎重地认为那些已肯定对动物致癌的化学物质，对人类也可能有潜在的致癌危害"。因此，国际上从风险管理的角度提出硝基呋喃禁用。

3. 体外试验 体外试验是指在动物体外观察药物作用的实验方法，包括用各种体外器官、组织、细胞或细菌、病毒等病原体进行的实验。

体外试验主要的方法包括：急性毒性试验替代方法、遗传毒性/致突变实验体外方法、重复剂量染毒实验体外方法、致癌性试验体外方法、生殖发育毒性实验体外方法等。这类试验既快速且费用不高，因此用来探测化学物质是否具有潜在致癌性，或作为支持从动物实验或流行病学调查的结果是非常有价值的。也可以利用体外试验资料补充作用机制的资料，例如遗传毒性试验。只是需要注意，体外试验的数据不能作为预测对人体危险性的唯一资料来源，因为部分与整体存在差异，且体外毒性试验难以预测慢性毒性，另外，某些体外系统难以达到长期维持生理状态的要求。

4. 定量的结构－活性关系 一般化学物结构－活性关系是一个定量关系，即定量结构－活性关系，指的是化学物的生物学活性与其结构和官能团有关。从分子结构入手，应用适当的描述符建立分子结构（如分子的物理性质、立体化学特性和量子力学特性等）与生物活性之间的定量关系，对于同一类化学物质（如多环芳烃、多氯联苯、二噁英），当利用已知的结构类似化学同系物的毒理学资料或用确定的靶点资料来预测该类化学物中其他化学物活性或危害时，该方法十分有效。例如，烷烃的碳原子数与原子化热呈线性关系，可利用丁烷的原子化热来预测己烷或庚烷的原子化热。目前，这种方法已主要用于对包装材料迁移物和香料的评价。

（二）生物性危害因素的危害鉴定

生物性危害鉴定主要是确定病原物及病原物所导致病害的症状、病害程度、持续性等；病害的传染性、传播媒介；病害的发病率及死亡率；哪些人属于该病害特殊的易感人群；该种病原物在自然条件下的存在状态及适应的环境等。

（三）物理性危害因素的危害鉴定

物理性危害的危害鉴定较化学危害和生物危害的鉴定要容易。主要是了解和控制食品原料、食品加工过程物理性掺杂物可能产生的潜在危险因素。

任务二 描述危害特征

PPT

情境导入

有一例体外动物实验表明，硝基呋喃类物质AOZ不会引起基因结构的变化；致突变研究表明，AOZ体外具有遗传毒性但体内不具有遗传毒性。综合考虑这些数据，AOZ属于间接致癌物质。但由于没有对人暴露于硝基呋喃物质方面的致病数据，不能建立硝基呋喃类物质的每日允许摄入量（ADI）值，缺乏AOZ对人致癌性的确切证据，对危害特征的描述无法深化。

【任务描述】

要想描述硝基呋喃类物质危害的特征，还需要得到哪些方面的信息?

【相关知识】

一、危害特征描述的概念

危害特征描述（hazard characterization）指对食品中可能存在的化学性、生物性、物理性危害因素产生的不良作用特征的定性和（或）定量描述。世界卫生组织（WHO）国际化学品安全规划署危害特征描述的定义为："对一种因素或状况引起潜在不良作用的固有特性进行的定性和定量（可能情况下）描述，应包括剂量－反应评估及其伴随的不确定性。"

《食品安全风险评估管理规定》对危害特征描述的定义为：对与危害相关的不良健康作用进行定性或定量描述。可以利用动物实验、临床研究以及流行病学研究确定危害与各种不良健康作用之间的剂量－反应关系、作用机制等。如果可能，对于毒性作用有阈值的危害应建立人体安全摄入量水平。

二、危害特征描述的内容和要求

经过危害鉴定确定了危害因子后，危险性评估的第二步为危害特性描述，即对那些危害因子（物质）的性质进行定性或定量的评估。这通常包含了两层含义：一是确定起因（危害物质）－效应（有害作用）关系的存在与否；二是在确定了这种关系存在的基础上，建立剂量－反应关系，即对人类摄入微生物病原体的数量、有毒化学物剂量或者其他危害物质的量与人体发生不良反应的可能性之间的关系用数学模型进行描述。简单地说，就是确定摄入危险物质的剂量与发生不良影响的可能性的数学关系。

危害特征描述应包括危害的严重性、产生危害的可能性、暴露后产生的短期和长期的影响。主要解决以下问题：建立主要效应的剂量－反应关系；评估外剂量和内剂量；确定最敏感种属和品系；确定种属差异（定性和定量）；作用方式的特征描述或是描述主要特征机制；从高剂量外推到低剂量以及从实验动物外推到人。一般而言，危害特征描述不需要知道精确的毒理作用机制，只要了解它的作用方式即可；如果毒性作用的机制是有阈值的，那么危害特征描述通常会建立安全摄入水平。

食品危害特征的描述最主要的就是获取剂量－反应关系（包括剂量－反应关系和剂量－效应关系）。剂量－反应关系描述了不同剂量条件下，群体对危害产生反应的百分数或百分率，给定剂量后的疾病概率。例如，自口腔摄入多少大肠埃希菌会导致疾病，病到什么程度。而剂量－效应关系描述了不同剂量条件下，个体从低剂量到高剂量效应的累积效应之和。因此效应为量反应，反应为质反应。对于化学危害应进行剂量反应评估，当有足够的可利用的数据时，也应对生物危害进行剂量反应评估。

三、剂量－反应评估

剂量－反应评估是描述暴露于特定危害物时造成的可能危险性的前提，同时也是安全性评价以及建立指南（标准）系统的起点。剂量－反应关系是指随着外源化学物的剂量增加，对机体毒效应的程度增加；或出现某种效应的个体在群体中所占比例增加，其效应包括有害效应和适应性反应、阈值和非阈值反应。在常规的毒性研究中，剂量一般是指动物每千克体重所摄入化学物的量。通常，剂量－反应关系评估，是依据动物高剂量暴露实验数据推测人体的“安全”或可接受的剂量，这其中需要考虑许多的不确定性，如种属间差异和低剂量外推（以高剂量实验结果推测实际低剂量暴露的效应）等。如果可能，还应考虑在消费环节中食品危害的不同暴露水平与各种不良健康影响的可能性间建立剂量－反应关系。剂量－反应评估方法一般有两种形式，一种是对危险性进行定量（有时仅为定性）评估；另一种是制定健康指导值，常用于暴露可以控制的情形。对毒性反应定量评估有 2 个重点：一是要确定病理反应开始显现的剂量水平；二是要判断发生在最低剂量的反应是正常的生理性适应反应还是真正的损害作用。

在危害特征描述过程中，一般使用毒理学或流行病学数据来进行主要效应的剂量－反应关系分析和数学模型的模拟，从而外推到人。通过剂量－反应模型分析，不仅可获得基于健康水平的推荐量值，如每日允许摄入量（acceptable daily intake，ADI）、每日可耐受摄入量（tolerable daily intake，TDI）和急性参考剂量（acute reference dose，ARfD）等。严格来说，对于食品添加剂、农药和兽药残留，制定ADI值；对于蓄积性污染物镉制定暂定每月耐受摄入量（provisional tolerable monthly intake，PTMI），对于蓄积性污染物如铅、汞等其他蓄积性污染物，制定暂定每周耐受摄入量（provisional tolerable weekly intake，PTWI）；对于非蓄积性污染物如砷，制定暂定每日耐受摄入量（provisional tolerable daily intake，PTDI）；对于营养素，制定推荐膳食摄入量（recommended daily intake，RDI）。还可结合暴露评估对这些物质的暴露边界值（margin of expo－sure，MOE）进行估计，并能对特定暴露水平下的危险性/健康效应进行量化。

四、食品中不同因素的危害特征描述

（一）化学性危害因素的危害特征描述

化学性危害因素的危害特征描述，目前了解最多、积累经验也最丰富的领域是低分子量化学物的危害特征描述，如食品添加剂和食物污染物的危险性评估。传统上，危害特征描述是以实验动物对单个化学物的暴露资料为基础的。然而，当今社会对食物中的化学物（如天然调味品、食物包装材料）安全性评价的需求日益增多，主要是通过复杂的毒理学检测程序来达到此目的。

化学性危害的危害特征描述程序一般包括：进行不良影响的剂量－反应评估；易感人群的鉴定；分析不良影响的作用模式和（或）机制的特性；不同物种间的推断，即由高到低的剂量－反应进行外推。

由于食品中所存在的化学物质的含量很低，而一般毒理学试验的剂量比较高，以便获得可测量的效果。为了与人体的摄入水平相比，需要把动物实验的数据外推到低得多的剂量，这种剂量－反应关系的外推存在质和量两方面的不确定性。此外，剂量的种属间度量系数也是目前争论很大的问题。

因此，从原则上讲，非遗传毒性致癌物可以采用阈值方法如无明显作用水平（NOEL）－安全系数法进行管理，根据 NOEL 除以安全系数得出 ADI 值，安全系数一般选为 100。ADI 被定义为终生每日摄入某种化学物不会对健康产生可察觉到的危险性的估计量值，以每千克体重的摄入量来表示（mg /kg · d），用以估计实验动物与人体，以及人群不同个体之间的差异。遗传毒性致癌物应当采用非阈值法进行管理，一是禁止该种化学物质的商业性使用，二是制定一个极低的可忽略不计的、对健康影响甚微或者社会可接受的危险性水平。

知识链接

高温加工食品中的丙烯酰胺的危害特征描述

丙烯酰胺属中等毒性，对眼睛和皮肤有一定的刺激作用，可经皮肤、呼吸道和消化道吸收，在体内有蓄积作用，主要影响神经系统，急性中毒十分罕见。密切大量接触可出现亚急性中毒，中毒者表现为嗜睡、小脑功能障碍以及感觉运动型多发性周围神经病。长期低浓度接触可引起慢性中毒，中毒者出现头痛、头晕、疲劳、嗜睡、手指刺痛、麻木感，还可伴有两手掌发红、脱屑，手掌、足心多汗，进一步发展可出现四肢无力、肌肉疼痛以及小脑功能障碍等。丙烯酰胺慢性毒性作用最引人关注的是它的致癌性。丙烯酰胺具有致突变作用，可引起哺乳动物体细胞和生殖细胞的基因突变和染色体异常。动物实验研究发现，丙烯酰胺可致大鼠多种器官肿瘤，如乳腺、甲状腺、睾丸、肾上腺、中枢神经、口腔、子宫、脑下垂体肿瘤等。但目前还没有充足的人群流行病学证据表明，食物摄入丙烯酰胺与人类某种肿瘤的发生有明显相关性。国际癌症研究机构将丙烯酰胺列为 2 类致癌物，即人类可能致癌物。因为，丙烯酰胺在动物和人体均可代谢转化为致癌活性代谢产物环氧丙酰胺。

（二）生物性危害因素的危害特征描述

生物危害的危险性评估主要针对微小生物、微生物及生物毒素等。生物危害特征描述指对食品中存在的病原体产生的有害作用的严重性和持续时间进行定性和定量描述，主要考虑三个关键部分：①病原菌、寄主、食品三者的关系；②对人体产生不良影响的评估；③剂量 - 反应关系的分析。剂量 - 反应数据对生物危害的危害特征描述同样有用，但不易获得。生物危害描述的不确定性来源于寄主对病原体的敏感性、病原体的侵染率、病原体的致病力、病原体发生基因突变的可能性、其他微生物的影响、食品的理化成分对菌相的影响等。

任务三　评估暴露水平

PPT

情境导入

澳大利亚饮食普查的数据表明，2 岁和 2 岁以上的居民平均每人每天摄入 75g 明虾。由于没有相应的 ADI，通过食用明虾造成的对 AOZ 的暴露的评估无法深化。根据以上情况，饮食暴露评估比较了在明虾中所测到的 AOZ 的含量和硝基呋喃类化合物（AOZ 是这类物质的分解物）在大鼠和小白鼠身上引起肿瘤的剂量；如果以两岁和两岁以上的居民摄入明虾的平均量来计算的话，明虾中所测到的 AOZ 的含量与硝基呋喃类物质在实验鼠身上引起肿瘤的剂量之间的差距约为 40 万。

【任务描述】

评估硝基呋喃类物质的暴露水平需要考虑的内容有哪些？

【相关知识】

一、暴露评估的概念

暴露评估（exposure assessment）是指对于通过食品的可能摄入和其他有关途径暴露的化学、生物和物理因素的定性和（或）定量评价，是继危害鉴定、危害特征描述之后，食品危险性评估的第三个步骤。暴露评估描述危害进入人体的途径，估算不同人群摄入危害的水平。根据危害因素在膳食中的含量水平和人群膳食消费量，初步估算危害的膳食总摄入量，同时考虑其他非膳食进入人体的途径，估算人体对于该危害的总摄入量并与安全摄入量进行比较。

二、暴露评估的内容和要求

暴露评估要对人体通过各种途径所暴露的危害物的量进行定性或定量评估，需要考虑的内容包括暴露的某危害物物的剂量、频率和时间及暴露途径（如经皮肤、口、呼吸道）。按照暴露途径，暴露评估分为外暴露（即通过各种途径暴露危害物的量）和内暴露（即危害物进入机体的有效剂量或与机体发生相互作用的有效剂量）。对食品中的化学危害而言，外暴露评估就是摄入量的评估。而生物危害的暴露评估与化学因素不同，食品中的细菌性病原体会发生动态变化，这主要受到下列因素的影响：细菌性病原体的生态学；食品的加工、包装和贮藏；制备过程如烹调可能使细菌灭活；消费者的文化因素等。

膳食暴露是指通过食物途径被摄取的化学物质的量。食物包括所有可以被人食用的物质。膳食暴露评估是关联食品消费量数据与食品中化学物浓度数据的桥梁，通过比较膳食暴露评估结果与相应的食品化学物健康指导值，可以确定化学危害物的危险性程度。膳食暴露评估可分为急性暴露评估和慢性暴露评估。急性暴露评估主要是针对24小时内食物中有害物暴露情况进行评估。慢性暴露是对整个生命周期内平均每日暴露情况进行评估。

三、食品中化学危害的暴露评估

化学危害的暴露评估工作包括三个方面：食物中化学物含量数据、食物消费量数据以及这两方面数据的整合方法。实行膳食调查和国家食品污染监测计划是准确进行暴露评估的基础。

（一）膳食摄入量评估

联合国粮农组织/世界卫生组织（FAO/WHO）推荐的膳食暴露评估方法主要包括以下三种：总膳食研究（total diet study，TDS）；单个食物的选择性研究（selective study of individual foodstuffs）和双份饭法研究（duplicate portionstudy）。

1. 总膳食研究 也称为“市场菜篮子研究”（market basket study），指在对居民进行膳食消费量调查的基础上，对居民日常消费的食物数据进行聚类和抽样采集，按照当地菜谱烹调食物，使其成为能够直接入口的样品，通过实验室测定获得各类食物中化学污染物或营养素的含量，结合膳食消费量的数据，便可得出居民从膳食摄入有关物质的剂量。把估计的有关食品化学物膳食摄入量与相关的化学物健康参考值作比较，从而评估摄入这些物质对健康带来的危险性。该方法是国际上公认的评价一个国家或地区大规模人群膳食中化学污染物和营养素摄入量的通用的、最好的方法。世界卫生组织（WHO）近30年来一直致力于TDS的推广应用，作为一种膳食化学污染物监测手段，已得到越来越多国家的认同。

2. 单个食物的选择性研究 是针对某些特殊污染物在典型（或称为代表性）地区选择指示性食品进行的研究。通过测定某些具有代表性的食物样品中的化学污染物和营养素的含量，结合这些食物的消费量数据，计算出平均每日膳食暴露量。它可以充分利用其他研究项目的信息，例如通过食物化学污染物监测项目等获得所需的食物中化学物质的含量，同时，利用现有的食物消费量数据（例如来源于居民营养与健康状况监测），计算出各种化学污染物和营养素的摄入量，目前此类评估方法国内外较为多见，如我国某地2010年对居民膳食铝暴露的评估，结合1995年该地成年人膳食调查，采集的是食品标签标识有含铝食品添加剂的预包装食品。单个食物的选择性研究的工作量相对较小，样品更容易得到，费用也较低，但由于此方法收集的食物样品多是未加工的，所以不能反映烹调加工对实际摄入量的影响，例如，营养素、农药残留在烹调加工过程中的减少。另外一个不足之处是所涉及的食物样品有时不能代表整个人群的膳食。因此，仅能作初步的评估，较为粗略地反映人群化学物和营养素的暴露/摄入水平。

3. 双份饭法研究 双份饭法被认为是膳食暴露评估的“金标准”，常用于评价其他方法的有效性，对于个体污染物摄入量的变异研究更为有效。双份饭法需要收集调查对象在调查期间消费的全部食物，然后进行实验室测定。这些食物样品包括3餐及餐间食物如零食、饮料等，均需准备2份，1份供调查对象食用，并准确称量调查对象实际消费的食物重量，另1份混合成1个或多个食物样品，进行实验室测定，最后将得到的化学污染物和营养素的含量与调查对象实际消费的食物重量相乘即算出每个调查对象的化学物的膳食暴露水平。但是双份饭法工作量大，采样的费用相对较多，样品采集相对困难，所以很难开展大规模的研究。一般情况下，双份饭法不可能收集七天以上的膳食，所以不能代表长期的膳食消费水平，不具有人群代表性，只适用于小规模的调查研究。

（二）食物消费量和化学物含量的整合方法

当获得食物消费资料和化学物浓度数据时，通常采用以下三种方法中的一种来整合数据进行暴露评估。

1. 点评估（point estimation） 在评估中，将食物消费量设为1个固定值（如平均消费量或高水平消费量），乘以固定的残留量/浓度（通常是平均残留量水平或法定最高允许水平），然后将所有来源的摄入量相加的一种方法。

2. 简单分布（simple distribution） 将残留量/浓度变量设为1个固定值来与食物摄入量的分布进行整合的一种方法。通常使用计算机化的食物消费调查数据库，由于方法中考虑了食物消费模式的变异，因此其结果比点评估更有意义。

3. 概率分布（probability） 如果根据初步膳食暴露评估的结果，不能排除是否存在安全性问题，就需要开展更加精细的膳食暴露评估。概率分布可以提供更多目标人群的膳食暴露，以估计变异性方面的问题，但并不表示概率方法会给出比确定性方法更低的膳食暴露评估结果。

知识链接

高温加工食品中的丙烯酰胺的暴露评估

根据对世界上17个国家丙烯酰胺摄入量的评估结果显示，一般人群平均每日摄入量为0.3～2.0μg/kg，高消费人群其每日摄入量为3.5～5.1μg/kg。按体重计，儿童丙烯酰胺的摄入量为成人的2～3倍。其中丙烯酰胺主要来源的食品为炸土豆条16%～30%，炸土豆片6%～46%，咖啡13%～39%，饼干10%～20%，面包10%～30%，其余均小于10%。由于食品中以油炸薯类食品、咖啡食品和烘烤谷类食品中的丙烯酰胺含量较高，而这些食品在我国人群中的摄入水平应该不高于其他国家，因此，我国人群丙烯酰胺的摄入水平应不高于JECFA评估的一般人群的摄入水平。

四、食品中生物危害的暴露评估

生物危害的暴露评估是对于通过食品可能摄入和其他有关途径暴露于人体和（或）环境的微生物的定性和（或）定量评价，暴露评估考虑的是可能存在于食品中的致病性细菌的发生和数量以及确定剂量的消费（食用）数据。

食品中的生物体（细菌、寄生虫等）的含量在土壤、植物、动物和生食品中测得的量不同于个体摄食时该物质的含量。对于生物体而言，在适宜的环境条件下，由于复制（繁殖），微生物污染物的含量可能会显著地增加。因此，食品在消费时其中细菌因子的含量，对于在生食品中所测得的或在动物、植物或土壤中所测得的含量之比，可能有显著的不确定性。

任务四　描述危险性特征

PPT

情境导入

根据对硝基呋喃类物质的危害鉴定、危害特征的描述以及暴露评估结果，残留于明虾中的硝基呋喃分解物可能会引起癌症；但没有相应的硝基呋喃分解物的 ADI 值；同时缺乏长期暴露于硝基呋喃类物质或其分解物时的致癌性数据。

假设 AOZ（硝基呋喃的分解物）和硝基呋喃类物质具有同样的致癌能力，明虾中所检测到的 AOZ 的含量比所知道的致癌剂量要低 40 万～100 万单位。

鉴于以上数据，明虾中所检测到的 AOZ 的含量对消费者健康和安全的威胁应该是很小的。由于澳新食品标准法典对这类物质在食品中的含量没有上限，我们建议有关执法部门对所有进口明虾做硝基呋喃类物质的监测。

【任务描述】

根据以上实例，阐述危险性特征描述需要包括哪些内容？

【相关知识】

一、危险性特征描述的概念

危险性特征描述（risk characterization）是指根据危害鉴定、危害特征描述和暴露评估，对某一特定人群的已知或潜在健康不良作用发生的可能性和严重程度进行定性和（或）定量的估计，其中包括伴随的不确定性。作为食品危险性评估的最后一个步骤，危险性特征描述是通过整合并综合分析危害特征描述与暴露评估的信息，评估目标人群的潜在健康风险，为危险性管理决策制定提供科学方面的建议。

二、危险性特征描述的内容和要求

危险性特征描述的主要内容可分为两个部分：评估暴露健康风险和阐述不确定性。

1. 评估暴露健康风险　即评估在不同的暴露情形、不同人群（包括一般人群及婴幼儿、孕妇等易感人群），食品中危害物质致人体健康损害的潜在风险，包括危险性的特性、严重程度、危险性与人群亚组的相关性等，并对危险性管理者和消费者提出相应的建议。

危险性描述中对有阈值的毒性作用和无阈值的毒性作用采用不同的方法来进行描述。具体为就暴露对人群产生健康不良效果的可能性进行估计，对于有阈值的化学物质，比较暴露量和 ADI 值（或者其他测量值），暴露量小于 ADI 值时，健康不良作用的可能性理论上为零；对于无阈值的物质，人群的风险是暴露和效力的综合结果。

相应的方法包括基于健康指导值的危险性特征描述、遗传毒性致癌物的危险性特征描述和化学物联合暴露的危险性特征描述。

2. 阐述不确定性 由于科学证据不足或数据资料、评估方法的局限性使危险性评估的过程伴随着各种不确定性，在进行危险性特征描述时，应对所有可能来源的不确定性进行明确的描述和必要的解释。不确定性描述是指对用以进行危险性估计的信息的复杂性和不确定性的原因进行描述。将动物实验的结果外推到人可能产生不确定性。在实际工作中，这些不确定性可以通过专家判断等加以克服。

知识链接

高温加工食品中的丙烯酰胺的危险性特征描述

对丙烯酰胺的非致癌效应进行评估，动物实验结果引起神经病理性改变的 NOAEL 值为 0.2 mg/kg。根据人类平均每日摄入量为 1μg/kg，高消费者为 4μg/kg 进行计算，则人群平均摄入和高摄入的 MOE 分别为 200 和 50；丙烯酰胺引起生殖毒性的 NOAEL 值 2mg/kg，则人群平均摄入和高摄入的 MOE 分别为 2000 和 500。JECFA 认为按估计摄入量来考虑，此类副作用的危险性可以忽略，但是对于摄入量很高的人群，不排除能引起神经病理性改变的可能。推算引起动物乳腺瘤的 BMDL为 0.3 mg/kg，根据人类平均每日摄入量为 1μg/kg，高消费者为 4μg/kg 计算，平均摄入和高摄入量人群的 MOE 分别为 300 和 75。JECFA 认为对于一个具有遗传毒性致癌物来说，其 MOE 值较低，也就是诱发动物的致癌剂量与人的可能最大摄入量之间的差距不够大，比较接近，其对人类健康的潜在危害应给予关注，建议采取合理的措施来降低食品中丙烯酰胺的含量。

三、食品中化学危害因素的危险性特征描述

（一）基于健康指导值的危险性特征描述

对于有阈值效应的化学物质，FAO/WHO 食品添加剂联合专家委员会（JECFA）、FAO/WHO 农药残留联席会议（JMPR）、欧洲食品安全局（EFSA）等国际组织或机构通常是以危害特征描述步骤推导获得的健康指导值为参照，进行危险性特征描述，也就是通过将某种化学物的膳食暴露估计值与相应的健康指导值进行比较，来判定暴露健康风险。对于阈值效应，JECFA 和 JMPR 曾用每日允许摄入量（ADI）、耐受摄入量（TI）和急性参考剂量（ARfD）这些指标来进行危险性描述。ADI 和 ARfD 一般用于故意添加到食品中的物质、农药残留和兽药残留（这些物质的含量可以人为控制）的危险性描述。对于不可避免的污染物，常常用 TI 来描述。

如果待评估的化学物在目标人群中的膳食暴露量低于健康指导值，则一般可认为其膳食暴露不会产生可预见的健康风险，不需要提供进一步的危险性特征描述的信息。以反式脂肪酸为例，根据国家食品安全风险评估中心（CFSA）的危险性评估结果，我国居民的膳食反式脂肪酸平均供能比为 0.16%，大城市为 0.34%，均远低于 WHO 所设定的健康指导值（1%），因此可认为目前我国居民反式脂肪酸摄入风险总体较低。

然而，当膳食暴露量超过健康指导值时，就要谨慎地对健康风险进行判定及描述其相关特性，因为数值本身并不能作为向风险管理者和消费者提供暴露健康风险信息的唯一依据，还需要综合考虑其他相关因素。

（二）基于遗传毒性致癌物的危险性特征描述

对于既有遗传毒性又具有致癌性的化学物质，一方面，传统的观点通常认为它们没有阈值，任何暴露水平都可能存在不同程度的健康风险；另一方面，通过实验获得的未观察到致癌效应的剂量水平可能仅代表生物学上的检出限，而不一定是实际的阈值水平。因此，对于遗传毒性致癌物，JECFA、JMPR、EFSA 等国际机构不对其设定健康指导值。JECFA 建议对食品中该类物质的危险性特征描述可采用以下方法。

1. ALARA（as low as reasonably achievable）原则 即在合理可行的条件下，将膳食暴露水平降至尽可能低的水平。这是一个通用性的原则，是在缺乏足够的数据和科学的危险性描述方法的前提下，为最大限度保护消费者健康所提供的建议。但是该原则并未考虑待评估化学物的致癌潜力和特征、膳食暴露水平等因素。因此，其现实指导意义不大，无法向风险管理者和消费者提供有针对性的建议措施。

2. 低剂量外推法 对于某些致癌物，把不同暴露水平的危险性量化，可假设在低剂量反应范围内，致癌剂量和人群癌症发生率之间呈线性剂量反应关系，获得致癌力的剂量 - 反应关系模型，用以估计因膳食暴露所增加的肿瘤发生风险。例如，食品中黄曲霉毒素的危险性评估中，JECFA 根据所推导的黄曲霉毒素 B_1 致癌强度的剂量 - 反应关系函数，对不同暴露水平致肝癌的额外发病风险进行了预测。需要注意的是，在进行剂量外推的过程中，必须根据经验选择适宜的数学模型，随着选用模型的不同，危险性估计值的结果可能相差较大，并且数学模型无法反映生物学上的复杂性。该方法较为保守，通常会过高估计实际的危险性。

3. 暴露限值法 把能产生类似危害的不同化合物进行危险性分级，其中包括暴露限值（margin of exposure，MOE）法。MOE 是动物实验或人群研究所获得的剂量 - 反应曲线上分离点或参考点［即临界效应剂量，如 NOAEL 或基准剂量低限值（BMDL）］与估计的人群实际暴露量的比值，计算公式为 MOE = BMDL/暴露水平。危险性可接受水平取决于 MOE 值的大小，MOE 值越小，则化学物膳食暴露的健康损害危险性越大。

（三）基于化学物联合暴露的危险性特征描述

对食品中化学物危险性评估的传统方法，以及危险性管理者制定的管理措施都是基于单个物质暴露的假设而进行的。但实际情况可能是食品中存在多种危害化学物质，人们每天可通过多种途径暴露于多种化学物质，而这种联合暴露是否会通过毒理学交互作用对人体健康产生危害，如何评估联合暴露下的人群健康损害风险，已逐渐成为危险性特征描述的研究热点以及风险管理者所关注的问题。

化学物的联合作用包括 4 种形式：剂量相加作用、反应相加作用、协同作用和拮抗作用。但根据以往的研究经验，除了剂量相加作用之外，若每种单体化学物的暴露水平均不足以产生毒性效应，那么各种化学物的联合暴露通常不会引起健康风险。

（四）阐述不确定性

危险性评估是一个以已知数据进行科学推导的过程，不可避免地会包含不确定性。在对食品中的化学物进行定量危险性评估的过程中，由于所选用的数据、模型或方法等方面的局限性，如数据不足或研究证据不充分等，均会对危险性评估结果造成不同程度的不确定性。因此，在危险性特征描述的过程中，还需要对各种不确定因素、来源及对评估结果可能带来的影响进行定性或定量描述，为危险性管理者的决策制定提供更为全面的信息。

不确定性的来源主要分为两大类，一类来自试验结果的外推，其中包括从实验动物外推到一般人群及从一般人群外推到特定人群（敏感人群）。研究发现，化学物在实验动物和人体内的代谢差异远大于在两个种属内所引起的效应差异，因此种属间毒代动力学所引起的不确定性更大。但是，对于由遗传、年龄、性别、环境（如营养状况）等因素导致的人类个体变异，几乎没有资料可以表明人体组织对外源化学物（药物除外）的敏感性存在差异，更无法说明代谢和效应在不确定性中的贡献。例如，喂养丁基羟基茴香醚（BHA）的大鼠发生前胃肿瘤和甜味素引发小鼠神经毒性作用可能并不适用于人。

另一类不确定性来源是数据的局限性，主要包括无法获得未观察到不良作用水平（NOAEL）、暴露途径存在差异、暴露时限存在差异以及数据缺失等。

四、食品中生物危害因素的危险性特征描述

对于食源性细菌病原体来说，采用定性方法进行危险性描述可能是目前唯一的选择。定性的危险性评估取决于：特定的食品品种、细菌性病原体的生态学知识、流行病学数据，以及专家对与食品生产、加工、贮存和制备等方式有关的危害的判断。

【同步训练】

· 重点概念

1. 危害鉴定　2. 危害特征描述　3. 每日允许摄入量　4. 剂量 - 反应评估　5. 暴露评估　6. 危险性特征描述

· 课后讨论

1. 什么是食品危险性评估?
2. 食品危险性评估包括哪些步骤?
3. 食品危害鉴定依据的研究资料有哪些?
4. 剂量 - 反应评估是什么?

练 习 题

答案解析

一、选择题

1. 危害鉴定是食品危险性评估的（　）阶段，这一阶段的主要任务是根据已知的科学资料确定某种食源性因素是否对健康有不良影响。

   A. 定量　B. 定性　C. 定质　D 定值

2. 对于化学性危害因素，危害鉴定主要是指要确定某种物质的（　），在可能时对这种物质导致不良效果的固有性质进行鉴定。

   A. 含量　B. 化学性质　C. 毒性　D 化学反应

3. 在危害鉴定工作中，对不同研究资料的重视程度为（　）。

   A. 流行病学研究、动物实验（毒理学研究）、体外试验和定量的结构 - 活性关系
   B. 动物实验（毒理学研究）、体外试验、流行病学研究和定量的结构 - 活性关系
   C. 动物实验（毒理学研究）、定量的结构 - 活性关系、体外试验和流行病学研究
   D. 流行病学研究、体外实验、动物实验（毒理学研究）和定量的结构 - 活性关系

4. 食品危害特征的描述最主要的就是获取（ ）。

A. 动物实验结果　B. 剂量－反应关系　C. 毒物含量　D. 暴露途径

5.（ ）描述危害进入人体的途径，估算不同人群摄入危害的水平，估算人体对于该危害的总摄入量并与安全摄入量进行比较。

A. 危害鉴定　B. 危害特征描述　C. 暴露评估　D. 危险性特征描述

6.（ ）和（ ）一般用于故意添加到食品中的物质、农药残留和兽药残留（这些物质的含量可以人为控制）的危险性描述。对于不可避免的污染物，常常用（ ）来描述。

A. TI；JECFA；ADI　B. ADI；MOE；TI

C. ARfD；TI；MOE　D. ADI；ARfD；TI

7. 危险性特征描述的主要内容可分为（ ）和（ ）

A. 评估暴露健康风险；阐述不确定性

B. 评估暴露途径；提出改善举措

C. 评估暴露含量；检测影响严重程度

D. 进行动物实验；得出健康指导值

二、简答题

1. 危害特征描述过程中常用的健康水平的推荐量值有哪些？

2. 化学危害的暴露评估工作包括哪些？

3. 简述危险性特征描述的主要内容。

4. 危险性特征描述评估暴露健康风险的方法有哪些？

三、案例分析题

邻苯二甲酸酯类物质不是食品添加剂，不允许直接添加在食品中。但是，作为塑料制品中常用的增塑剂，可从塑料制品中迁移到环境或食品中，在环境中广泛存在，在空气、水和食品中均可能检出邻苯二甲酸酯类物质。人体可通过环境膳食和饮水等多种途径摄入这类物质。根据所学知识，设计对于食品中邻苯二甲酸酯类物质的食品危险性评估流程。

书网融合……

本章小结　微课　题库

项目四

食品质量控制方法

学习目标

知识目标

1. **掌握** 数据收集方法、抽样方法和质量管理工具方法。
2. **熟悉** 食品质量管理中产品质量波动的因素分析。
3. **了解** 质量控制的新方法。

能力目标

1. 能够正确收集食品生产数据，并进行统计分析。
2. 能够应用质量管理工具方法指导实际工作。

素质目标

通过本项目的学习，学生能够树立食品安全意识，选用正确的方式收集和分析数据，用数据保障食品安全，做一个严谨细致的食品人。

任务一　质量管理数据

PPT

情境导入

某食品企业老板想要了解其产品的生产品控现状，便要求刚入职的小张进行数据收集。小张收到任务后干劲十足，立刻动身前往车间，认真记录产品信息和产品的生产过程，很快便收集了大量的数据。然而，在准备对老板进行汇报时，小张却发现这些数据庞杂无章，根本无法准确表示产品的生产现状和质量问题，更无法总结和提炼出对老板有价值的决策建议。对此，小张非常郁闷：这么多数据，难道就真的没有一点有用的信息吗？

【任务描述】

收集食品质量数据，用数据表示食品的质量特性。

【相关知识】

质量管理的目的就是通过管理来保证生产出用户满意的产品，为达到此目的就必须规定明确的质量特性，而用数据表示的质量特性最有说服力，最能反映事物的本质。没有数据就不能进行定量分析，更谈不上科学管理，全面质量管理尽可能使说明质量水平的事实数据化，通过数据的整理、分析和判断，从中找出质量的活动规律，并做出正确的判断，以达到控制和提高产品质量的目的。

数据的用途是由搜集数据的目的来决定的。其用途可分以下几项。

1. 分析用数据 为掌握和分析现场质量情况而收集的数据。如：通过调查钢铁的化学成分来控制钢铁的质量；通过调查纺织厂纱条干 CV 值来分析 CV 值的波动原因。

这类数据，主要用于分析存在的问题，找出所要控制的影响因素，并确定各因素间的相互关系，为最后进行判断提供依据。

2. 管理用数据 为了掌握工序加工质量特性波动原因，用于对工序状态作出判断而收集的数据。即收集这类数据是为了对生产过程进行预防性控制和管理。每次从工序中抽取的数据个数不多，但却要多次抽取，此时要特别注意每组数据的次序不能混淆。

3. 检验用数据 对产品进行全数检验或抽样检验而收集的数据。即收集这方面的数据是为了对一批产品的质量进行评价和验收。一般说来，此时被研究的对象处于静止状态，常不强调数据收集的先后次序，但要特别强调抽检数据的随机性，同时抽取的数据量要尽可能大些，以保证数据的代表性。

一、质量数据的分类

质量数据是指某质量指标的质量特性值，质量数据在企业中几乎无处不在。质量数据统按其性质可以分为两类：计量值数据和计数值数据。

1. 计量值数据 是指用测量工具可以连续测取的数据，即可以用测量工具具体测出小数点以下数值的数据。如长度、面积、体积、重量、密度、糖度、酸度、硬度、温度、时间、营养成分含量、灌装量等。由于测量工具的精度所限，结果使得测量范围内的数据，也不能做到无限可分而任取其值，因此实测到的数据往往也呈跳跃状。

2. 计数值数据 是指不能连续取值的、只能以整数计算的数据。如产品件数、不合格品数、产品表面的缺陷数。一般为正整数，但以百分数出现的数据由哪一类数据计算所得，就属于哪一类数据。

（1）计件值数据 计件值数据是指数产品的件数而得到的数值。如产品件数、不合格品率、不合格品数、质量检测的项目数。

（2）计点值数据 计点值数据是指数缺陷数而得到的数值。如不合格数、大肠埃希菌数、细菌总数，产品表面的缺陷数，单位时间内机器发生故障的次数，棉布上的疵点数，玻璃上的气泡数，铸件上的砂眼数。

二、总体与样本的特征值

（一）总体与参数

1. 总体 总体又叫母体，是研究对象的全体。总体可以是有限的，也可以是无限的。例如要考察某厂 10000 瓶饮料，其总体的数量已限制在 10000 个，是有限的总体。若对该厂过去、现在和将来生产的饮料质量情况进行分析，这个连续的过程可以提供无数个数据，是无限的总体。

2. 个体 个体也叫样本单位或样品，是构成总体或样本的基本单位。如 1 包奶粉、1 个月饼等。

3. 参数 由总体计算的特征数叫参数。如总体平均值、总体标准差。

在实际工作中，对无限多的个体逐一考察其某一特性的数值显然是困难的。对有限多的个体，由于其数量大，也难以一一进行考察；如果考察方法是破坏性的就更不能一一加以考察。因此，只能通过抽取部分样品来了解和分析总体情况。

为了保证样本能够很好地反映总体，就要求抽样的随机性，也就是要求抽取的样品都有同等机会被抽取到。这样抽取到的样品才能较高的代表性。具体的抽样方式和方法要根据抽样的目的来选择和确定。

（二）样本与统计量

1. 样本 样本也叫子样，是从总体中抽取出来的一个或多个供检验的单位产品，例如从3000包奶粉中抽取10包奶粉作为样本进行检验。样本中所含的个体数目称为样本量或样本大小，常用 n 表示，例如从3000包奶粉中抽取10包奶粉作为样本进行检验，其样本量 $n=10$。从总体中抽取部分个体作为样本的过程叫抽样，食品工业通常采取“随机抽样”的方法。

2. 统计量 由样本计算的特征数叫统计量，常用拉丁字母表示。

（1）表示样本的中心位置的统计量

①样本平均值 $\overline{X}$ 其计算公式为：

$$\overline{X} = (\sum_{i=1}^{n} X)/n$$

②样本中位数X 把收集到的统计数据按大小顺序重新排列，排在正中间的那个数就叫中位数。当样本量 n 为奇数时，正中间的数只有一个；当 n 为偶数时，正中位置有两个数，此时中位数为正中两个数的算术平均值。

（2）表示样本数据分散程度的统计量

①样本极差 一组数据中最大值与最小值之差。例如，15、5、10、20、45五个数组成一组，则极差：$R = x_{\max} - x_{\min} = 45 - 5 = 40$。

②标准方差 s^2 计算公式为：

$$s^2 = \frac{1}{n-1}\sum_{i=1}^{n}(X_i - \overline{X})^2$$

③样本标准差 计算公式为：

$$s = \sqrt{\frac{1}{n-1}\sum_{i=1}^{n}(X_i - \overline{X})^2}$$

（三）收集数据的方法

1. 单纯随机抽样法 又分为重复和不重复抽样两种方法。

（1）单纯随机重复抽样法 指总体中每一个个体始终都有相等的被抽取的机会，抽取完一件样品后，立即放回到总体中，这种方法的随机性比较彻底。

通常的作法是：对总体的全部产品进行编号，然后取得同样本大小相同个数的随机数，按随机数指定的相应编码，抽检产品。具体操作时可采用抽签法、随机数法和掷骰法等。

（2）单纯随机不重复抽样法 这是一种无放回的抽样方法，即从总体中每次抽取到的样品不再放回到总体中去而进行的随机抽样方法。按照上面的作法，有意识地舍去重复出现的随机数，就可实现不重复随机抽样。

单纯随机抽样法的随机性较强，样本具有很好的代表性，适合于整批产品的质量检验。

2. 分层随机抽样法 就是把不同条件下生产出来的产品归类分组，按一定比例从各组中随机抽取样品组成样本。这种分层随机抽样，事实上就是把大的总体或检查批按不同情况分成若干个小的总体或检查批，在每个小的总体或检查批中随机抽取小的抽样组，而且这种抽样组的大小是与总体或检查批的大小成正比例的。因此，在总体单位的情况不一致时，分层随机抽样是比较好的抽样方式。

3. 整群随机抽样法 所谓整群随机抽样，就是在总体或抽查批中，不是抽取个别产品，而是随机抽取整群的产品，加以观察和研究，由此推断总体或检查批的情况。例如，对某种产品质量作5%的抽样检查：每隔20小时抽取一小时中所生产的全部产品，或者每隔一小时或几小时连续抽取几个到几十个产品来检查，然后推断检查批的质量情况。

整群随机抽样法的优点在于组织便利，容易抽取产品。缺点是样本中的样品在总体或检查批中的分布很不均匀，因而在某些时候的代表性可能差一些，所以采用这种抽样方式时，总的样本容量也会大一些。

三、产品质量的波动

在生产实际中，经常可以观察到这样的现象：按照同样的工艺、遵照同样的作业指导书、采用同样的原材料、在同一台设备上、由同一个操作者生产出来的一批产品其质量特性不可能完全一样，总是存在差异，即存在变异或波动。即任何一个生产过程，总存在着质量波动。质量波动是客观存在的，是绝对的。

造成质量波动主要有六个方面因素（5M1E）：操作者（man）、设备（machine）、原材料（material）、操作方法（method）、测量（measurement）、环境（environment）。根据造成波动的原因，把波动分为两大类：一类是正常波动；另一类是异常波动。

1. 正常波动 是由随机因素又称偶然因素造成的，是质量管理中允许的波动，此时的工序处于稳定状态或受控状态。如机器的固有振动、液体灌装机的正常磨损、工人操作的微小不均匀性、原材料中的微量杂质或性能上微小差异、仪器仪表的精度误差、检测误差。

正常波动是固有的、始终存在，是不可避免的，对质量的影响较小，这些因素技术上难以消除，经济上也不值得消除。

2. 异常波动 是由系统性原因造成的质量数据波动，是质量管理中不允许的波动，此时的工序处于不稳定状态或非受控状态。对这样的工序必须严加控制。如配方错误、设备故障或过度磨损、操作工人违反操作规程、原材料质量不合格、计量仪器故障。

异常波动是指非过程固有、有时存在有时不存在，对质量波动影响大，常常超出了规格范围或存在超过规格范围的危险，易于判断其产生原因并除去。

质量管理的一项重要工作内容就是通过搜集数据、整理数据，找出波动的规律，把正常波动控制在最低限度，消除系统性原因造成的异常波动。

四、收集质量数据应注意的问题

要明确收集数据的目的。目的不同收集数据的过程与方法也不同。例如：为进行工序控制和为检验一批生产出来的产品质量而收集数据，就不能采用同种收集数据的方法。

收集的数据一定要真实、准确。数据不真实，不但没有意义，而且还有因假信息而造成危害性。

收集到的原始数据应按一定标志进行分类，加以整理，尽量把同一生产条件下的数据归并在一起。

要记下收集数据的条件。记录抽样方式，抽样时间，测定仪器，工艺条件以及测定人员等。

任务二 质量成本管理

情境导入

为保障食品安全与质量，某企业购买了一台金属探测仪，对包装好的食品进行检测。起初，该企业严格按照流程对食品进行金属异物探测。使用一段时间后，该企业发现金属探测仪有一定的误报率，需要派人对探测异常的食品进行复检，复检结果也多为正常（即金属探测仪误报），这无疑增加了企业的人力成本和时间消耗。为了降低成本、提高生产效率，该企业认为探测异常的食品不需要每包都复检，只需要定时抽检就好。结果，某一天生产结束后，车间的设备维护工人发现，某包装设备上少了一颗螺丝。为找出这颗螺丝落在了哪包食品里，该企业不得不加班加点，把那天生产的食品从仓库里重新拿出来进行金属探测。

【任务描述】

找出企业中“不易被看见的成本”，并进行描述。

【相关知识】

客户需求的是优质、低价的产品。而近些年来，为了满足客户的这种需求，再加上市场的激烈竞争，所有企业都在致力于深降成本。尤其近两年受原材料价格持续飙升、人工成本也不断上涨等因素的影响，使得降低成本工作似乎到了“山穷水尽”的地步了，持续生存就显得岌岌可危，寻找降低成本的新突破口迫在眉睫。

放眼看去，众多企业降低成本的工作重点放在了那些容易被抓住和容易被“看见”的成本与费用上，如降低物品采购价格、节省行政管理中的办公经费、业务招待费、差旅费等。而对于那些不易被抓住和似乎不易被“看见”方面的成本的降低，则很少考虑，如减少管理工作失误、提高服务质量等。因此，降低成本的突破口应该从这些似乎不易被看见的成本开始，即实施质量成本管理。

那么与产品（或服务）相关联的成本都有哪些呢？对于一个企业而言，虽然卓越的研究开发可使新产品导入市场，虽然营销的多样化可使产品在短期内增加销售量，但没有卓越的“质量”保证，就不能长久立足于市场。而这种“质量”汇集了包括生产、技术、管理、信息沟通、服务等各个方面的工作质量。尤其在制造行业，都存在着由于不符合性能标准而发生的操作。例如，加工现场表现在加工废品和返工。质量成本管理正是为了解决这些往往被我们轻视的质量问题所造成的各种损失，让损失降低到最低限度，以挖掘企业内部新的降低成本潜能，并获取新的增长空间。

质量成本，是指企业为保证产品质量而支出的一切费用以及由于产品质量未达到既定的标准而造成的一切损失。加强企业质量成本管理，一方面有利于企业提高产品质量，降低经营成本；另一方面也有利于增强企业产品价格竞争力，提高企业盈利能力和盈利水平。

质量成本管理，重在方法管理。企业如采用一套行之有效的科学管理方法，将使企业管理成本更低，成效更为明显，达到事半功倍的效果。企业实施质量成本管理应高度重视以下五项工作。

一、企业质量成本构成情况

质量成本包括直接质量成本和间接质量成本。

直接质量成本是指在产品的制造和销售过程中所发生的质量成本，一般由内部故障成本、外部故障成本、鉴定成本和预防成本四个部分组成。内部故障成本是指企业内部由于生产的产品质量有缺陷而造成的损失和为处理质量缺陷而发生的费用的总和，一般包括废品损失、返工费用、复检费用、停工损失以及不合格品处理费用等。外部故障成本是指在销售和使用中发现产品缺陷而产生的由制造企业支付的一切费用的总和，它同内部故障成本的区别在于不合格品是在发运给顾客后才发现的，一般包括保修费、索赔费、诉讼费、退货费、降价费。鉴定成本是指在一次交验合格的情况下，为检验产品质量而发生的一切费用，一般包括进货测试费、工序和成品检验费、在库物资复检费、对测试设备的评价费、质量评审费。预防成本是指为了防止质量缺陷发生，保证产品质量，使故障成本和鉴定成本最低而耗费的费用，一般包括质量计划编制费、质量管理培训教育费、工序控制费、产品评审费、质量信息费、质量管理实施费。

间接质量成本是指在直接质量成本的基础上进一步引申和扩展的成本，它涉及制造和销售过程以外的质量成本，一般包括：无形质量成本、使用质量成本、供应商质量成本、设备质量成本。

分析企业质量成本的构成，有利于企业明确质量成本可能发生的环节，建立必要的质量成本控制措施。一些企业建立了质量成本会计分录，分门别类地统计并核算各质量成本项目，以此发现质量成本发生的环节、发生的多少、发生的原因，为企业落实质量责任、采取质量措施，提供翔实的资料。

二、企业质量成本控制标准

为加强质量成本管理工作，企业可设立质量成本管理中心，制定质量成本管理制度，建立质量成本控制标准。例如，中国一汽集团四川专业汽车厂建立了企业质量成本控制标准，标准规定质量成本占销售额的比例不得超过10%。其中：内部故障成本占全部质量成本的比例范围应在25%~40%；外部故障成本占全部质量成本的比例范围应在20%~40%；鉴定成本占全部质量成本的比例范围应在10%~50%；预防成本占全部质量成本的比例范围应在0.5%~5%。企业规定，如突破上述规定标准，质量成本管理中心将责成有关部门分析原因，采取有效措施。

三、质量成本目标体系

质量目标是指企业在一定时期内在质量方面所要达到的预期成果。开展质量成本控制工作，应有明确的控制目标，这是企业质量成本控制工作的基础。

建立质量成本控制目标，应注重以下几点：一是目标要有突破性，就是要在现有的质量成本基础上有所突破，成本总量要有一定幅度的降低；二是目标要有控制性，就是为把质量水平和质量指标维持在一定的水平上而制定的目标，这样的目标通常成为日常控制工作的标准；三是目标要有可实现性，即通过全体员工的努力，目标是可以实现的，切不可把目标定得过高，让人觉得高不可攀，难以实现，丧失信心；四是目标应力求量化，尽量避免使用一些不确定语言，多用数字表述目标，让人一目了然，便于操作和验证。

建立质量控制目标，既要有总目标，也要有分目标。总目标规定企业质量成本总体控制水平，在一定时间内应达到的成果或要求。将总目标进行分解，就成为一系列分目标，这些分目标由相应的职能部门来完成。如将总目标分解成：采购成本控制目标，财务成本控制目标，制造费用控制目标，销售费用控制目标等分目标，分别由相应的职能部门来完成。每一项分目标，还可进一步分解成一系列子目标，如采购成本控制分目标可分解成：原材料采购成本控制目标、外协件采购成本控制目标、低质易耗品采购成本控制目标等子目标。

四、质量成本控制计划

质量成本控制目标能否顺利实现，关键在于企业的质量成本控制计划制定得是否完善、合理。质量成本控制计划，应当规定目标体系中的每一个目标该由谁来完成，什么时候完成，如何检验评价这些目标；应将目标体系落实到各部门、个人，落实到每季度、每月甚至每周，将目标按人按时间进行分摊。这样，通过每一个人，每一个部门，每一段时间的工作，实现其预期的分目标，从而保障企业总目标的实现。

企业质量成本管理中心是质量成本控制计划编制、修订和实施的职能部门。计划编制时，应多召开各种形式的座谈会，征求各部门对质量计划草案的意见，多次反复修改，便于以后计划的实施。

五、质量成本三全控制体系

质量成本控制，涉及到企业的每一个员工、每一个部门、每一个工作环节。因此，企业质量管理部门能否通过宣传、通过制度，动员全体员工参与，进行全过程的质量控制，开展全企业质量管理，关系到企业质量成本计划能否顺利实施。

1. 全员控制 如何才能调动全体员工积极性和创造性，共同做好质量成本控制工作呢？我们以为，企业应从以下几个方面着手：一是抓好全员质量宣教工作，加强员工质量成本控制意识，促使员工积极参加各项质量活动；二是通过建立质量责任制，明确责任和权限，各司其职，互相配合，建立企业高效、协调、有序的质量保障体系；三是开展多种形式的群众性质量活动，如质量控制小组，充分发挥广大职工的聪明才智。

2. 全过程控制 质量成本发生在各个部门、各个环节，发生在每一个人、每一天的工作中。因此，质量成本控制，要全员参与，也要全过程控制。全过程控制，应对每一过程制定严格的操作规范、控制标准、检测手段，使每一位员工知道如何降低损耗、减少浪费、控制过程成本；全过程控制，应坚持预防为主，把不合格品消灭在它的形成过程之中，做到防患于未然；全过程控制，应充分发挥检验的作用，做好检验标准制定、检测手段制定、检测方法制定工作，做好产品的首检、巡检、专检工作，尽量减少成批报废，提前预报质量情况。

3. 全企业控制 在全企业质量成本控制方面，我们认为，成本控制涉及到企业高层、中层、基层工作，每个层次。

任务三 QC 旧七法在食品生产中的应用

PPT

情境导入

某食品生产企业想要通过控制原材料的质量、生产工艺和设备维护等方面，提高产品的质量和稳定性。对此，企业想要对从食品原料采购到食品生产加工再到食品质量监督体系的全过程进行分析，试图找出影响食品质量的变量以及食品生产过程中出现的问题。该企业通过调研、访谈、抽样检查等方式得到了数量相当可观的数据。企业该如何从这一大堆的数据里提炼出想要的信息呢？

【任务描述】

分别描述 QC 旧七法的概念和作用。

【相关知识】

20 世纪 50 年代以来，科学技术和工业生产的发展，对质量要求越来越高。要求人们运用“系统工程”的概念，把质量问题作为一个有机整体加以综合分析研究，实施全员、全过程、全企业的管理。60 年代在管理理论上出现了“行为科学”学派，主张调动人的积极性，注意人在管理中的作用。随着市场竞争，尤其国际市场竞争的加剧，各国企业都很重视“产品责任”和“质量保证”问题，加强内部质量管理，确保生产的产品使用安全、可靠。在上述背景条件下，显然仅仅依赖质量检验和运用统计方法已难以保证和提高产品质量，也不能满足社会进步要求。1961 年，菲根堡姆提出了全面质量管理的概念。

日本质量管理专家在推行全面质量管理工作过程中，引进学习美国质量管理理论，开发、应用了新老 7 种工具，为开展质量改进，普及统计技术应用提供了有效的途径。老 7 种工具起源于 1962 年日本科学技术联盟，20 世纪 70 年代备受日本工业界推崇，并很快在日本的工厂企业现场质量管理中发挥了巨大作用。老 7 种工具有因果图、排列图、散布图、直方图、调查表、分层法和控制图，适用于生产现场、施工现场、服务现场解决质量问题和改进质量。

食品质量控制的传统方法有因果图、排列图、散布图、直方图、调查表、分层法和控制图，通常称为 QC 七工具或品管七大手法，这七种方法相互结合、灵活运用，对解决质量管理中问题有较大帮助。

一、因果图

1. 因果图的概念和作用 因果图又称鱼刺图，是一种用于分析质量特性（结果）与可能影响质量特性的因素（原因）的一种工具。它可用于以下几个方面：分析因果关系、表达因果关系及通过识别症状、分析原因、寻找措施，促进问题解决。日本东京大学教授石川馨第一次提出了因果图，所以因果图又称石川图（图 4－1）。

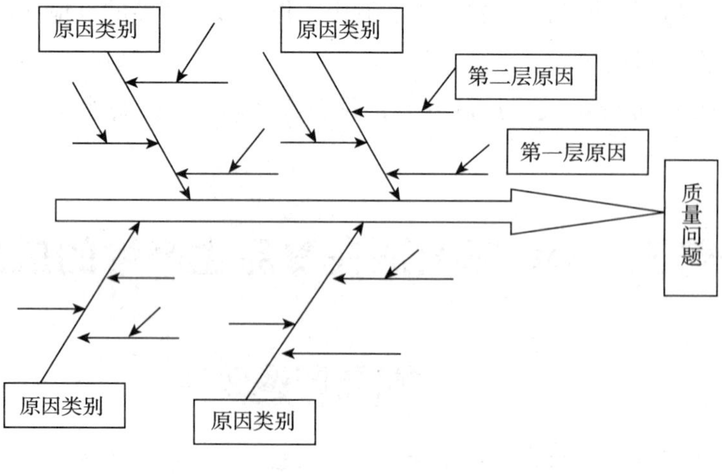

图 4－1 因果图结构

2. 因果图的制作步骤

【例 4－1】对某糕点生产企业存在的裱花蛋糕微生物超标的质量问题进行因果分析。

分析及制作步骤如下。

（1）确定需要分析的质量特性，如产品质量、质量成本、产量、工作质量等问题。

（2）召集同该质量问题有关的人员参加会议，充分发扬民主，各抒己见，集思广益，把每个人的分析意见都记录在图上。

（3）画一条带箭头的主干线，箭头指向右端，将质量问题写在图的右边，确定造成质量问题类别。按影响产品质量的六大因素：人、机、料、法、测、环（5M1E）分类，然后围绕各原因类别展开，按第一层原因、第二层原因、第三层原因及相互因果关系，用长短不等的箭头画在图上，逐级分析展开到能采取措施为止。

（4）讨论分析主要原因，把主要的、关键的原因分别用粗线或其他颜色的线标记出来，或者加上方框进行现场验证。

（5）记录必要的有关事项，如参加讨论的人员、绘制日期、绘制者等。

（6）对主要原因制定对策表，落实改进措施。

图4－2是某糕点生产企业对裱花蛋糕微生物超标的质量问题进行因果图分析的结果。

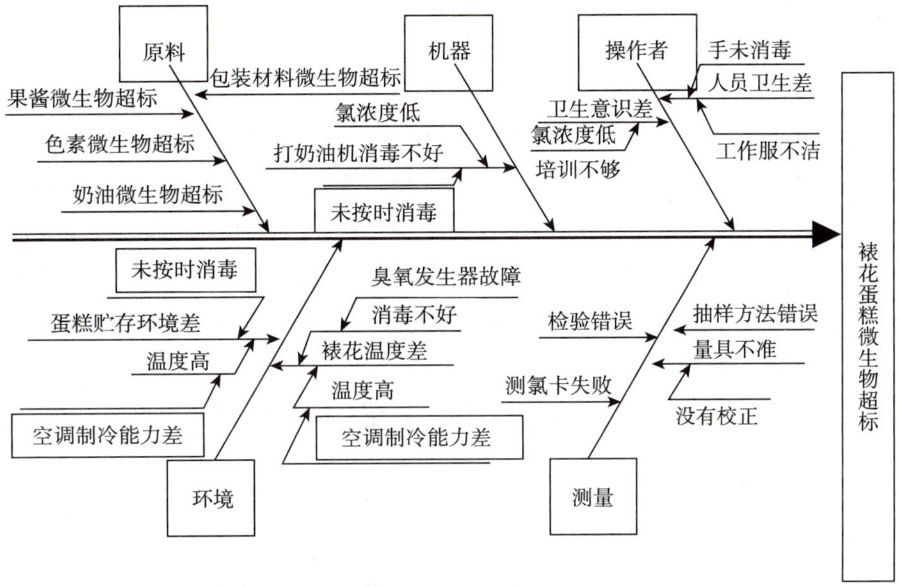

图4－2　裱花蛋糕微生物超标的因果图结构

二、排列图 微课

1. 排列图的概念　全称是主次因素排列图，又称巴雷特图（Pareto），是将质量改进项目从最重要到次要进行排列，寻找影响质量的主要原因或主要问题所使用的图。排列图由一个横坐标、两个纵坐标、几个按高低顺序排列的矩形和一条累计百分比折线组成。此图是一个直角坐标图，它的左纵坐标为频数，即某质量问题出现次数，用绝对数表示；右纵坐标为频率，常用百分数来表示。横坐标表示影响质量的各种因素，按频数的高低从左到右依次画出长柱排列图，然后将各因素频率逐项相加并用曲线表示。累计频率在80%以内的为A类因素，即是亟待解决的质量问题。

排列图作用：通过区分最重要的和其他次要的项目，就可以用最少的努力获得最大的改进。

2. 排列图的制作案例

【例4－2】某食品厂对某时段生产的菠萝罐头不合格项进行调查，结果如表4－1所示。现利用排列图对不合格项进行分析。

表4－1　菠萝罐头不合格项调查表

不合格类型	外表面	真空度	二重卷边	净重	固形物	杂质	块形	小计
不合格数/个	1	7	1	42	28	6	4	89

根据表4－1数据制作排列图的步骤如下：

（1）制作排列图数据表（表4－2）　计算不合格比率，并按数量从大到小顺序将数据填入表中。“其他”项的数据由许多数据很小的项目合并在一起，将列在最后。

表 4－2　菠萝罐头排列图数据表

不合格类型	不合格数/个	累计不合格数/个	比率/%	累计比率/%
净重	42	42	47.2	47.2
固形物	28	70	31.5	78.7
真空度	7	77	7.9	86.6
杂质	6	83	6.7	93.3
块形	4	87	4.5	97.8
其他	2	89	2.2	100
合计	89		100	

（2）画两根纵轴和一根横轴　左边纵轴，标上件数（频数）的刻度，最大刻度为总件数（总频数）；右边纵轴，标上比率（频率）的刻度，最大刻度为100%。左边总频数的刻度与右边总频数的刻度（100%）高度相等。横轴上将频数从大到小依次列出各项。

（3）在横轴上按频数大小画出矩形，矩形高度代表各不合格项频数的大小。

（4）画累计频率曲线，用来表示各项目的累计百分比。

（5）在图上记入有关必要事项，如排列图名称、数据及采集数据的时间、主题、数据合计数等，如图 4－3 所示。

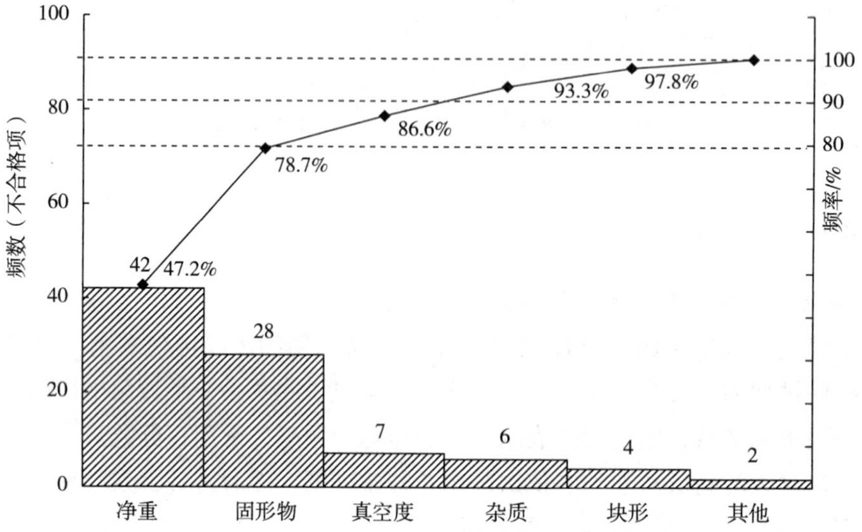

图 4－3　菠萝罐头不合格项目排列图

3. 排列图的使用

（1）为了抓住“关键的少数”，在排列图上通常把累计比率分为三类：80%的因素为 A 类因素，即主要因素（不超过三项）；在 80% ~90%的因素为 B 类因素，即次要因素；在 90% ~100%的因素为 C 类因素，即一般因素。从图 4－3 中可以看出，出现不合格品的主要原因是净重和固形物含量，只要解决了这两个问题，不合格率就可以降低 78.7%。

（2）在解决质量问题时，将排列图和因果图结合起来特别有效。先用排列图找出主要因素，再用因果图对该主要因素进行分析，找出引起该质量问题的主要原因。

三、散布图

散布图也称相关图、分布图，用于研究两个变量之间的关系及相关程度。在散布图中，成对的数据形成点子云，研究电子云的分布状态，便可推断成对数据之间的相关程度。图 4－4 是六种常见的散布图形状。

散布图可以用来发现和确认两组相关数据之间的关系，并确认两组相关数据之间预期的关系，常用于分析研究质量特性之间或质量特性与影响因素两变量之间的相关关系。

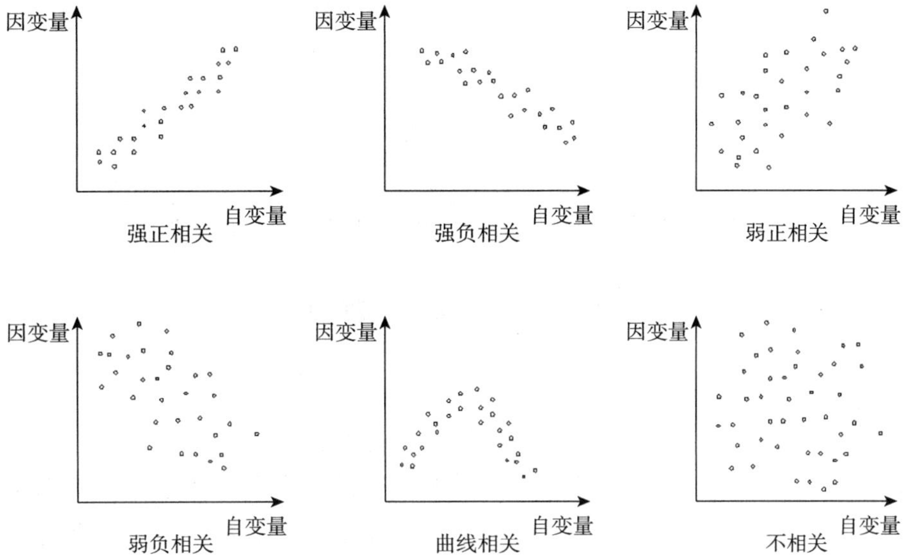

图 4－4　典型散布图

【例 4－3】某酒厂为了研究中间产品酒醅中的酸度和酒度 2 个变量之间存在什么关系，对酒醅样品进行了化验分析，结果如表 4－3 所示，现利用散布图对数据进行分析、研究和判断。

将表中的各组数据一一描点在坐标系中，结果如图 4－5 所示。将图 4－5 与图 4－4 典型散布图进行比较，可以得出酒醅酸度与酒度呈若负相关的结论。

表 4－3　酒醅中酸度和酒度分析数据表

序号	酸度	酒度	序号	酸度	酒度
1	0.5	6.3	16	1.4	3.8
2	0.9	5.8	17	0.9	5.0
3	1.2	4.8	18	0.7	6.3
4	1.0	4.6	19	0.6	6.4
5	0.9	5.4	20	0.5	6.4
6	0.7	5.8	21	0.5	6.6
7	1.4	3.8	22	1.2	4.7
8	0.8	5.7	23	0.6	6.5
9	0.7	6.0	24	1.3	4.3
10	0.9	6.1	25	1.0	5.3
11	1.2	5.3	26	1.5	4.4
12	0.8	5.9	27	0.7	6.6
13	1.2	4.7	28	1.3	4.6
14	1.6	3.8	29	1.0	4.8
15	1.5	3.4	30	1.2	4.1

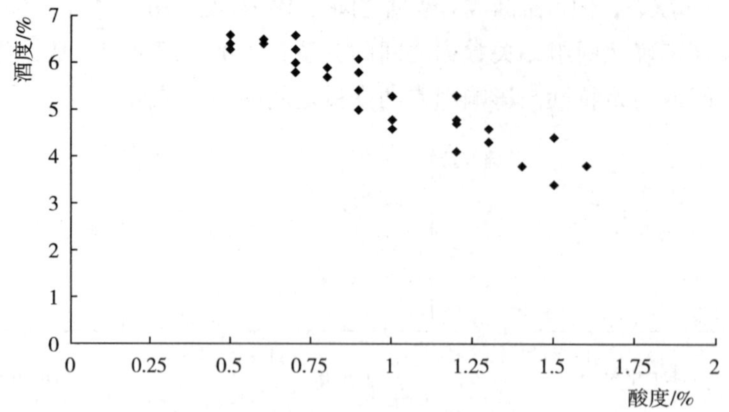

图4-5 酒度与酸度散布图

四、直方图

1. 直方图的概念与作用 直方图是从总体中随机抽取样本，将从样本中获得的数据进行整理后，用一系列宽度相等、高度不等的矩形表示数据分布的图。矩形的宽度表示数据范围的间隔，矩形的高度表示在给定间隔内的数据频数。

直方图的作用：较直观地传递有关过程质量状况的信息，显示质量波动分布的状态；通过对数据分布与公差的相对位置的研究，可以对过程能力进行判断。

2. 直方图的制作步骤

【例4-4】某植物油生产厂使用灌装机，灌装标称重量为5000g的瓶装色拉油，按规定只允许灌装的实际质量比标重重量多而不允许少，为了降低成本要求溢出量为0~50g。现应用直方图对灌装过程进行分析。

（1）收集数据 一般收集的数据为50个以上，最少不得少于30个。数据太少时所反映的分布及随后的各种推算结果的误差会增大。本例收集100个数据，列于表4-4中。

表4-4 溢出量数据表

测量单位									
43	40	28	28	27	28	26	12	33	30
34	42	22	32	30	34	29	20	22	28
24	29	29	18	35	21	36	46	30	14
28	28	32	28	22	20	25	38	36	12
38	30	36	20	21	24	20	35	26	20
29	31	18	30	24	26	32	28	14	47
24	34	22	20	28	24	48	27	1	24
34	10	14	21	42	22	38	34	6	22
39	32	24	19	18	30	28	28	16	19
20	28	18	24	8	24	12	32	37	40

（2）计算数据的极差 极差：反映了样本数据的分布范围，在直方图应用中，极差的计算用于确定组范围。

$$R = X_{max} - X_{min} = 48 - 1 = 47$$

（3）确定组距　现确定直方图的组数，然后以此组数去除极差，可得直方图每组的宽度，即组距（h）。组数的确定要适当，组数 k 的确定可参见表 4－5。

表 4－5　直方图分组组数选用表

样本量/n	推荐组数/k
50～100	6～10
100～250	7～12
250 以上	10～20

该例去组数 $k=10$

$$h = R/k = 47/10 = 4.7 \approx 5$$

组距一般取测量单位的整数倍，以便分组。

（4）确定各组的边界值　为避免出现数据在组的边界上，并保证数据中最大值和最小值包括在组内，组的边界值单位应取为最小测量值减去最小测量单位的一半作为第 1 组的下界限，再按所计算的组距推算各组的分组界限。

本例第一组下界限为：X_{min} －最小测量单位/2＝1－1/2＝0.5（精度）；第一组上界限为 0.5，第一组下界限加组距，0.5＋5－5.5；第二组下界限与第一组上界限相同，5.5；第二组上界限为第二组下界限加组距，5.5＋5＝10.5。依此类推。

（5）编制频数分布表（表 4－6）

表 4－6　溢出量频数分布表

组号	组界	组中值	频数统计	频率
1	0.5～5.5	3	1	0.01
2	5.5～10.5	8	3	0.03
3	10.5～15.5	13	6	0.06
4	15.5～20.5	18	14	0.14
5	20.5～25.5	23	19	0.19
6	25.5～30.5	28	27	0.27
7	30.5～35.5	33	14	0.14
8	35.5～40.5	38	10	0.10
9	40.5～45.5	43	3	0.03
10	45.5～50.5	48	3	0.03
合计			100	1.00

（6）画直方图　建立平面直角坐标系。横坐标表示质量特性值，纵坐标表示频数。以组距为底、各组的频数为高，分别画出所有各组的长方形，即构成直方图。在直方图上标出公差范围（T）、规格上限（T_U）、规格下限（T_L）样本量、样本平均值、样本标准差（s）和样本平均值（$\bar{X}$）的位置等等。

3. 直方图的分析　根据直方图的形状，可以对总体进行初步分析（图 4－6）。观察时应着眼于整个图形的形态，对局部的参差不齐不必计较。常见的直方图形态如图 4－7 所示，对照图 4－7，该植物油厂灌装机运行正常，处于稳定状态。

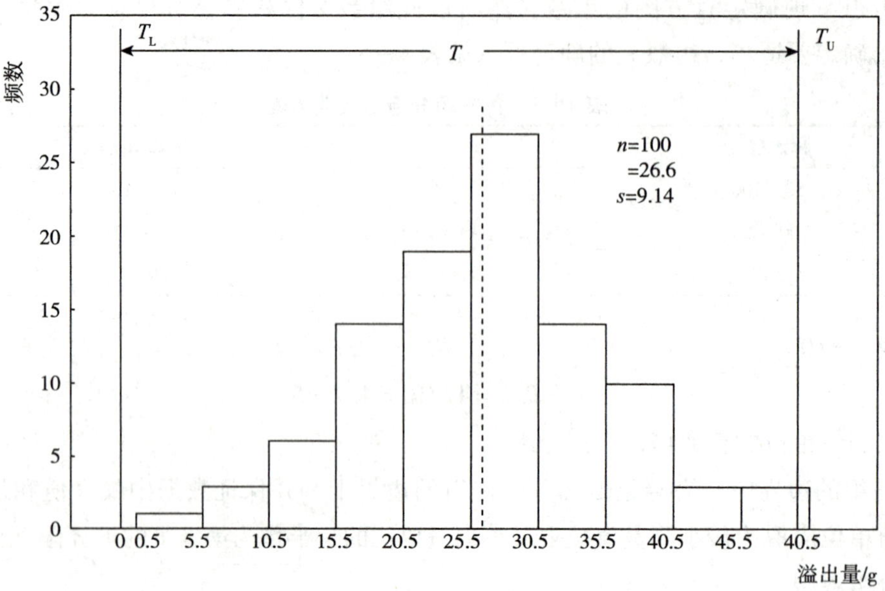

图 4－6　植物油溢出量直方图

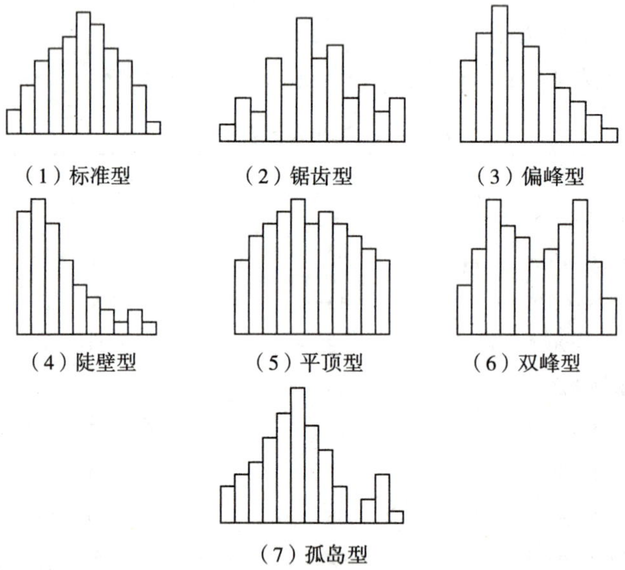

图 4－7　直方图的常见类型

图 4－7 直方图常见类型说明如下。

（1）标准型　可判定工序运行正常，处于稳定状态。

（2）锯齿型　由于直方图分组过多或读错测量数据等造成。

（3）偏峰型　一些有单向公差要求的特性值分布往往呈偏向型；孔加工习惯造成的特性值分布常呈左偏型；轴加工习惯造成的特性值分布常呈右偏型。

（4）陡壁型　当工序能力不足，为找出符合要求的产品经过全数检查，或过程中存在自动反馈调整时常出现这种形状。

（5）平顶型　生产过程有缓慢因素作用引起，如刀具缓慢磨损、操作者疲劳等。

（6）双峰型　这是由于数据来自不同的总体，如来自两个工人（或两批材料，或两台设备）生产出来的产品混在一起造成的。

(7) 孤岛型 这是由于测量工具有误差，或是原材料一时的变化，或刀具严重磨损，短时间内有不熟练工人替岗，操作疏忽，混入规格不同的产品等造成的。

五、调查表

1. 调查表的概念和作用 调查表法又叫检查表法，是利用统计图表进行质量数据的收集、整理并进行质量问题原因分析的一种质量控制方法。在应用时，可根据调查项目的不同而采取不同的格式。企业中使用的各种统计报表，很多都可以作为一种调查表。

调查表的作用：收集、积累数据比较容易；数据使用、处理起来比较方便；可对数据进行粗略的整理和分析。

2. 调查表的种类

(1) 工序分布调查表 工序分布调查表又称质量分布检查表，用于对计量值数据进行现场调查。它根据以往的资料，将某一质量特性项目的数据分布范围分为若干区间而制成的表格，用以记录和统计每一质量特性数据落在某一区间的频数（表4－7）。从表格形式看，质量分布调查表与直方图的频数分布表相似。所不同的是，质量分布调查表的区间范围是根据以往资料，首先划分区间范围，然后制成表格，以供现场调查记录数据；而频数分布表则是首先收集数据，再适当划分区间，然后制成图表，以供分析现场质量分布状况之用。

表4－7 产品重量实测值分布调查表

产品名称：糖水菠萝罐头 生产线：A 调查者： 日期：

重量/g	频数							小计
	5	10	15	20	25	30	35	
495.5～500.5								
500.5～505.5	/							1
505.5～510.5	//							2
510.5～515.5	/////	///						8
515.5～520.5	/////	/////						10
520.5～525.5	/////	/////	/////	/////	/			21
525.5～530.5	/////	/////	/////	/////	/////	////		29
530.5～535.5	/////	/////	/////					15
535.5～540.5	/////	///						8
540.5～545.5	////							4
545.5～550.5	//							2
550.5～555.5								
合计								100

(2) 不合格项调查表 不合格项调查表主要用来调查生产现场不合格项目频数和不合格品率，以便继而用于排列图等分析研究。表4－8是某月玻璃瓶装酱油样品检验中外观不合格项目调查记录表。

从外观不合格项目的频数可以看出，标签歪和标签擦伤的问题较为突出，说明贴标机工作不正常，需要调整、修理。

表 4-8 玻璃瓶装酱油外观不合格项目调查表

调查者：李四 地点：包装车间 日期： 年 月 日

批次	产品规格	批量/箱	抽样数/瓶	不合格品数/瓶	不合格品率/%	外观不合格项目					
						封口不严	液高不符	标签歪	标签擦伤	沉淀	批号模糊
1	生抽	100	50	1	2			1	1		
2	生抽	100	50	0	0						
3	生抽	100	50	2	4			2	1		
4	生抽	100	50	0	0						
…											
250	生抽	100	50	1	2		1		1		
合计	25000	12500	175	1.4	5	10	75	65	10	10	

（3）不合格位置调查表 不合格位置调查表又称缺陷位置调查表，先画出产品平面示意图，把画面划分成若干小区域，并规定不同外观质量缺陷的表示符号。

调查时，按照产品的缺陷位置在平面图的相应小区域内打记号，最后统计记号，可以得出某一缺陷比较集中在哪一个部位上的规律，这就能为进一步调查或找出解决办法提供可靠的依据。

（4）矩阵调查表 矩阵调查表又称不合格原因调查表，是一种多因素调查表。

要求把生产问题的对应因素分别排列成行和列，在其交叉点上标出调查到的各种缺陷和问题以及数量。

【例 4-5】表 4-9 是某饮料厂 PET 瓶生产车间对两台注塑机生产的 PET 瓶制品的外观质量的调查表。从表中可以看出：1 号机发生的外观质量缺陷较多，操作工 B 生产出的产品不合格最多。

表 4-9 PET 瓶外观不合格原因调查表

设备	操作者	2月1日		2月2日		2月3日		2月4日		2月5日	
		上午	下午	上午	下午	上午	下午	上午	下午	上午	下午
1号	A	○○●	○XX□	○X●	○○X□	○○● ○○○X	○○○ ○X○	○○XX	○X□	○X△△	X●□
	B	○●XX	○○● XX	XX● △	○XX	○○○○ ○○●XX	○○○○ ○○●X	○●● ○XX	○○● ●XX△	○○● X	○XX X○
2号	A	○X	□	○X	●	○○○ ○○ X	○○ ○○X	○△	○●X	○	○
	B	○□	○●X	○	○△	○○○X□	○○○○	○●□	○X	○	○

注：○气孔，△裂纹，●疵点，X 变形，□其他。

对原因进行分析表明，1 号注塑机维护保养交叉，而且操作工 B 不按规定及时更换模具。

从 2 月 3 日两台注塑机所生产的产品的外观看质量缺陷都比较多，而且气孔缺陷尤为严重，经调查分析是当天的原料湿度较大所致。

六、分层法

1. 分层法的概念和分层方法 分层法又叫分类法、分组法，它是把收集到的质量数据按照与质量有关的各种因素加以分类，把性质相同、条件相同的数据归为一组，每一组即为一个“层”。分层的目的是从不同的角度、不同方面分析质量问题，使影响质量的各数据能够反映客观、真实的质量状况，从而有利于质量控制。

分层时同一层内的质量数据波动幅度要尽可能地小；层与层之间的差别尽可能地大。通常从人（操作者、技术水平等）、机器设备（型号、新旧程度等）、原材料（产地、批次、等级、成分等）、加工和检测方法以及环境因素等 5 个方面进行分层，生产时间、不合格项目、生产部门等也常作为分层的标志。

2. 分层法应用案例

【例 4－6】某食品厂的糖水水果旋盖玻璃罐头经常发生漏气，造成产品发酵、变质。经抽检 100 罐产品后发现，一是由于 A，B，C 三台封罐机的生产厂家不同；二所使用的罐盖是由两个制造厂提供的。用分层法分析漏气原因时采用按封罐机生产厂家分层和按罐盖生产厂家分层两种情况。由表 4－10 可知，为降低漏气率，应采用 B 厂的封罐机。由表 4－11 可知，为降低漏气率，应采用二厂的罐盖。

表 4－10　按封罐机生产厂家分层

封罐机生产厂家	漏气/罐	不漏气/罐	漏气率/%
A	12	26	32
B	6	18	25
C	20	18	53
合计	38	62	38

表 4－11　按罐盖生产厂家分层

罐盖生产厂家	漏气/罐	不漏气/罐	漏气率/%
一厂	18	28	39
二厂	20	34	37
合计	38	62	38

但同时采用 B 厂的封罐机，选用二厂的罐盖，漏气率不但没有降低，反而由原的 38% 增加到 43%（表 4－12）。

表 4－12　多因素分层法

封罐机生产厂家	漏气情况	罐盖生产厂家		合计
		一厂	二厂	
A	漏气/罐	12	0	12
	不漏气/罐	4	22	26
B	漏气/罐	0	6	6
	不漏气/罐	10	8	18
C	漏气/罐	6	14	20
	不漏气/罐	14	4	18
小计	漏气/罐	18	20	38
	不漏气/罐	28	34	62
合计		46	54	100

正确的方法如下。

（1）当采用一厂生产的罐盖时，应采用 B 厂的封罐机。

（2）当采用二厂生产的罐盖时，应采用 A 厂的封罐机。这时它们的漏气率平均为 0。

因此，运用分层法时，不宜简单地按单一因素分层，必须考虑各因素的综合影响效果。在分析时，要特别注意各原因之间是否存在着相互影响，有无内在联系，严防不同分层方法的结论混为一谈。

七、控制图

1. 常规控制图的构造与原理 控制图是对过程质量特性值进行测定、记录、评估和监察过程是否处于统计控制状态的一种用统计方法设计的图（图4－8）。控制图法是通过图表来显示生产随时间变的过程中质量波动的情况，它有助于分析和判断是偶然性原因还是系统性原因所造成的波动，保持工序处于稳定状态，预防废品的产生。

将通常的正态分布转个方向，使自变量增加的方向垂直向上，并将μ（总体平均值）、$\mu+3\sigma$（σ表示总体标准差）分别为CL、UCL和LCL。图中CL为中心线，UCL为上控制线，LCL为下控制线。这三条线是通过收集在生产状态下某一段时间的数据计算出来的。

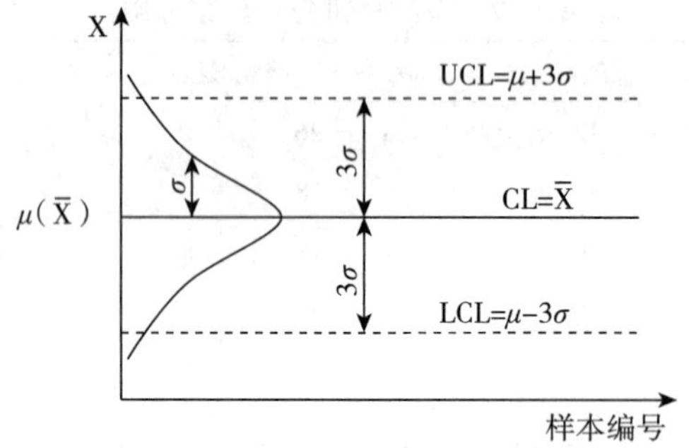

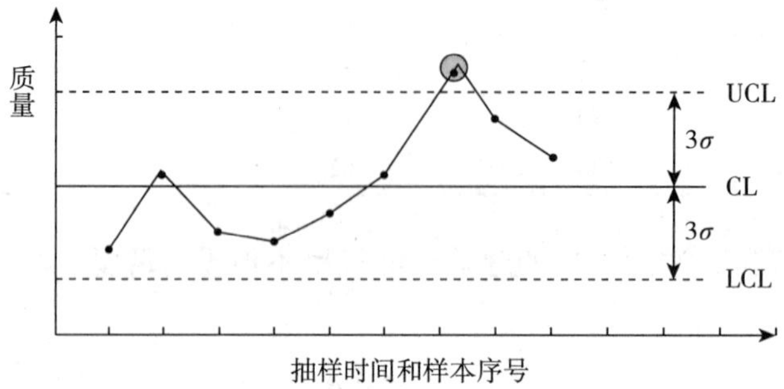

图4－8 控制图构造

根据正态分布理论，若过程只受随机因素的影响，即过程处于统计控制状态，则过程质量特性值有99.73%的数据（点子）落在控制界限内，且在中心线两侧；若过程受到异常因素的作用，典型分布就会遭到破坏，则质量特性值数据（点子）分布就会发生异常（出界、链状、趋势）。如果样本质量特性值的点子在控制图上的分布发生异常，我们就可以判断过程异常，需要进行诊断、调整。

即当生产正常时，由正态分布的性质可知，$\mu\pm3\sigma$的控制界限外的概率仅0.27%．这就是所谓0.03%原则。

2. 常规控制图的判异准则 使用控制图时，定时抽取样本，把所测得的质量特性数据用点子一一描在图上。根据点子是否超越上、下控制性及点子排列情况来判断生产过程是否处于正常的控制状态。表4－13、图4－9是常规控制图的8种判异准则。

QC传统七种方法是达成目的的有效手段之一。千万别忘记，手法始终只是作为现场管理、作业改善的一种工具，它不能解决所有的问题，如人际关系。

利用QC传统七种方法可以解决很多问题。凭借直观和经验、意愿或者胆量并不能处理好事情，但只要牢牢地掌握住QC传统七种方法并加以正确使用的话，则可以解决很多问题。

表 4－13 常规控制图 8 种判异准则

序号	内容
准则 1	一点落在 A 区之外（点出界）
准则 2	连续 9 点落在中心线同一侧
准则 3	连续 6 点递增或递减
准则 4	连续 14 点中相邻点交替上下
准则 5	连续 3 点中有 2 点落在中心线同一侧 B 区以外
准则 6	连续 5 点中有 4 点落在中心线同一侧的 C 区之外
准则 7	连续 15 点落在中心线两侧的 C 区内
准则 8	连续 8 点落在中心线两侧且无一在 C 区内

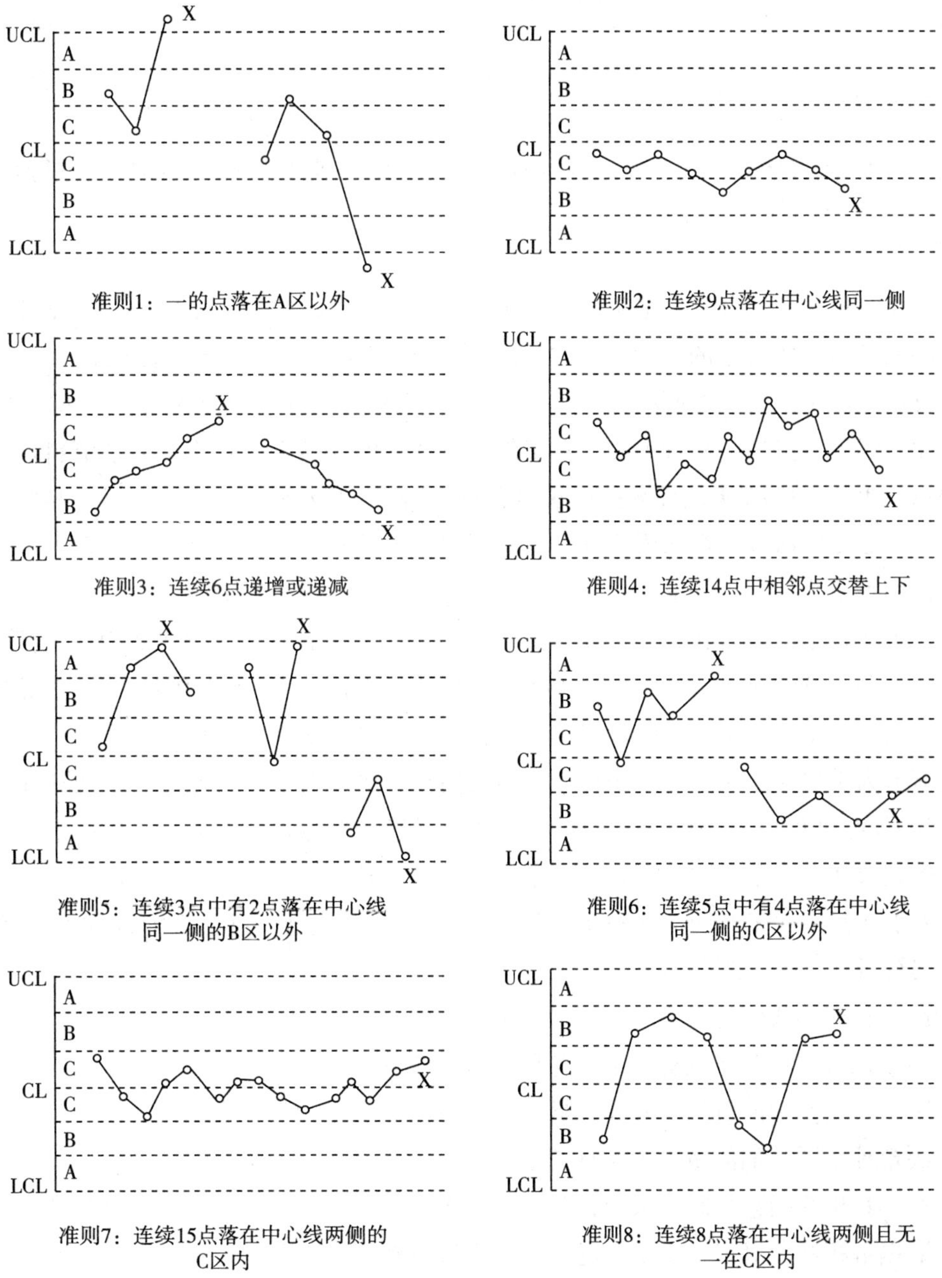

图 4－9 常规控制图的 8 种判异准则

任务四　QC新七法在食品生产中的应用

PPT

情境导入

某食品生产企业对从食品原料采购到食品生产加工再到食品质量监督体系的全过程进行了分析，找出了影响食品质量的变量以及食品生产过程中经常出现的问题。为进一步提高产品的质量和稳定性，该企业需要制定并落实执行质量控制标准和质量控制计划。在落实和执行质量控制标准和质量控制计划的过程中，该企业有可能面临哪些困难和挑战，又该如何克服这些困难和挑战呢？

【任务描述】

分别描述QC新七法的概念和作用，选用QC新七法中的一种或多种对食品质量进行管理。

【相关知识】

从20世纪60年代开始，日本的企业通过运用品管七大手法，收集工作现场的数据并进行分析，大大地改善了产品的品质，使日本的产品成为“品质”的代名词。品管七大手法的运用，提升了日本产品的水平，是日本产品走向世界的原动力。70年代初，日本人大力推行QCC活动，除了重视现场的数据分析外，并逐步运用一些新的品管手法，对工作现场伙伴的情感表达和语言文字资料进行分析，并逐渐演变成新的品管手法。1972年，日本科技联盟之QC方法开发委员会正式发表了“品管新七大手法”。

品管新七大手法是将散漫无章的语言资料变成逻辑思考的一种方法，也是一种事先考虑不利因素的方法，它通过运用系统化的图形，呈现计划的全貌，防止错误或疏漏发生。

品管新七大手法，也叫品管新七大工具，其作用主要是用较便捷的手法来解决一些管理上的问题，与原来的“旧”品管七大手法相比，它主要应用在中高层管理上，而旧七手法主要应用在具体的实际工作中。因此，新七大手法应用于一些管理体系比较严谨和管理水准比较高的公司。

其实品管新七大手法与原品管七手法一样，不仅用在品质管理上，还可以应用到其他所有管理工作中，因此，在学习的过程中，笔者希望各位读者不要为品管所迷惑，而要学习它们的精神实质，把它转化为一种思维模式放在大脑中，这样有利于工作和能力的提升。

品管新七大手法是指：亲和图（也称KJ法）、关联图、系统图、过程决定计划图（PDPC法）、矩阵图、矩阵数据解析法、箭线图七种。

（1）亲和图　将资料或信息分类归纳，理顺关系。

（2）关联图　把与现象和问题有关系的各种因素串联起来。

（3）系统图　将要实现的目的展开寻找最恰当的方法。

（4）过程决定计划图　如何做一个完整的计划。

（5）矩阵图　找出众因素之间关系和相关程度的大小。

（6）矩阵数据解析法　对多个变动且复杂的因素进行解析。

（7）箭线图　对事件做好进程及计划管理。

一、亲和图

1. 亲和图的概念 亲和图是1953年日本人川喜田二郎在探险尼泊尔时将野外的调查结果资料进行整研究开发出来的。

亲和图也叫KJ法，就是把收集到大量的各种数据、资料，甚至工作中的事实、意见、构思等信息，按其之间的相互亲和性（相近性）归纳整理，使问题明朗化，并使大家取得统一的认识，有利于问题解决的一种方法。

在解决重要问题时，将混淆不清的事物或现象进行整理，以使问题得以明确，使用亲和图是很有效的一种方法。通过亲和图的运用，可使不同见解的人统一思想，培养团队精神。

亲和图分类通常是根据人员来分的，可以分为以下两类。

（1）个人亲和图 是指主要工作由一个人进行，其重点放在资料的组织整理上。

（2）团队亲和图 由2个或2个以上的人员进行，重点放在策略，再把所有成员各种意见整理分类。

2. 亲和图法应用 一般来说，任何一个世界都有多种因素影响它或多个事件有多个因素影响它，我们可以运用亲和图来理顺这些关系。以下情况都可以使用亲和图。

（1）用于掌握各种问题重点，想出改善对策。

（2）用于研究开发、效率的提高。

（3）讨论未来问题时，希望获得整体性的架构。

（4）讨论未曾经历的问题时，借此吸收全体人员看法，并获知全貌。例如：开发新产品时、市场调查和预测。

（5）针对以往不太注意的问题，而从新的角度来重新评估。

（6）获取部属的心声，并教育部属，贯彻公司方针。

3. 亲和图的特点

（1）从混淆的事件或状态中，采集各种资料，将其整合并理顺关系，以便发现问题的根源。

（2）打破现状，让所有相关人员产生新的统一。

（3）掌握问题本质，让有关人员明确认识。

（4）团体活动，对每个人的意见都采纳，提高全员参与意识。

4. 亲和图法制作步骤 亲和图的制作较为简单，没有复杂的计算，个人亲和图主要与人员有很大关系，重点是列清所有项目，再加以整合；而团队亲和图则是需要发动大家的积极性，把问题与内容全部列出，再共同讨论整理。一般按以下九个步骤进行。

（1）确定主题 主题之选定可采用以下几点的任意一点：①对没有掌握好的杂乱无章的事物以求掌握；②将自己的想法或小组想法整理出来；③对还没有理清的杂乱思想加以综合归纳整理；④打破原有观念重新整理新想法或新观念；⑤读书心得整理；⑥小组观念沟通。

（2）针对主题进行语言资料的收集 方法有：①直接观察法，利用眼、耳、手等直接观察；②文献调查法；③面谈调查法；④个人思考法（回忆法、自省法）；⑤团体思考法（脑力激荡法、小组讨论法）。

（3）将收集到的信息记录在语言资料卡片上，语言文字尽可能简单、精练、明了。

（4）将已记录好的卡片汇集后充分混合，再将其排列开来，务必一览无遗地摊开，接着由小组成员再次研读，找出最具亲和力的卡片，此时由主席引导效果更佳。

（5）组感受资料卡所想表达的意思，而将内容恰当地予以表现出来，写在卡片上，我们称此卡为亲和卡。

（6）亲和卡制作好之后，以颜色区分，用回形针固定，放回资料卡堆中，与其他资料卡一样当作是一张卡片来处理，继续进行卡片的汇集、分群。如此反复进行步骤5的作业。亲和卡的制作是将语言的表现一步步提高了它的抽象程度，在汇集卡片的初期，要尽可能地具体化，然后一点一点地提高抽象度。

（7）将卡片进行配置排列，把一叠叠的亲和卡依次排在大张纸上，并将其粘贴、固定。

（8）制作亲和图，将亲和卡和资料卡之间相互关系，用框线连结起来。框线若改变粗细或不同颜色描绘的话，会更加清晰。经过这8个步骤所完成的图，就是亲和图。当资料卡零散时造成混淆，如果完成亲和图，便可清晰地理顺其关系。

（9）亲和图完成后，所有的相关人员共同讨论，进一步理清其关系，统一大家的认识，并指定专人撰写报告。

5. 举例　某食品公司产品交期不准亲和图，如图4-10所示。

图4-10　某食品公司产品交期不准亲和图

二、关联图

1. 关联图的概念　关联图就是把现象与问题有关系的各种因素串联起来的图形。通过连图可以找出与此问题有关系的一切要图，从而进一步抓住重点问题并寻求解决对策（参考图4-11）。

2. 关联图法的应用

（1）QA之方针展开与决定。

（2）CWQC导入之推展时。

（3）市场抱怨处理或不良品问题点掌握。

（4）采取预防措施时。

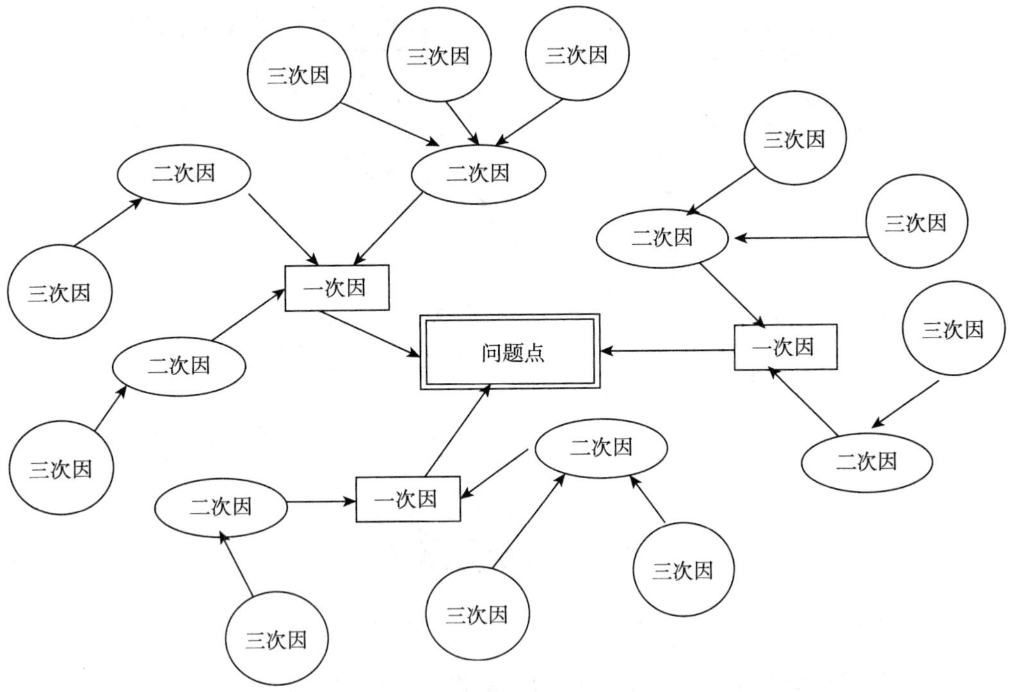

图 4-11 中央形关联图

(5) 小团队活动的效果性推展。

(6) 明确事件的内容和关系时。

3. 关联图的特点

(1) 容易掌握关联关系，而有效的掌握重点。

(2) 组员的共识容易形成，并增长见闻。

(3) 对要因复杂的比其他手法，更易处理要因关联关系。

(4) 表现形式不受拘束，图形可自由书写。

(5) 不同成员图形呈现不同面貌，但结论应很相近。

4. 关联图法制作步骤

(1) 决定主题，并依主题决定动作成员。

(2) 列举原因，预先由主席定义主题，并要求成员预先思考，收集资料。

(3) 整理卡片。

(4) 集群组合，以推理将因果关系相近之卡片加以归类。

(5) 以箭头联结原因结果，尽量以为什么发问，回答寻找因果关系。

(6) 检讨整体的内容，可以再三修正，并将主题放于中间。

(7) 粘贴卡片，画箭头。

(8) 明确重点、将重要原因加以着色。

(9) 写出结论、作总结（图 4-12）。

三、系统图

1. 系统图的概念 当某一目的较难达成，一时又想不出较好的方法，或当某一结果令人失望，却又找不到根本原因，在这种情况下，建议应用品管新七大手法之一的系统图，通过系统图，你一定会豁

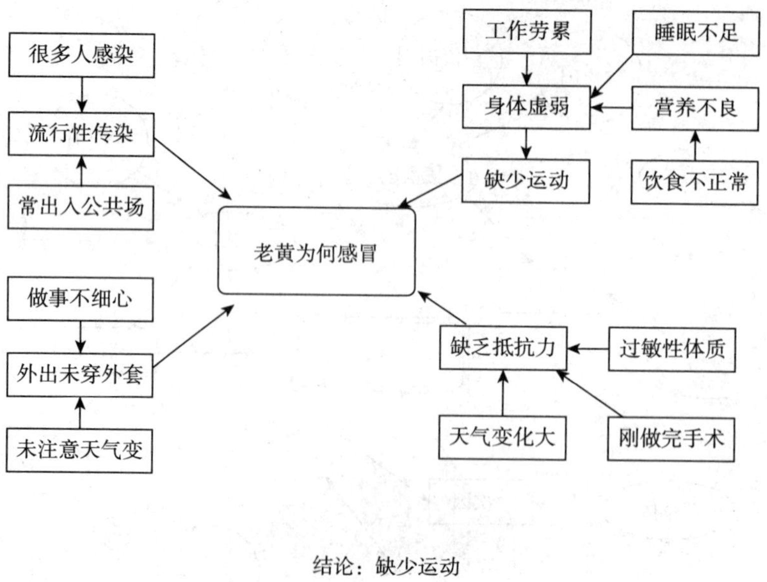

图4－12 关联图制作举例

然开朗，原来复杂的问题简单化了，找不到原因的问题找到了原因之所在。

系统图就是为了达成目标或解决问题，以【目的—方法】或【结果—原因】层层展开分析，以寻找最恰当的方法和最根本的原因。系统图目前在企业界被广泛应用。

系统图一般可分为两种，一种是对策型系统图，另一种是原因型系统图。

（1）对策型系统图 以【目的—方法】方式展开，例如问题是“如何提升品质”，则开始发问“如何达成此目的，方法有哪些?”经研究发现有推行零缺点运动、推行品质绩效奖励制度等。（以上为一次方法）；“推行零缺点运动有哪些方法?”（二次方法）；后续同样就每项二次方法换成目的，展开成三次方法，最后建立对策系统图。见图4－13。

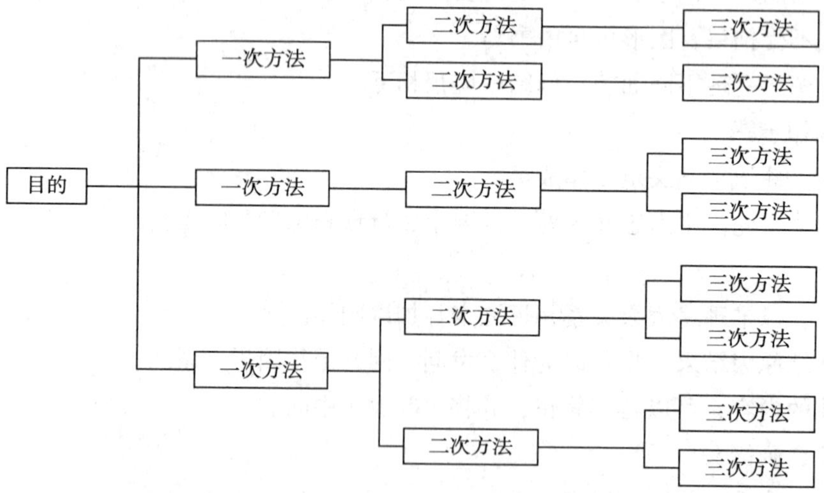

图4－13 对策型系统图展开模式

（2）原因型系统图 以【结果—原因】方式展开，例如问题是“为何品质降低?”则开始发问“为何形成此结果，原因有哪些?”经研究发现原因是：人力不足、新进人员多等（以上为一次原因）；接着以“人力不足、新进人员多”等为结果，分别追问“为何形成此结果，原因有哪些?”其中“人力不足”的原因有：招聘困难，人员素质不够等（二次原因）；后续同样就每项二次原因展开成三次原因等，最后建立原因型系统图。见图 4－14。

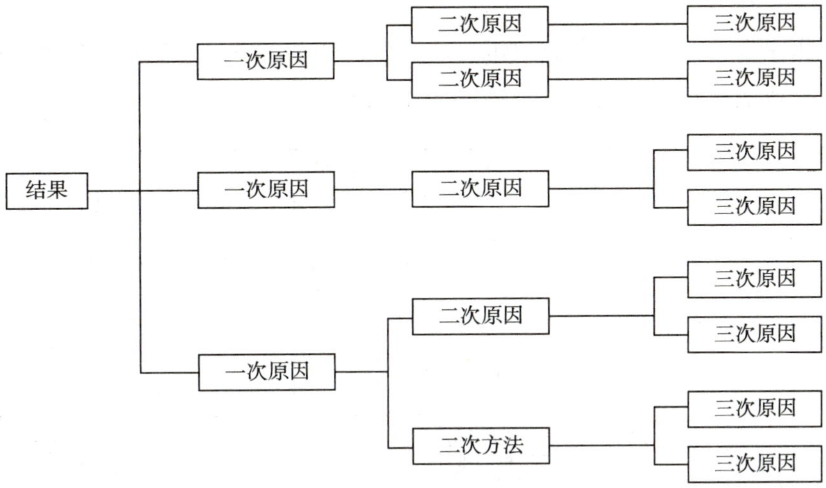

图 4－14 原因型系统图展开模式

2. 系统图的应用 在企业管理中或日常的学习生活中，我们都会碰到一些复杂的事情，这些复杂的事情可以透过系统图得到分析并解决。系统图一般在以下情况下使用：新产品研制过程中设计质量的展开；制订质量保证计划，对质量活动进行展开；可当作因果图使用；目标、方针、实施事项的展开；任何重大问题解决的展开；明确部门职能、管理职能；对解决企业有关质量、成本、交货期等问题的创意进行展开。

在应用系统图时，应注意的事项：下级使用的方法和工具应具体规定，并且提出实施对策和行动计划；针对改善对策需要进行有效评估，保改善对策的有效性。

3. 系统图的特点

（1）对较为复杂一些，或涉及面较广的项目或目标，效果更易突出，很容易对事项进行展开。

（2）协调、归纳、统一成员的各种意见，把问题看得更全面，方法和工具可能选得更恰当有效。

（3）容易整理、观看时简洁、直观、明了。

4. 系统图法制作步骤 系统图目前在企业内被广泛运用的图法，其制作步骤有以下九项。

（1）组成制作小组，选择有相同经验或知识的人员。

（2）决定主题，将希望解决的问题或想达成的目标，以粗体字写在卡片上，必要的时候，以简洁精练的文句来表示，但要让相关的人能够了解句中的含意。

（3）记入所设定目标的限制条件，如此可使问题更明朗，而对策也更能依循此条件找出来，此限制条件可依据人、事、时、地、物、费用、方法等分开表示。

（4）第一次展开，讨论出达成目的方法，将其可能的方法写在卡片上，此方法如同对策型因果图中的大要因。

（5）第二次展开，把第一次展开所讨论出来的方法当作目的，为了达成目的，有哪些方法可以使用呢？讨论后，将它写在卡片上，这些方法则称之为第二次方法展开。

（6）以同样的要领，将第二次方法当成目的，展开第三次方法，如此不断地往下展开，直到大家认为可以具体展开行动，而且可以在日常管理活动中加以考核。

（7）制作实施方法的评价表，经过全体人员讨论同意后，将最后一次展开的各种方法依其重要性、可行性、急迫性、经济性进行评价，评价结果最好用分数表示。

（8）将卡片与评价表贴在白板上，经过一段时间（1 小时或 1 天）后，再集合小组成员检查一次，看是否有遗漏或需要修正。

（9）系统图制作完毕后，须填入完成的年、月、日、地点、小组成员及其他必要的事项。

5. 举例 食品企业如何推行全面品质管理（图 4 - 15）。

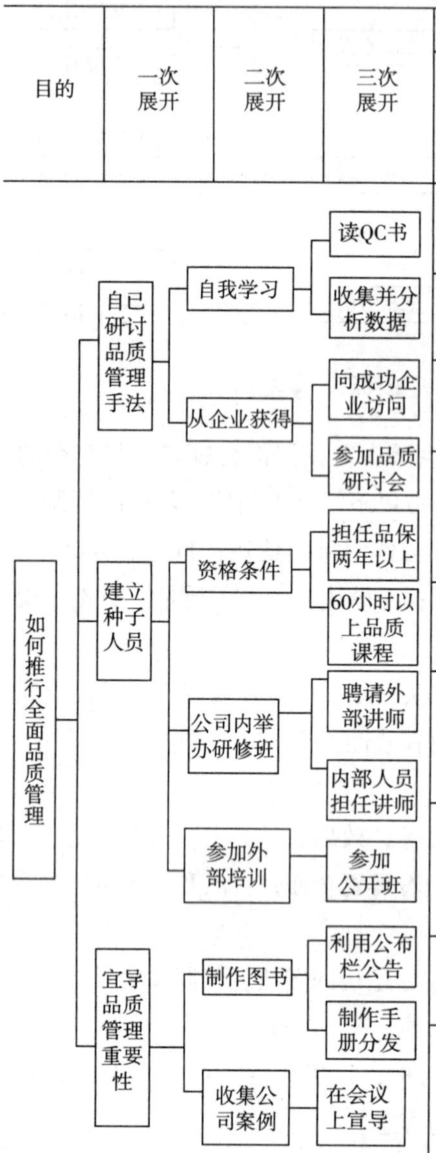

重要性	可行性	急迫性	经济性	总分	排序	责任单位	完成期限	实施重点
3	2	1	1	6				购买品管书籍
2	3	1	2	12				由专人A收集
3	3	2	1	12	⑤			由专人B安排
2	1	2	3	12				收集公开课资讯
3	3	2	2	36	②			由QA课长提供
1	3	2	2	12				由人力部门提供资料
3	3	3	1	27	③			由人力部门收集资料
3	3	3	3	81	①			由人力部门规划
2	2	2	3	24	④			收集公开课资讯
2	2	1	3	12				提案改善

（评价：重要性、可行性、急迫性、经济性）

说明：① 相关性很强3分、相关性一般2分、相关性弱1分。
② 总分=重要性×可行性×急迫性×经济性。

图 4 - 15 食品企业如何推行全面品质管理

四、过程决定计划图

1. 概念 PDPC 法是英文原名 process decision program chart 的缩写，中文称之为过程决定计划图。所谓 PDPC 法是针对为了达成目标的计划，尽量导向预期理想状态的一种手法。

任何一件事情的完成，它必定有一个过程，有的过程简单，有的过程复杂，简单的过程我们较容易控制，但有些复杂的过程，如果我们采用 PDPC 法，可以做到防患于未然，避免重大事故的发生，最后达成目标。

一般情况下 PDPC 法可分为两种制作方法。

（1）依次展开型　即一边进行问题解决作业，一边收集信息，一旦遇上新情况或新作业之前，即刻标示于图表上。

（2）强制连结型　即在进行作业前，为达成目标，在所有过程中被认为有阻碍的因素事先提出，并且制订出对策或回避对策，将它标示于图表上。

2. PDPC 法应用　在日常管理中，特别是高层管理干部，面对公司的复杂情况，往往厘不清其过程关系，或事先未进行过程策划，造成不必要的损失和混乱。PDPC 法在应用时应注意以下问题。

（1）新产品的设计开发过程中，对不利状况和结果，设法导向理想状态，防患于未然。

（2）计划的实施过程中，发生不测应迅速修正计划，增加必要的措施保证目标达成。

（3）工厂的企划、研究开发、营业等工作，绝大部分都要预测未来并拟订对策，以及如何实施，此时可利用 PDPC 图进行过程进度管理，达成目标。因 PDPC 法中使用了语言文字，而且其经过是依时间顺序加以标示的，故在实施对策时，只要检查 PDPC 图，就等于在进行过程管理。

（4）品管七大手法对于问题的发现及原因的追查都极有帮助，可是如果想有好的构想或创意，利用语言文字来进行会比数值、数据更为有效。在 PDPC 法中一旦误判事实，则往后的预测作业皆无意义，因此首先利用 QC 七大手法，将事实的不良程度、影响原因一一举出，而在对策下达时，再使用 PDPC 法。

（5）在决策实施过程如不顺利时，再想纠正的话，不但延误时效，甚至状态的变化也会与发生时不一样，因此应借助 PDPC 图事先提出对策。

3. PDPC 法制作步骤　在制作 PDPC 图时，只要能随着时间顺序的变化，来预测会产生何种状况，并针对状况提出因应对策，将对策的过程用图表表示。

依次展开型与强制连结型在基本理论是相同的，以下就针对强制连结型的制作步骤作以下说明。

（1）认识 PDPC 法的常用记号

· 表示起点或目标 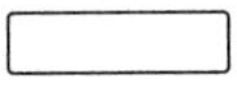

· 表示对策或方法 

· 表示决策之重点 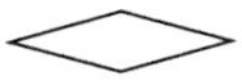

· 表示时间的经过或事态之进行

· 表示资讯提供或不确定事态现象之引导路径

（2）将主题及预计理想目标写在卡片上，主题卡置于纸的上方，目标卡置于下方，中间则留白。

（3）在问题解决过程中，有许多外在不允许之因素产生，我们称之为限制条件或前提条件，此种条件应先予以明确化，并标示于右上方。

（4）写出现有所知的各项事实。制作 PDPC 图时应以事实为依据，不可以以个人所想或推测来表示，如此将会使制成的 PDPC 图毫无用处。

（5）将步骤 4 中已得知的各项事实，以脑力激荡法（brain storming）由组员提出达成目标的对策，再从中选取最有效的对策。对于不明确的对策应检讨至明确为止，否则舍弃。从计划开始到达成目标之间，将卡片依时间顺序排列，作出达成目标的可能途径，并用箭头连结。结果一个途径所得到的情报，对其他途径有影响时应加以检讨，并以虚线来连结相互关联的事实。请参考图 4－16。

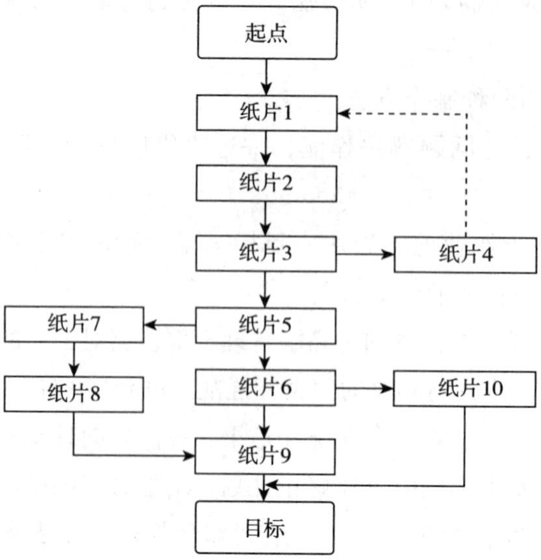

图 4－16　PDPC 法运用纸片排列

①由组员检查 PDPC 图是否有遗漏之处，或将最后完成的 PDPC 图交经验丰富的上级主管检查，如发现有应追加之项目，应全组人员讨论后，再进行追加。

②将卡片贴在模纸上，并将某些路径所构成之过程，以细线框起来记入负责单位之名称。

4. 举例　完成 QCC 上课准备 PDPC，见图 4－17。

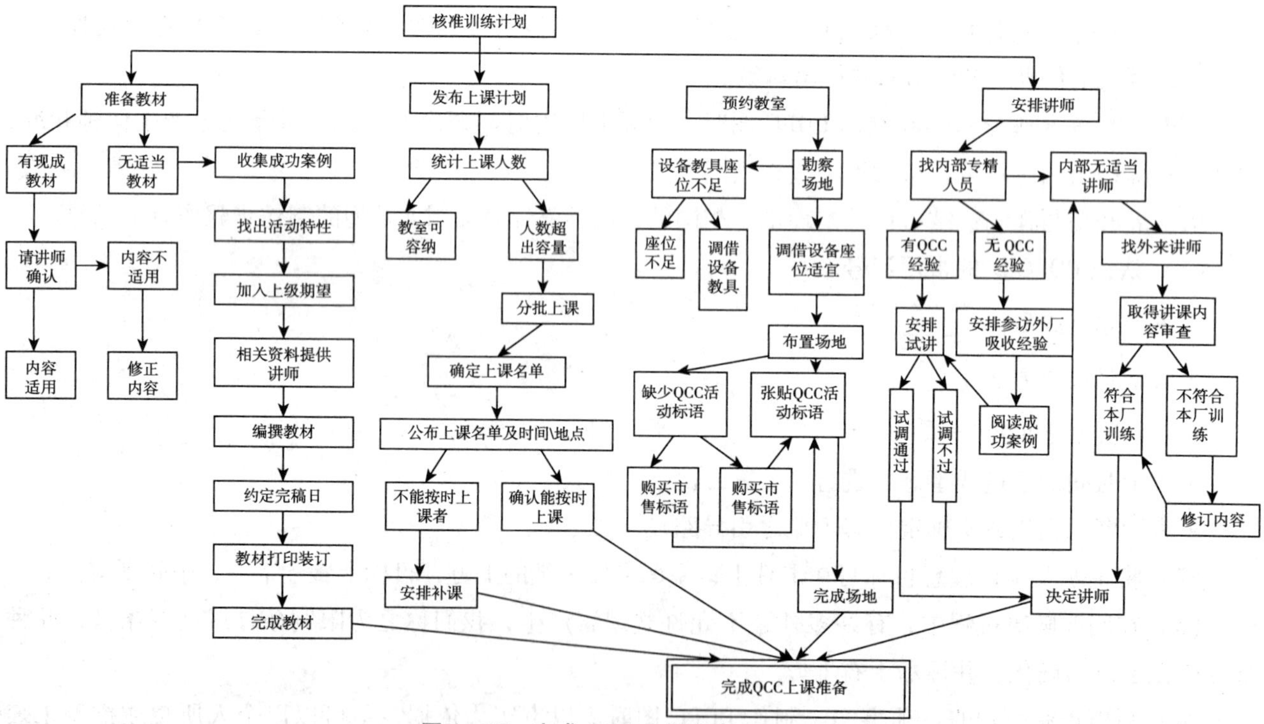

图 4－17　完成 QCC 上课准备 PDPC 图

五、矩阵图

1. 矩阵图的概念　从问题事项中，找出成对的因素群，分别排列成行和列，找出其间行与列的相关性或相关程度的大小的一种方法。在目的或结果都有二个以上，而要找出原因或对策时，用矩阵图比其他图方便。

矩阵图着眼于由属于行的要素与属于列的要素所构成之二元素的交点。

（1）从二元的分配中探索问题的所在及问题的形态。

（2）从元的关系中探求解决问题的构想。

在行与列的展开要素中，要寻求交叉点时，如果能够取得数据，就应依定量方式求出；如果无法取得数据时，则应依经验转换成资讯，再决定之，所以决策交叉点时，以全员讨论方式为之，并能在矩阵图旁注上讨论的成员、时间、地点及数据取得方式等简历，以便使用参考。

有时候交叉点的重要度各不相同，因此可用各种记号区别之，例如：

◎，非常重要或有非常显著关联

○，重要或有显著关联

△，有关联

也可以用文字或数据写在交叉点上，使重要度更明确。

矩阵图借着交点作为“构想重点”有效地解决问题。它依其所使用的形态可分类为：L 型矩阵、T 型矩阵、Y 型矩阵、X 型矩阵、C 型矩阵五大类，如图 4－18 所示。

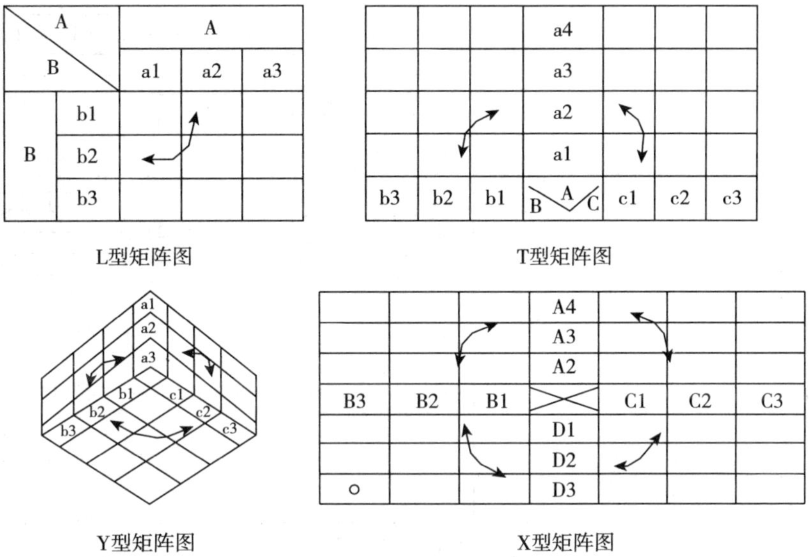

图 4－18　矩阵图

（1）L 型矩阵图是最基本也是最普遍的矩阵图，L 型矩阵图可用于表达目的与手段（或对策）之间的对应关系，也可用来表示结果与原因的关连性。是由 A 群要素与 B 群要素对应构成的。

（2）T 型矩阵图，由两个 L 型矩阵图合并而得，其一是由 A 群要素与 B 群要素对应而成，另一图是由 A 群要素 C 群要素对应，两个 L 型矩阵图组合成 T 型状态，故称之为 T 型矩阵图。

（3）Y 型矩阵图，Y 型矩阵图是由三个 L 型矩阵图所组合而成，分别是 A、B 群要素对应，A、C 群要素对应与 B、C 群要素对应的 L 型矩阵图。它说明了在这三个 L 型矩阵图的三组要素 A、B、C 之间的相互对应情形，其做法、看法与 T 型矩阵图类似，但多了一组 B、C 群的对应关系，也因此由 T 型矩阵图的平面图形变成 Y 型矩阵图的立体图形。

（4）X 型矩阵图，由 A 对应 B、B 对应 C、C 对应 D、D 对应 A 四个 L 型矩阵图组成。

注：C 型图不常用，故这里不作介绍。

2. 矩阵图的应用　矩阵图应用比较广泛，一般应用在以下几种情况下：①竞争对手分析时；②新产品策划时；③探索新的课题时；④方针目标展开时；⑤明确事件关系时；⑥纠正措施排序时。

3. 矩阵图特点

（1）透过矩阵图的制作与使用，可以累积众人的经验，在短时间内整理出问题的头绪或决策的重点，可以发挥象数据般的效果。

（2）各种要素之间的关系非常明确，能够使我们掌握到全体要素的关系。

（3）矩阵图可根据多次元方式的观察，将潜伏在内的各项因素显示出来。在系统图、关联图、亲和图等手法已分析至极限时使用。

（4）矩阵图依行、列要素分析，可避免一边表现得太抽象、而另一边又太详细的情形发生。

4. 矩阵图制作步骤 以L型矩阵图为例，针对“工厂利润降低”的问题来制作矩阵图。

（1）针对“工厂利润降低”的问题，运用系统图，找出一次、二次、三次原因，并就第三次原因制定对策。

（2）将第三次原因及对策排入L型矩阵图中。

（3）依相关程度（即此项对策与每项原因关联性）设定对应评比分数。

（4）各项对策分数加总后，取最高的三项，成为改善决策，并标出来，完成决策矩阵图（图4－19）。

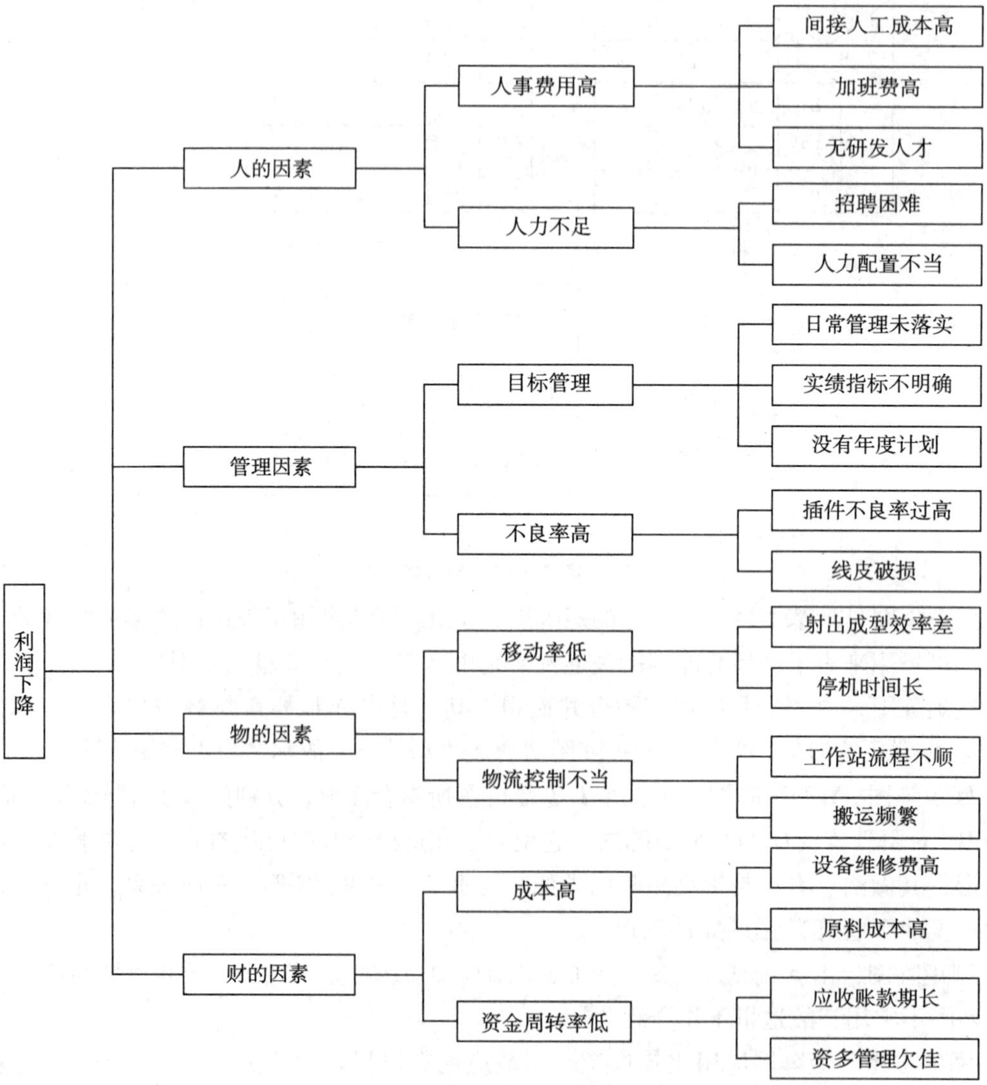

图4－19 运用系统图找出“工厂利润降低”的原因

六、矩阵数据解析法

1. 矩阵数据解析法的概念 矩阵数据解析法是将已知的宠大资料，经过整理、计算、判断、解析得出结果，以决定新产品开发或体质改善重点的一种方法。

如果能从现有的数千、数万及至数十万的资料中寻求方法，并非简单的作业。然而，若这些资料经过计算并整理后，可以得到所需要的有用的信息，，迅速找到解决问题的方向。

2. 矩阵图数据解法的应用 客户需求调查；客户需求预测；竞争对手分析；新产品策划；明确事项内容；方针目的展开；方案优化。

3. 矩阵图数据解法的特点

（1）既可以运用感观获得的资料，也可以运用测量获得的数据分析。

（2）评价者的取样能确保此资料符合常态分布。

4. 矩阵解析法的步骤 为了方便说明，以下提供例子（图 4 – 20），解说了 5 个人针对 4 种汽车之性能及外观作评价，想找出顾客对汽车的哪些重点特别注意，以便研究新一代车重点。

<table>
<tr><th>步　　骤</th><th>解　　析</th></tr>
<tr><td>1.收集资料</td><td>
<table>
<tr><th>车
特性</th><th>A</th><th>B</th><th>C</th><th>D</th></tr>
<tr><td>全长</td><td>长</td><td>短</td><td>短</td><td>长</td></tr>
<tr><td>全宽</td><td>宽</td><td>窄</td><td>窄</td><td>宽</td></tr>
<tr><td>动力方向盘</td><td>有</td><td>有</td><td>有</td><td>无</td></tr>
<tr><td>座椅</td><td>跑</td><td>平车座</td><td>平车座</td><td>跑车座</td></tr>
<tr><td>价格</td><td>高</td><td>低</td><td>低</td><td>高</td></tr>
</table>
</td></tr>
<tr><td>右图为5人对4部汽车的评价。其评价3分为佳；2分为中；1分为劣</td><td>
<table>
<tr><th>车
姓名</th><th>A</th><th>B</th><th>C</th><th>D</th></tr>
<tr><td>王敏</td><td>3</td><td>1</td><td>2</td><td>3</td></tr>
<tr><td>赵正</td><td>1</td><td>1</td><td>2</td><td>1</td></tr>
<tr><td>罗娜</td><td>2</td><td>2</td><td>1</td><td>2</td></tr>
<tr><td>聂创</td><td>1</td><td>1</td><td>1</td><td>3</td></tr>
<tr><td>彭艳</td><td>2</td><td>3</td><td>3</td><td>1</td></tr>
</table>
</td></tr>
</table>

图 4 – 20（a） 矩阵解析法的步骤

2.求相关系数

$$r=\frac{\sum(Xi-\bar{x})(Y-\bar{y})}{\sqrt{\sum(Xi-x)^2(Y-y)^2}}$$

（二）先取A车及B车作相关系数之解析，计算如下：$(Ai-A)^2$

Ai	(Ai−A)	$(Ai-A)^2$	Bi	(Bi−B)	$(Bi-B)^2$	$(Ai-A)^2(Bi-B)$
3	1	1	3	0	0	0
1	−1	1	1	1	1	−1
2	0	1	2	−1	1	0
3	1	0	3	0	0	0
1	−1	1	1	0	0	0
10	0	4	10	0	2	−1

A车与B车相关系数$R=\frac{-1}{\sqrt{4\times 2}}=-0.35$

请学习者依上述求A车及C车之相关系数，$r=?$

3.做成矩阵

车类	A	B	C	D
A	1	−0.35	0.90	−0.60
B	−0.35	1	0.00	0.85
C	0.90	0.00	1	−0.43
D	−0.60	0.85	−0.43	1

4.判断

完全正相关（两个向量相叠）

有些正相关 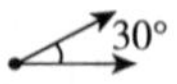

没有相关 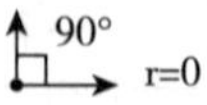

有些负相关 

完全负相关

在本例中 A.C车相关系数$r=0.9$，B.D车相关系数$r=0.85$
它们显示强烈的正相关
A.D车相关系数$r=0.60$显示有些负相关

车子	A.C	B.D	A.D
全长			
全宽			
动力方向盘	◎		×
座椅			
价格			
流线型	◎	△	×
备件			
TURBD	◎	△	×

图4－20（b） 矩阵解析法的步骤

5. 结果 就AC、BD中，由于为正相关，所以取相同的项目。可知道“流线型”及“TURBO”为消费者所想要的。而AD为负相关，所以取不同的项目，其资料如AC、BD般，此项调查显示了“流线型”及“TURBO”主导了汽车的销售。

七、箭头图法

箭头图法即网络分析技术。

在工业、交通运输、军事以及其他各项工作中，都有一个计划安排问题，人们都期望多快好省地完成任务。长期以来，在工程技术和科研生产计划安排方面，一直沿用甘特图（又称Gatt图）的方法，如图4－21所示。它的特点是列出静止状况，不能反映出项目之间错综复杂、相互联系、相互制约的关系，不能反映出主要的关键事项，也不能反映出总体和全局。

随着现代科学技术的发展，工程或任务和日益复杂，凭经验或简单的分析、比较、推断常常误事，不能满足客观事物发展的要求。因此，需要有更加科学、更加完善的方法来解决计划安排的问题，以提高工作质量。

网络分析技术是把工程或任务作为一个系统的加以处理，将组成系统的各项工作的各个阶段，按先

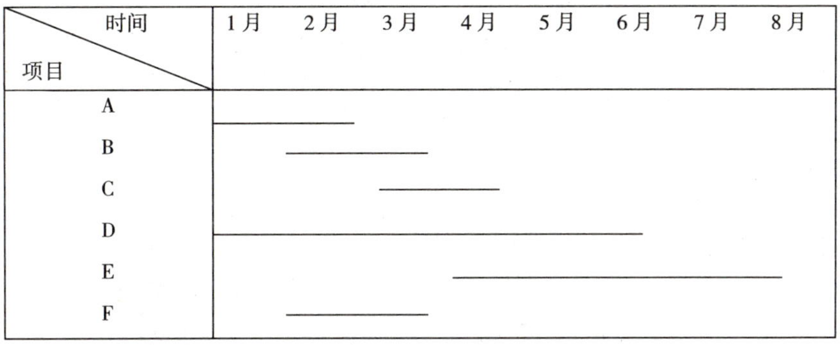

图 4-21 甘特图

后顺序通过网络形式联系起来，统筹安排、合理规划，分别轻重缓急并研究其发展变化，从而对系统进行控制和调整，达到以最少时间和消耗来完成整个系统预期的目标。因此，网络分析技术是一种系统的技术。它以工序（活动）之间相互联系的网络图和较为简单的计算方法来反映整个工程或任务的全貌，指出对全局有影响的关键工序和关键路线，从而作出切合实际的统筹安排。网络分析技术特别适用于一次性工程或任务。工程或任务愈复杂采用网络分析技术收益愈大。这时，也更便于应用计算机进行数据处理，从而加速工作的进展。

网络分析技术是质量管理中的常用工具之一，是取得每一 PDCA 循环活动成果的有效方法，是提高工作质量的重要途径。

知识链接

新老工具区别及使用范围

“新七种工具”结合统计方法和思考过程，充分体现全面质量管理特点，完善了质量管理理论。“老七种工具”偏重统计分析，而“新七种工具”偏重思考分析。

老七种工具使用范围：查检收数据管制防变异直方显分布柏拉抓重点散布找相关层别找变异特性找原因。

新七种工具使用范围：①关联图法——TQM 推行，方针管理，品质管制改善，生产方式，生产管理改善；②KJ 法——开发，TQM 推行，QCC 推行，品质改善；③系统图法——开发，品质保证，品质改善；④矩阵图法——开发，品质改善，品质保证；⑤矩阵数据解析法——企划，开发，工程解析；⑥PDPC 法——企划，品质保证，安全管理，试作评价，生产量管理改善，设备管理改善；⑦网络图法——品质设计，开发，品质改善。

【同步训练】

· 重点概念

1. 质量数据 2. 质量波动 3. 质量成本 4. 质量成本三全控制体系 5. QC 旧七法 6. QC 新七法

· 课后讨论

1. 想要对某水果罐头微生物超标的质量问题进行分析，可以采用哪种 QC 工具？
2. 请结合生活中的例子，谈谈如何运用 QC 旧七法解决实际问题。
3. 相较于 QC 旧七法，QC 新七法在食品质量控制上有哪些优势？

练习题

答案解析

一、选择题

1.（多选）造成质量波动的因素有（　）。

A. 操作者　　B. 设备　　C. 原材料

D. 操作方法　　E. 测量　　F. 环境

2.（单选）因果图又称鱼刺图，是一种用于分析质量特性（结果）与可能影响质量特性的因素（原因）的一种工具。它可用于以下几个方面（　）。

A. 分析因果关系　　B. 表达因果关系

C. 分析原因，寻找解决措施　　D 以上都对

3.（单选）采用对矿泉水灌装数据进行分析时，得出了标准型直方图，这说明（　）。

A. 灌装运行稳定　　B. 操作者疲劳

C. 混入较多不合格产品　　D. 灌装能力不足

4.（单选）在质量控制过程中，以下哪个方法可以帮助我们更好地理解和展示各种因素之间的关系（　）。

A. 直方图法　　B. 关联图法

C. 散布图法　　D. 系统图法

5.（单选）为达成目标计划，可以采用以下哪个方法对复杂过程进行控制，避免重大事故发生？（　）。

A. 亲和图法　　B. 过程决定计划图（PDPC 法）

C. 矩阵图　　D. 箭线图

二、简答题

1. 质量数据的分类有哪些？
2. 企业实施质量成本管理的重点工作有哪些？
3. 食品质量控制传统的七种方法有哪些？
4. 食品质量控制新的七种方法有哪些？

三、案例分析题

小张是一家酸奶企业的品控主管。为降低废品率、降低生产成本，小张针对企业的酸奶生产现状进行调查和分析。通过调查，小张发现酸奶废品主要由生产参数设置不当、菌种质量不好、酸奶产品储存不当、发酵设备故障等原因造成。在制作排列图后，小张发现，生产参数设置不当导致发酵失败是产生酸奶废品的主要因素。为进一步分析各个参数对酸奶发酵的影响，小张可以采用哪种品管手法？为在全企业内号召全体员工对酸奶的生产全过程进行质量控制，小张可采用哪些品管手法？请描述该手法的具体的实施步骤。

书网融合……

本章小结　　微课　　题库

项目五

食品法律法规与标准

学习目标

知识目标

1. 掌握　中华人民共和国食品安全法的主要内容。
2. 熟悉　中华人民共和国农产品质量安全法等相关法规。
3. 了解　国家食品安全标准及其制定程序。

能力目标

1. 能够运用食品安全法等法规标准指导食品安全生产和工作。
2. 能够向社区居民宣传普及食品安全法规标准知识。

素质目标

具备守法、懂法和用法的意识和行动。

任务一　食品法律法规

PPT

情境导入

2023 年 11 月 9 日 10 时许，某县公安局接到县市场监督管理局移送线索，称有人在镇上生产、销售不符合安全标准的食品。该局高度重视，迅速调集治安大队精干警力前往查处，现场抓获犯罪嫌疑人胡某聪。11 月 10 日，民警又相继抓获吴某宏、李某、田某爽等 3 人。经查，犯罪嫌疑人胡某聪、吴某宏、李某、田某爽等人为了牟取利益，私自建设了一条生产、销售劣质奶粉的产业链，涉案价值近 40 万元。4 人分工明确，由李某购进原材料，胡某聪负责租赁场地，将原料生产、加工成 500g 一包、1000g 一桶的奶粉，冒充某外国品牌，由田某爽通过网络平台进行销售，吴某宏则负责订单的外发快递业务。犯罪嫌疑人胡某聪等 4 人已被依法采取刑事强制措施。

【任务描述】

如何运用食品安全法的条款判定食品安全违法情况。

【相关知识】

法律法规是指现行有效的法律、行政法规、司法解释、地方法规、地方规章、部门规章及其他规范性文件的总称。法律指全国人大及其常委会制定的规范性文件。法规包括指行政法规、地方性法规等。行政法规是由国务院颁布的，其效力仅次于宪法和法律，高于部门规章和地方性法规。国家部委规章一般都是由各部委颁布的，地方性法规是由地方人大颁布。

一、《中华人民共和国食品安全法》 微课

《中华人民共和国食品安全法》（以下简称《食品安全法》）是食品安全监管的一部基本法律。2009年2月28日，第十一届全国人大常委会第七次会议审议通过了《中华人民共和国食品安全法》，并于2009年6月1日起正式施行。

2015年4月24日第十二届全国人民代表大会常务委员会第十四次会议修订，根据2018年12月29日第十三届全国人民代表大会常务委员会第七次会议《关于修改 < 中华人民共和国产品质量法 > 等五部法律的决定》第一次修正，根据2021年4月29日第十三届全国人民代表大会常务委员会第二十八次会议《关于修改 < 中华人民共和国道路交通安全法 > 等八部法律的决定》第二次修正。

食品安全法全方位构筑食品安全法律屏障，对规范食品生产经营活动，防范食品安全事故的发生，增强食品安全监管工作的规范性、科学性和有效性，提高我国食品安全整体水平，切实保证食品安全，保障公众身体健康和生命安全，具有重要意义。

（一）《食品安全法》立法背景

民以食为天，食以安为先。食品安全直接关系广大人民群众的身体健康和生命安全，关系国家的健康发展，关系社会的和谐稳定。我国党和政府历来高度重视食品安全。早在改革开放初期的1982年，全国人大常委会就通过了《中华人民共和国食品卫生法》（试行），标志着我国的食品卫生事业进入了法治化轨道。在总结试行实施的基础上，食品卫生法于1995年10月30日正式颁布施行，对保证食品安全，预防和控制食源性疾病，保障人民群众身体健康，发挥了积极作用。我国的食品安全状况不断改善。

《食品卫生法》实施至今的十五年，正值我国社会转型和改革开放的关键时期，食品安全工作出现了一些新情况、新问题。食品安全问题在一些地方还不同程度存在，有的食品存在安全隐患。食品安全事故折射出食品安全监管工作中还存在一些问题和缺陷，为了从制度上解决问题，急需对现行食品卫生制度加以修改、补充、完善，制定食品安全法。

（二）制定和实施《食品安全法》的意义

（1）制定和实施食品安全法是保障食品安全、保证公众身体健康和生命安全的需要。

《食品安全法》的制定和实施，可以建立以食品安全标准为基础的科学管理制度，进一步理顺了食品安全监管体制，明确了各监管部门的职责，确立了食品生产经营者是保证食品安全第一责任人的法定义务，进而从法律制度上更好地解决我国当前食品工作中存在的主要问题。《食品安全法》的出台改变了过去“九龙治水，管而不治”的局面，对防控和消除食品污染以及食品中有害因素对人体健康的危害，预防和控制食源性疾病的发生，从而切实保障食品安全，保证公众身体健康和生命安全有重要意义。

（2）制定和实施食品安全法是促进我国食品工业和食品贸易发展需要。

《食品安全法》的制定和实施，有利于更加严格地规范食品生产经营行为，督促食品生产者依据法律法规和食品安全标准从事生产经营活动，更有效地促进我国食品行业的发展。同时，可逐步树立我国重视和保障食品安全的良好国际形象，有利于推动我国食品对外贸易的发展。

（3）制定和实施食品安全法是加强社会领域立法，完善我国食品安全法律制度的需要。

《食品安全法》的制定和实施，可在法律的框架内解决食品安全问题。按科学发展观的要求，以人为本，关注民生，保障权利，维护广大人民群众根本利益的需要，促进社会的和谐稳定和发展。同时，

《食品安全法》与《产品质量法》《农产品质量安全法》《计量法》《动物防疫法》《动植物检疫法》《进出口商品检验法》《农药管理条例、兽药管理条例》等法律法规相配套，有利于进一步完善我国的食品安全法律制度。

（三）《食品安全法》的内容体系

食品安全法共10章154条，内容包括总则、食品安全风险监测和评估、食品安全标准、食品生产经营、食品检验、食品进出口、食品安全事故处置、监督管理、法律责任、附则。

1. 关于食品安全监管体制 食品安全监管体制是食品安全法立法中的难点。近年来，一些食品安全事故暴露出有的监管部门存在监管不到位、执法不严格的问题，有的部门间存在职责交叉、权责不明的现象，部门与部门之间职能责任划分不清，有利争着管，没利都不管，推诿扯皮。为了完善食品安全监管体制，《食品安全法》着重从以下几个方面做了规定：

第一，对国务院有关食品安全监管部门的职责进行明确界定。国务院食品安全监督管理部门依照本法和国务院规定的职责，对食品生产经营活动实施监督管理。国务院卫生行政部门承担食品安全综合协调职责，负责食品安全风险评估、食品安全标准制定、食品安全信息公布、食品检验机构的资质认定条件和检验规范的制定，组织查处食品安全重大事故。

第二，在县级以上地方人民政府层面，进一步明确工作职责，理顺工作关系。县级以上地方人民政府统一负责、领导、组织、协调本行政区域的食品安全监督管理工作。建立健全食品安全全程监督管理的工作机制；统一领导、指挥食品安全突发事件应对工作；完善、落实食品安全监督管理责任制，对食品安全监督管理部门进行评议、考核。县级以上地方人民政府依照《食品安全法》和国务院的规定，确定本级食品安全监督管理、卫生行政部门和其他有关部门的职责。有关部门在各自职责范围内负责本行政区域的食品安全监督管理工作。由于有的食品安全监管部门实行省以下垂直领导，食品安全法规定上级人民政府所属部门在下级行政区域设置的机构应当在所在地人民政府的统一组织、协调下，依法做好食品安全监督管理工作。

第三，为防止各食品安全监管部门各行其是、工作不衔接，食品安全法规定县级以上人民政府食品安全监督管理部门和其他有关部门应当加强沟通、密切配合，按照各自职责分工，依法行使职权，承担责任。

第四，为了使食品安全监管体制运行更加顺畅，《食品安全法》规定，国务院设立食品安全委员会，其工作职责由国务院规定。

第五，《食品安全法》授权国务院根据实际需要，可以对食品安全监督管理体制作出调整。

2. 关于食品安全风险监测和评估 食品安全风险监测和评估是国际上流行的预防和控制食品风险的有效措施。《食品安全法》对此加以规定，与国际通行做法接轨，与时俱进，体现了立法的科学性和先进性。

第一，《食品安全法》从食品安全风险监测计划的制定、发布、实施、调整等方面。规定了完备的食品安全风险监测制度。《食品安全法》规定，国家建立食品安全风险监测制度，对食源性疾病、食品污染以及食品中的有害因素进行监测。国务院卫生行政部门会同国务院其他有关部门制定、实施国家食品安全风险监测计划。省、自治区、直辖市人民政府卫生行政部门根据国家食品安全风险监测计划，结合本行政区域的具体情况组织制定、实施本行政区域的食品安全风险监测方案。国务院食品安全监督管理部门和其他有关部门获知有关食品安全风险信息后，应当立即核实并向国务院卫生行政部门通报。国务院卫生行政部门会同有关部门对信息核实后，应当及时调整食品安全风险监测计划。

第二，《食品安全法》从食品安全风险评估的启动、具体操作、评估结果的用途等方面规定了完整的食品安全风险评估制度。法律规定，国家建立食品安全风险评估制度，对食品、食品添加剂中生物性、化学性和物理性危害进行风险评估。关于食品安全风险评估的启动，国务院卫生行政部门通过食品安全风险监测或者接到举报发现食品可能存在安全隐患的，应当立即组织进行检验和食品安全风险评估。国务院食品安全监督管理部门和其他有关部门应当向国务院卫生行政部门提出食品安全风险评估的建议，并提供有关信息和资料。关于食品安全风险评估的具体操作，国务院卫生行政部门负责组织食品安全风险评估工作，成立由医学、农业、食品、营养等方面的专家组成的食品安全风险评估委员会进行食品安全风险评估。食品安全风险评估应当运用科学方法，根据食品安全风险监测信息、科学数据以及其他有关信息进行。关于评估结果的用途，食品安全风险评估结果是制定、修订食品安全标准和对食品安全实施监督管理的科学依据。

3. 关于食品安全标准 针对食品标准，出现了政出多门、标准缺失、标准“打架”以及标准过高或过低等问题，《食品安全法》对食品安全标准做了相应规定。

第一，为防止食品安全标准过高过低，食品安全法规定，制定食品标准应当以保证公众身体健康为宗旨，做到科学合理、安全可靠。同时明确规定，食品安全标准是强制执行的标准，除食品安全标准外，不得制定其他的食品强制性标准。

第二，明确了食品安全国家标准的制定、发布主体，制定方法，明确对有关标准进行整合。《食品安全法》规定，食品安全国家标准由国务院卫生行政部门会同国务院食品安全监督管理部门制定、公布，国务院标准化行政部门提供国家标准编号。制定食品安全国家标准，应当依据食品安全风险评估结果并充分考虑食用农产品安全风险评估结果，参照相关的国际标准和国际食品安全风险评估结果，并将食品安全国家标准草案向社会公布，广泛听取食品生产经营者、消费者、有关部门等方面的意见。国务院卫生行政部门应当对现行的食用农产品质量安全标准、食品卫生标准、食品质量标准和有关食品的行业标准中强制执行的标准予以整合，统一公布为食品安全国家标准。

第三，明确了食品安全地方标准和企业标准的地位。《食品安全法》规定，没有食品安全国家标准的，可以制定食品安全地方标准。对于企业标准，企业生产的食品没有食品安全国家标准或者地方标准的，对此应当制定企业标准，作为组织生产的依据；国家鼓励食品生产企业制定严于食品安全国家标准或者地方标准的企业标准。

4. 关于食品生产经营

第一，加强对食品生产加工小作坊和食品摊贩的管理。县级以上地方人民政府鼓励食品生产加工小作坊改进生产条件；鼓励食品摊贩进入集中交易市场、店铺等固定场所经营。食品生产加工小作坊和食品摊贩从事食品生产经营活动，应当符合本法规定的与其生产经营规模、条件相适应的食品安全要求，保证所生产经营的食品卫生、无毒、无害，有关部门应当对其加强监督管理。

第二，鼓励食品生产经营企业采用先进管理体系，减轻企业负担。《食品安全法》规定，国家鼓励食品生产经营企业符合良好生产规范要求，实施危害分析与关键点控制，提高食品安全管理水平。对通过良好生产规范、危害分析与关键点体系认证的食品生产经营企业，认证机构应当依法实施跟踪调查，认证机构实施跟踪调查不收取任何费用。

第三，建立完备的索证索票制度、台账制度等。如食品生产者采购食品原料、食品添加剂、食品相关产品，应当查验供货者的许可证和产品合格证明文件；食品生产企业应当建立食品出厂检验记录制度等。

第四，严格对声称具有特定保健功能的食品的管理。声称具有特定保健功能的食品不得对人体产生急性、亚急性或者慢性危害，其标签、说明书不得涉及疾病预防、治疗功能，内容必须真实，应当载明适宜人群、不适宜人群、功效成分或者标志性成分及其含量等；产品的功能与成分必须与标签、说明书相一致。有关监督管理部门应当依法履职，承担责任。

第五，网络食品交易。第三方平台提供者应当对入网食品经营者进行实名登记，明确其食品安全管理责任；依法应当取得许可证的，还应当审查其许可证。网络食品交易第三方平台提供者发现入网食品经营者有违反本法规定行为的，应当及时制止并立即报告所在地县级人民政府食品药品监督管理部门；发现严重违法行为的，应当立即停止提供网络交易平台服务。

第六，建立食品召回制度、停止经营制度。食品生产者发现其生产的食品不符合食品安全标准，应当立即停止生产，召回已经上市销售的食品，通知相关生产经营者和消费者，并记录召回和通知情况。食品经营者发现其经营的食品不符合食品安全标准，应当立即停止经营，通知相关生产经营者和消费者，并记录停止经营和通知情况。食品生产者认为应当召回的，应当立即召回。食品生产者应当对召回的食品采取补救、无害化处理、销毁等措施，并将食品召回和处理情况向地县级以上人民政府食品安全监督管理部门报告。食品生产经营者未依照本条规定召回或者停止经营不符合食品安全标准的食品的，县级以上人民政府食品安全监督管理部门可以责令其召回或者停止经营。

第七，严格对食品广告的管理。《食品安全法》规定，食品广告的内容应当真实合法，不得含有虚假、夸大的内容，不得涉及疾病预防、治疗功能。县级以上人民政府食品安全监督管理部门和其他有关部门以及食品检验机构、食品行业协会不得以广告或者其他形式向消费者推荐食品。消费者组织不得以收取费用或者其他牟取利益的方式向消费者推荐食品。社会团体或者其他组织、个人在虚假广告中向消费者推荐食品，使消费者的合法权益受到损害的，与食品生产经营者承担连带责任。

5. 关于食品检验

第一，明确食品检验由食品检验机构指定的检验人独立进行。食品检验实行食品检验机构与检验人负责制。食品检验报告应当加盖食品检验机构公章，并有检验人的签字或者盖章。食品检验机构和检验人对出具的食品检验报告负责。

第二，明确食品安全监督管理部门对食品不得实施免检。同时明确规定，进行抽样检验，应当购买抽取的样品，不收取检验费和其他任何费用。

6. 关于食品进出口

第一，明确了进口的食品、食品添加剂以及食品相关产品应当符合我国食品安全国家标准。进口尚无食品安全国家标准的食品，或者首次进口食品添加剂新品种、食品相关产品新品种，进口商应当向国务院卫生行政部门提出申请并提交相关的安全性评估材料。国务院卫生行政部门依法做出是否准予许可的决定，并及时制定相应的食品安全国家标准。

第二，完善风险预警机制。境外发生的食品安全事件可能对我国境内造成影响，或者在进口食品中发现严重食品安全问题的，国家出入境检验检疫部门应当及时采取风险预警或者控制措施，并向国务院食品安全监督管理、卫生行政、农业行政部门通报。

7. 关于食品安全事故处置

第一，规定了制定食品安全事故应急预案及食品安全事故的报告制度。事故单位和接收患者进行治疗的单位应当及时向事故发生地县级人民政府食品安全监督管理、卫生行政部门报告。县级以上人民政府农业行政等部门在日常监督管理中发现食品安全事故或者接到事故举报，应当立即向同级食品安全监督管理部门通报。发生食品安全事故，接到报告的县级人民政府食品安全监督管理部门应当按照应急预案的规定向本级人民政府和上级人民政府食品安全监督管理部门报告。县级人民政府和上级人民政府食品安全监督管理部门应当按照应急预案的规定上报。任何单位和个人不得对食品安全事故隐瞒、谎报、缓报，不得隐匿、伪造、毁灭有关证据。

第二，规定了县级以上卫生行政部门处置食品安全事故的措施，如开展应急救援工作，对因食品安全事故导致人身伤害的人员，卫生行政部门应当立即组织救治；封存被污染的食品用工具及用具，并责令进行清洗消毒；做好信息发布工作，依法对食品安全事故及其处理情况进行发布，并对可能产生的危害加以解释、说明。

8. 关于监督检查

第一，县级以上人民政府食品安全监督管理部门根据食品安全风险监测、风险评估结果和食品安全状况等，确定监督管理的重点、方式和频次，实施风险分级管理。县级以上地方人民政府组织本级食品安全监督管理、农业行政等部门制定本行政区域的食品安全年度监督管理计划，向社会公布并组织实施。

第二，国家建立统一的食品安全信息平台，实行食品安全信息统一公布制度。国家食品安全总体情况、食品安全风险警示信息、重大食品安全事故及其调查处理信息和国务院确定需要统一公布的其他信息由国务院食品安全监督管理部门统一公布。食品安全风险警示信息和重大食品安全事故及其调查处理信息的影响限于特定区域的，也可以由有关省、自治区、直辖市人民政府食品安全监督管理部门公布。未经授权不得发布上述信息。

9. 关于法律责任

第一，对特定人员从事食品生产经营、食品检验的资格进行限制。被吊销食品生产、流通或者餐饮服务许可证的单位，其直接负责的主管人员自处罚决定做出之日起五年内不得从事食品生产经营管理工作。违反食品安全法规定，受到刑事处罚或者开除处分的食品检验机构人员，自刑罚执行完毕或者处分决定做出之日起十年内不得从事食品检验工作。

第二，《食品安全法》规定了生产不符合食品安全标准的食品或者经营明知是不符合食品安全标准的食品，消费者除要求赔偿损失外，还可以向生产者或者经营者要求支付价款十倍或者损失三倍的赔偿金；增加赔偿的金额不足一千元的，为一千元。但是，食品的标签、说明书存在不影响食品安全且不会对消费者造成误导的瑕疵的除外。

第三，违反《食品安全法》的规定，应当承担民事赔偿责任和缴纳罚款、罚金，其财产不足以同时支付时，先承担民事赔偿责任。

二、《中华人民共和国农产品质量安全法》

《中华人民共和国农产品质量安全法》（以下简称《农产品质量安全法》）于2005年10月22日由国务院审议通过并提请全国人大审议，于2006年4月29日第十届全国人民代表大会常务委员会第二十一次会议通过，同日以第四十九号主席令颁布。自2006年11月1日起实施。

根据2018年10月26日第十三届全国人民代表大会常务委员会第六次会议《关于修改〈中华人民共和国野生动物保护法〉等十五部法律的决定》修正。2021年10月，由国务院提请全国人大常委会第三十一次会议初次审议了《农产品质量安全法》修订草案。2022年6月，全国人大常委会第三十五次会议对修订草案进行了二审。2022年9月2日，全国人大常委会第三十六次会议通过了修订后的《农产品质量安全法》。

（一）《农产品质量安全法》的立法意义

农产品质量安全直接关系到人民群众日常生活、身体健康和生命安全；关系到社会稳定和谐和民族发展；关系农村对外开放和农产品在国内外市场的竞争。《农产品质量安全法》的正式出台，是关系“三农”乃至整个经济社会长远发展的一件大事，具有十分重大而深远的影响和划时代的意义。出台《农产品质量安全法》是坚持科学发展观，推动农业生产方式转变，为发展高产、优质、高效、生态、安全的现代农业和社会主义新农村建设提供坚实支撑的现实要求；是构建和谐社会，规范农产品产销秩序，保障公众农产品消费安全，维护最广大人民群众根本利益的可靠保障；是推进农业标准化，提高农产品质量安全水平，全面提升我国农产品竞争力，应对农业对外开放和参与国际竞争的重大举措。《农产品质量安全法》不仅填补了我国农产品质量安全监管工作的法律空白，而且为新时期推进我国现代农业和社会主义新农村建设奠定了重要的法律基础。

（二）《农产品质量安全法》的调整范围和主要内容

《农产品质量安全法》调整的范围包括三个方面的内涵：一是关于调整的产品范围问题，本法所指农产品是指来源于农业的初级产品，即在农业活动中获得的植物、动物、微生物及其产品；二是关于调整的行为主体问题，既包括农产品的生产者和销售者，也包括农产品质量安全管理者和相应的检测技术机构和人员等；三是关于调整的管理环节问题，既包括产地环境、农业投入品的科学合理使用、农产品生产和产后处理的标准化管理，也包括农产品的包装、标志、标志和市场准入管理。《农产品质量安全法》对涉及农产品质量安全的方方面面都进行了相应的规范，调整的对象全面、具体，符合中国的国情和农情。

《农产品质量安全法》共分 8 章 81 条，主要包括总则、农产品质量安全风险管理和标准制定、农产品产地、农产品生产、农产品销售、监督管理、法律责任和附则。

第一章是总则，对农产品的定义，农产品质量安全的内涵，法律的实施主体，农产品质量安全管理原则，监督管理部门，生产经营者的要求，公益宣传等方面进行了规定；第二章是农产品质量安全风险管理和标准制定，建立农产品质量安全风险监测制度、风险评估制度、安全标准体系等方面进行了规定；第三章是农产品产地，建立健全农产品产地监测制度，农产品产地安全要求，农业投入品的要求，农产品基地建设和农业标准化示范建设等方面进行了规定；第四章是农产品生产，对农产品生产技术规范的制定，农业投入品的生产许可与监督抽查、农产品质量安全技术培训与推广、农产品生产档案记录、农产品产地冷链物流基础设施建设等方面进行了规定；第五章是农产品销售，对农产品质量安全标准，农产品包装和标识，对农产品分类包装、包装标识、包装材质、转基因标识、动植物检疫标识、无公害农产品标志和优质农产品质量标志，农产品网络平台销售，追溯管理等方面作出了规定；第六章是监督管理，对农产品质量安全市场准入条件、监测和监督检查制度、检验机构资质、社会监督、现场检查、事故报告、责任追溯、进口农产品质量安全要求等进行了明确规定；第七章是法律责任，对各种违法行为的处理、处罚作出了规定；第八章是附则。

（三）实施《农产品质量安全法》的作用

第一，是坚持科学发展，推进现代农业和社会主义新农村建设的现实要求。我国农业已经进入新的发展阶段，资源和市场对农业发展的约束增强，消费者对农产品的质量安全要求提高。贯彻实施《农产品质量安全法》，坚持以人为本，把维护公众健康放在突出位置，明确各级人民政府和农业等有关部门以及农产品生产、销售等方面在保障农产品质量安全中的责任，将有利于依法加强农产品质量安全监管，提升全社会农产品质量安全的法制水平，为促进高产、优质、高效、生态、安全农业发展，推动现代农业和社会主义新农村建设提供坚实支撑。

第二，是保障农产品消费安全，维护最广大人民群众根本利益的重要保障。民以食为天，食以安为先。加强农产品质量安全监管是对人民高度负责的具体体现。贯彻落实农产品质量安全标准、产地、生产、包装和标识以及监督管理、法律责任等方面的法律规定，必将进一步规范农产品生产、销售行为和市场秩序，从根本上解决农产品的质量安全问题，更加有效地保障消费安全，维护最广大人民群众的根本利益。

第三，是提升我国农产品竞争力，参与国际竞争的现实需要。我国已经加入世界贸易组织，农业对外开放不断扩大，农产品市场竞争日趋激烈。贯彻实施《农产品质量安全法》，强化源头治理和全程监控，建立市场准入和责任追究制度，推进农业标准化，提高农产品质量安全水平，既是突破国外农产品技术性贸易壁垒的治本之策，也是在国内外市场竞争中取胜的关键所在。

第四，是履行法定监管职责，推进农业依法行政的紧迫任务。《农产品质量安全法》赋予了农业部门在农产品质量安全管理中的主体地位，解决了有法可依、规范管理的问题。贯彻实施《农产品质量安全法》，必将有力地促进农业部门职能转变，更好地推动体制创新、机制创新和制度创新，推进农业领域的依法行政。

三、《中华人民共和国产品质量法》

《中华人民共和国产品质量法》(以下简称《产品质量法》) 是调整产品质量监督管理关系和产品责任关系的法律规范的总称。《产品质量法》是1993年2月22日第七届全国人民代表大会常务委员会第三十次会议通过，2000年7月8日第九届全国人民代表大会常务委员会第十六次会议第一次修正《产品质量法》，2009年8月27日第十一届全国人民代表大会常务委员会第十次会议《关于修改部分法律的决定》第二次修正，2018年12月29日第十三届全国人民代表大会常务委员会第七次会议《关于修改〈中华人民共和国产品质量法〉等五部法律的决定》第三次修正。

(一)《产品质量法》的立法目的和意义

制定《产品质量法》的目的是加强对产品质量的监督管理，提高产品质量水平，明确产品质量责任，保护消费者的合法权益，维护社会经济秩序；使生产者、销售者建立健全内部产品质量管理制度，严格实施岗位质量规范、质量责任以及相应的考核办法；国家鼓励推行科学的管理方法，采用先进的科学技术，鼓励企业产品质量达到并且超过行业标准、国家标准和国际标准。

(二)《产品质量法》的内容体系

《产品质量法》共6章74条，包括总则，产品质量的监督，生产者、销售者的产品质量责任和义务，损害赔偿，罚则，附则。

第一章是总则，对《产品质量法》的立法目的和意义，产品质管理制度规范建立、产品质量监督的部门及责任要求等进行规定；第二章是产品质量的监督，对产品责任的标准，企业产品质量体系的认证制度、国家对产品质量实行的监督检查制度、质量监督部门对涉嫌违反本法规定的行为进行查处时可以行使的职权，产品质量检验及检验机构，消费者对产品质量问题的申诉等进行了相应的规定；第三章是生产者、销售者的产品质量责任和义务，对生产者的产品质量责任和义务、销售者的产品质量责任和义务等进行了相应的规定；第四章是损害赔偿，对产品存在缺陷造成损害及赔偿要求进行相应的规定；第五章是罚则，对生产、销售不符合保障人民健康和人身、财产安全的国家标准、行业标准的产品的处罚和产品质量检验机构、认证机构及产品质量监督部门违反本法的处理进行规定；第六章是附则，对军事产品和本法的实施时间进行规定。

四、《中华人民共和国标准化法》

《中华人民共和国标准化法》(以下简称《标准化法》) 是由第七届全国人民代表大会常务委员会第五次会议于1988年12月29日通过，自1989年4月1日起实施。1990年4月6日国务院又颁布了《中华人民共和国标准化法实施条例》，1990年7月23日国家质量技术监督局颁布实施了《中华人民共和国标准化法条文解释》。

最新的《标准化法》于2017年11月4日由中华人民共和国第十二届全国人民代表大会常务委员会第三十次会议修订通过和公布，自2018年1月1日起施行。

（一）《标准化法》的立法目的和意义

制定《标准化法》的目的是发展社会主义商品经济，促进技术进步，改进产品质量，提高社会经济效益，维护国家和人民的利益，使标准化工作适应社会主义现代化建设和发展对外经济关系的需要。

（二）《标准化法》的内容体系

《标准化法》分为总则、标准的制定、标准的实施、监督管理、法律责任、附则共6章45条。

其主要内容是：确定了标准体制和标准化管理体制，规定了制定标准的对象与原则以及实施标准的要求，明确了违法行为的法律责任和处罚办法。

国务院标准化行政主管部门统一管理全国标准化工作。国务院有关行政主管部门分工管理本部门、本行业的标准化工作。省、自治区、直辖市人民政府标准化行政主管部门统一管理本行政区域的标准化工作。市、县标准化行政主管部门和有关行政主管部门，按照省、自治区、直辖市政府规定的各自的职责，管理本行政区域内的标准化工作。

国家鼓励积极采用国际标准和国外先进标准，积极参与制定国际标准。

企业生产的产品没有国家标准和行业标准的，应当制定企业标准，作为组织生产的依据。企业的产品标准须报当地政府标准化行政主管部门和有关行政主管部门备案。已有国家标准或者行业标准的，国家鼓励企业制定严于国家标准或者行业标准的企业标准，在企业内部适用。

标准依适用范围分为国家标准、行业标准、地方标准和企业标准。国家标准、行业标准分为强制性标准和推荐性标准。保障人体健康、人身安全、财产安全的标准和法律，行政法规规定强制执行的标准是强制性标准，其他标准是推荐性标准。

制定国家标准、行业标准和地方标准的部门应当组织由用户、生产单位、行业协会、科学技术研究机构、学术团体及有关部门的专家组成标准化技术委员会，负责草拟的参加标准草案的技术审查工作。

从事研究、生产、经营的单位和个人必须严格执行强制性标准，不符合强制性标准的产品，禁止生产、销售和进口。

五、《中华人民共和国商标法》

《中华人民共和国商标法》（以下简称《商标法》）于1982年8月23日第五届全国人民代表大会常务委员会第二十四次会议通过，根据1993年2月22日第七届全国人民代表大会常务委员会第三十次会议《关于修改〈中华人民共和国商标法〉的决定》第一次修正；根据2001年10月27日第九届全国人民代表大会常务委员会第二十四次会议《关于修改〈中华人民共和国商标法〉的决定》第二次修正；根据2013年8月30日第十二届全国人民代表大会常务委员会第四次会议《关于修改〈中华人民共和国商标法〉的决定》第三次修正；根据2019年4月23日第十三届全国人民代表大会常务委员会第十次会议《关于修改<中华人民共和国建筑法>等八部法律的决定》修正。

《商标法》对于加强商标管理，保护商标专用权，促使生产者保证商品质量，维护商标信誉，保障消费者利益，促进社会主义商品经济的发展，具有举足轻重的作用。

《商标法》共8章73条，主要规定了《商标法》调整的范围，法的基本原则，商标注册的申请，商标注册的审查和核准，注册商标的续展、转让和使用许可，注册商标争议的裁定，商标使用的管理，注册商标专用权的保护。

国家严厉禁止侵犯注册商标专用权，违法者依其情节和后果承担相应处罚。

六、《中华人民共和国专利法》

《中华人民共和国专利法》（以下简称《专利法》）于1984年3月12日第六届全国人民代表大会常

务委员会第四次会议通过；1992 年 9 月 4 日第七届全国人民代表大会常务委员会第二十七次会议进行第一次修正；2000 年 8 月 25 日第九届全国人民代表大会常务委员会第十七次会议进行第二次修正；2008 年 12 月 27 日第十一届全国人民代表大会常务委员会进行第三次修正；2020 年 10 月 17 日第十三届全国人民代表大会常务委员会第二十二次会议进行第四次修正。

《专利法》是为了保护发明创造专利权，鼓励发明创造，有利于发明创造的推广应用，促进科学技术的发展，适应社会主义现代化建设的需要而制定的。

《专利法》包括总则，授予专利权的条件，专利的申请，专利申请的审查和批准，专利权的期限、终止和无效，专利实施的强制许可，专利权的保护，附则共 8 章。

任务二 食品安全标准

PPT

情境导入

2022 年 10 月 14 日，峡江县市场监管局依法对峡江县某超市经营兽药残留超过食品安全标准限量的鸡蛋行为作出行政处罚。根据日常监督抽检结果，峡江县某超市经营的鸡蛋中，甲硝唑项目不符合 GB31650—2019《食品安全国家标准食品中最大残留限量》要求，检验结果不合格。当事人经营甲硝唑含量超过食品安全标准限量鸡蛋的行为违反了《中华人民共和国食品安全法》第三十四条的规定，考虑当事人销售该批次鸡蛋数量较少且未产生较大危害后果，峡江县市场监管局依法对当事人作出上述处罚。甲硝唑属于抗生素的一种，国家明令不得在食品动物饲养过程中使用甲硝唑，且不得在所有动物食品中检出。

【任务描述】

食品安全标准在食品生产、食品安全质量监督等方面重要作用。

【相关知识】

一、标准及标准化的概念

（一）标准

标准是指为了在一定范围内获得最佳秩序，对活动或结果所做的统一规定、指南或特性文件，该文件经协商一致制定并经过一个公认机构批准，以特定形式发布，作为共同遵守的准则和依据。它以科学、技术和实践经验的综合成果为基础，以促进最佳社会效益为目的。

对下列需要统一的技术要求，应当制定标准：①工业产品的品种、规格、质量、等级或者安全、卫生要求；②工业产品的设计、生产、检验、包装、储存、运输、使用的方法或者生产、储运输过程中的安全、卫生要求；③有关环境保护的各项技术要求和检验方法；④建设工程的设计、施工方法和安全要求；⑤有关工业生产、工程建设和环境保护的技术术语、符号、代号和制图方法；⑥农业（含林业、牧业、渔业）产品（含种子、种苗、种畜、种禽）的品种、规质量、等级、检验、包装、储存、运输以及生产技术、管理技术的要求；⑦信息、能源、资源、交通运输的技术要求。

（二）标准化

标准化是指为在一定的范围内获得最佳秩序，以现实的或潜在的问题制定共同的和重复使用的规则的活动。

标准化不是一个孤立的事物，而是一个活动过程：主要是制定标准、实施标准进而修订标准的过程。这个过程不是一次就完结了，而是一个不断循环、螺旋式上升的运动过程。每完成一个循环，标准的水平就提高一步。

标准是标准化活动的产物。标准化的目的和作用，都是要通过制定和实施具体的标准来体现的。所以，标准化活动不能脱离制定、修订和实施标准，这是标准化的基本任务和主要内容。

二、食品标准的制定

（一）食品标准的作用

食品工业是我国国民经济的重要支柱产业。食品标准在保证人民身体健康、促进食品工业的发展、推动食品国际贸易等方面起到了重要作用。具体表现在以下几个方面。

1. 保证食品的食用安全性　食品是供人食用的产品，衡量食品是否合格的尺度就是食品标准。食品标准在制定过程中充分考虑了食品可能存在的有害因素和潜在的不安全因素，通过规定食品的理化指标、微生物指标、检测方法、包装贮存、保质期等一系列的内容，使符合标准的食品具有安全性。因此，食品标准可以保证食品卫生，防止食品污染和有害化学物质对人体健康的危害。

2. 国家管理食品行业的依据　食品是关系到人体健康的特殊产品，国家对食品行业的管理很严格。《中华人民共和国产品质量法》规定："国家对产品质量实行以抽查为主要方式的监督检查制度"，国家对食品质量进行监督检查的依据就是食品标准。通过国家组织的食品质量监督检查，不仅促进产品质量的提高，保护消费者的利益，同时，对标准本身的完善也是一种促进。通过分析检查结果，可进一步明确行业发展的管理方向。

3. 食品企业科学管理的基础　食品标准是食品企业提高产品质量的前提和保证。食品企业生产的各个环节采取各种质量控制措施和方法，检验一些控制指标，都要以食品标准为准，要确保产品最终能够达到合格。企业在组织生产时，也需要在技术上保持高度的统一和协作一致。因此，食品企业管理中离不开食品标准。

4. 促进生产，推动贸易　食品标准是实现食品工业专业下分和社会化生产的前提，同时也是科学技术转化为现实生产力的桥梁之一，我国食品标准正在与国际接轨，大量先进的食品国际标准，主要是国际食品法典委员会（CAC）的标准正被采用。这极大地促进了我国食品工业的发展，消除了贸易技术的壁垒，方便国际贸易，提高了我国食品在国际市场上的竞争能力。

（二）食品标准制定的依据

（1）法律依据　《食品安全法》《标准化法》等法律及有关法规是制定食品标准的法律依据。

（2）科学技术依据　食品标准是科学技术研究和生产经验总结的产物。在标准制定过程中，应尊重科学，尊重客观规律，保证标准的真实性，应合理使用已有的科研成果，善于总结和发现与标准有关的各种技术问题，应充分利用现代科学技术条件，促进标准具有较高的先进性。

（3）有关国际组织的规定　WTO 制定的《卫生和植物卫生措施协定》（SPS）、《贸易技术壁垒协定》（TBT）是食品贸易中必须遵守的两项协定。SPS 和 TBT 协定都明确指出，国际食品法典委员会 CCA 的标准可作为解决国际贸易争端，协调各国食品卫生标准的依据。因此，每一个 WTO 的成员国都必须履行 WTO 有关食品标准制定和实施的各项协议和规定。

（三）食品质量标准制定的原则

（1）应当有利于保障食品安全和人体健康，保护消费者利益，保护环境。

（2）应当有利于合理利用国家资源，推广科学技术成果，提高经济效益，并符合使用要求，有利于食品的通用和互换，做到技术上先进，经济上合理。

（3）应当做到有关标准的协调配套，有利于标准体系的建立和不断完善。

（4）应当有利于促进对外经济技术合作和对外贸易，有利于参与国际经济大循环．并有利于我国标准与国际接轨。

（5）应当发挥行业协会、科学研究机构和学术团体的作用。

（四）食品质量标准的制定程序

食品产品标准的制定一般分为准备阶段、起草阶段、审查阶段和报批阶段。

1. 准备阶段 在此阶段需查阅大量相关资料，其中包括相关的国际、国内标准和企业标准，然后进行样品的收集，进行分析、测定，确定能控制产品质量的指标项目，如特性指标中哪些是关键性的指标，哪些指标不是关键性指标。都是前期准备工作中需要确定的内容。在准备阶段，食品企业应组织专业人员进行大量的实验。

2. 起草阶段 标准起草阶段的主要工作内容有：编制标准草案（征求意见稿）及其编制说明和有关附件，广泛征求意见。在整理汇总意见基础上进一步编制标准草案（预审稿）及其编制说明和有关附件。

3. 审查阶段 食品产品的审查分预审和终审两个过程。预审由各专业技术委员会组织有关专家进行，对标准的文本、各项指标进行严格审查，同时也审查标准草案是否符合《标准化法》和《标准化实施条例》，技术内容是否符合实际和科学技术的发展方向，技术要求是否先进、合理、安全、可靠等。预审通过后按审定意见进行修改，整理出送审稿，报全国食品工业标准化技术委员会进行最终审定。

4. 报批阶段 终审通过的标准可以报批。行业标准报到上级主管部门，国家标准报到国家技术监督局，批准后进行编号发布。

三、食品标准的主要内容

食品标准主要有：食品产品标准、食品卫生标准、检验方法标准、食品包装材料及容器标准、食品添加剂标准、食品标签通用标准、食品企业卫生规范、食品工业基础及相关标准等。

（一）食品卫生标准的内容和指标

标准的主要内容可分为感官指标、理化指标和微生物指标三个部分。

感官指标一般规定食品的色泽、气味或滋味和组织状态。

理化指标是食品卫生标准中重要的组成部分，包括食品中金属离子和有害元素的限定，如砷、锡、铅、铜、汞的规定，食品中可能存在的农药残留、有害物质（如黄曲霉毒素数量的规定）及放射性物质的量化指标等。这些指标在不同的食品卫生标准中有所不同，并不是所有食品的卫生标准都有上述指标；根据需要，还可能增加一些其他的理化指标。

微生物指标通常包括菌落总数、大肠菌群和致病菌三项指标，有的还包括霉菌指标。菌落总数是指食品检样在严格规定的条件下（样品处理、培养基及其 pH，培养温度与时间、计数方法等）培养后，单位质量（容积 ml 或表面积 cm^2）所生成的细菌菌落总数。食品中大肠菌群数以每 100ml 检样内大肠菌群最可能数（MPN）表示。常见的致病菌主要是指肠道致病菌和致病性球菌如沙门菌、金黄色葡萄球菌、致病性链球菌等。食品卫生标准中一般对致病菌都做出“不得检出”的规定，以确保食品的安全。

食品卫生标准除规定以上内容外，还规定相应指标的检验方法。目前检验方法已逐步形成较完整的标准体系，可在食品卫生标准的制定中直接引用。

（二）食品产品标准的内容和指标

食品产品标准既有国家标准、行业标准、地方标准，也有企业标准。但无论哪级标准，标准的格式、内容编排、层次划分、编写的细则等都应符合 GB/T1.1《标准化文件的结构和起草规则》的规定。食品产品标准内容较多，一般包括范围、引用标准、相关定义、技术要求、检验方法、检验规则、标志包装、运输和贮存等。

在范围中，一般阐述标准的规定内容与适用范围。在引用标准中一般列入标准文本中引用到的相关标准目录，一般为基础性的、食品卫生和检验方法的国家标准、行业标准。这些标准在文本中直接引用，不再重复其内容。相关定义中规定标准中出现的较为模糊不定容易造成混淆的行业术语，在定义过程中，明确其具体含义，使标准更加准确、清晰、便于使用。

食品产品标准中技术要求是标准的核心部分，主要包括原辅材料要求、感官要求、理化指标、微生物指标等。凡列入标准中的技术要求应该是决定产品质量和使用性能的主要指标，而这些指标又是可以测定或验证的。原辅材料要求中涉及食品原料的相关标准，有相关标准的，按标准要求，没有相关标准的原辅材料，应阐述对它们的要求检验方法与检验规则是食品产品标准中两项不同内容。检验方法与技术要求应该是一一对应的关系，但对于一些定性要求，如形状、大小和外观等，则无需做具体规定。食品卫生检验方法已作为国家标准发布实施，应在充分理解的情况下应用。检验规则包括检验分类、抽样方法和判定规则等，只有科学、合理，才能正确评价检验结果。另外，食品产品标准中还要求对标志、标签、包装、运输和贮存等做出规定。

食品产品的保质期要求，包括在产品标准的贮存规定之中。各种不同的食品产品有不同的保质期要求，没有统一的规定。但并非所有的食品都必须标注保质期，一些可以长期贮存的食品，如味精、食盐就可以不在标签上标注保质期。在保质期内，生产企业应保证产品是合格的。

（三）其他食品标准

食品工业基础及相关标准主要是对食品的名词术语、图形代号、产品的分类、通用标准、总的要求及食品厂卫生规范等做出的统一规定。

食品包装材料及容器标准和食品添加剂标准中规定的内容与食品卫生标准和食品产品标准基本相仿。

食品检验方法标准主要规定检测方法的过程和操作、使用的仪器及化学试剂等。

四、食品标准的分类

1. 根据标准的适用范围分类 我国的食品标准分为四级：国家标准、行业标准、地方标准和企业标准。

2. 按标准的约束性分类 按标准的约束性可分为强制性标准与推荐性标准。我国的国家标准和行业标准均分为强制性标准和推荐性标准两类。对于强制性标准，有关各方没有选择的余地，必须毫无保留地绝对贯彻执行。对于推荐性标准，有关各方有选择的自由，但一经选定，则该标准对采用者来说，便成为必须绝对执行的标准了。“推荐性”便转化为“强制性”。食品卫生标准属于强制性标准，因为它是食品的基础性标准，关系到人体健康和安全。食品产品标准，一部分为强制性标准，也有一部分为推荐性标准。我国加入 WTO 后，将会更多地采用国际标准或国外先进标准，食品标准的约束性也会根据具体情况进行调整。

3. 按标准化的对象和作用分类 按标准化的对象和作用可分为基础标准、产品标准、方法标准、安全标准、卫生标准、环境保护标准等。

我国食品标准基本上就是按照标准化的对象和作用进行分类并编辑出版的，包括食品工业基础及相关标准、食品卫生标准、食品产品标准、食品添加剂标准、食品包装材料及容器标准、食品检验方法标准。

4. 按标准的性质分类 按标准的性质可分为技术标准、管理标准和工作标准。

技术标准是指对标准化领域中需要协调统一的技术事项所制定的标准。食品工业基础及相关标准中涉及技术的一部分标准、食品产品标准、食品卫生标准、食品添加剂标准、食品包装材料及容器标准、食品检验方法标准等，其内容都规定了技术事项或技术要求，属于技术标准。

管理标准是对标准化领域中需要协调统一的管理事项所制定的标准，主要包括技术管理、生产管理、经营管理和劳动组织管理标准等。如 ISO 9000 质量管理标准、食品企业生产规范等，属于管理标准。

工作标准是对标准化领域中，需要协调统一的各类工作人员的工作事项所制定的标准。工作标准也叫工作质量标准，是对各部门、各类人员基本职责、工作要求、考核方法所做的规定，是衡量工作质量的依据和准则。

五、标准的代号和编号

（一）国家标准代号及编号

国家标准的代号由大写汉字拼音字母 GB 构成，强制性国家标准的代号为 GB，推荐性国家标准代号为 GB/T。

国家标准的编号由标准代号、标准顺序号及年号组成。

1. 强制性国家标准号 GB（强制性国家标准代号）XXXX（标准发布顺序号）—XXXX（标准发布年号）。例如：GB 7718—2011《食品安全国家标准 预包装食品标签通则》；GB 2760—2014《食品安全国家标准 食品添加剂使用标准》。

2. 推荐性国家标准号 GB/T（推荐性国家标准代号）XXXX（标准发布顺序号）—XXXX（标准发布年号）。例如：GB/T 19001—2016《质量管理体系 要求》；GB/T 40152—2021《蜂蜜中蔗糖转化酶的测定 分光光度法》。

（二）行业标准代号及编号

行业标准的编号是由行业标准代号、标准顺序号及年号组成。行业标准代号由国务院标准化行政主管部门规定。如农业为 NY，轻工为 QB，金融为 JR，卫生为 WS 等。

1. 强制性行业标准号 XX（强制性行业标准代号）XXXX（标准发布顺序号）—XXXX（标准发布年号）。例如：WS 10014—2023《学校及托幼机构饮水设施卫生规范》。

2. 推荐性行业标准号 XX/T（推荐性行业标准代号）XXXX（标准发布顺序号）—XXXX（标准发布年号）。例如：NY/T 4447—2023《肉类气调包装技术规范》。

（三）地方标准代号及编号

地方标准的代号是由汉字“地方标准”大写拼音字母“DB”加上省、自治区、直辖市行政区划代码前两位数字再加斜线组成。

1. 强制性地方标准号 DBXX/（强制性地方标准代号）XXXX（标准发布顺序号）—XXXX（标准发布年号）。

2. 推荐性地方标准代号 DBXX/T（推荐性地方标准代号）XXXX（标准发布顺序号）—XXXX（标准发布年号）。例如：DB11/T 2233—2023《绿色城市轨道交通车站评价标准》。

（四）企业标准代号及编号

企业标准代号是由汉字“企”的大写拼音字母“Q”加斜线再加企业代号组成。企业代号由企业名称简称的四个汉语拼音第一个大写字母组成。

企业标准代号及编号是由企业标准代号、企业代号、发布顺序号、食品标准代号 S、年号组成。

Q（企业标准代号）/XXXX（企业代号）XXX（企业发布顺序号）S（食品标准的代号）—XXXX（标准发布年号）。例如：山东晨朗食品有限公司 Q/SCL 0003S—2024《蔬菜干制品》。

【同步训练】

· 重点概念

1. 食品安全法 2. 标准 3. 标准化

· 课后讨论

1. 食品安全对我国经济社会发展有何影响？
2. 食品安全与质量管理如何适应数字化时代要求？

练习题

答案解析

一、选择题

1. 以下哪一项是我国食品安全法律法规体系中的法律（ ）。
   A.《中华人民共和国食品安全法》
   B.《中华人民共和国食品安全法实施条例》
   C.《广东省食品安全条例》
   D.《广东省关于食品安全管理员的管理办法》
2. 制定《中华人民共和国食品安全法》的目的是保证食品安全，保障（ ）。
   A. 公众身体健康　B. 公众生命安全
   C. 公众身体健康和生命安全　D. 社会稳定
3. 以下哪一项表达了我国确立的食品安全工作新理念（ ）。
   A. 国以民为本、民以食为天、食以安为先
   B. 预防为主、风险管控、全程控制、社会共治
   C. 食品安全管理从分段监管到统一监管
   D. “重典治乱”，强化刑事责任追究
4.《中华人民共和国食品安全法》规定，国家食品监督管理部门负责（ ）。
   A. 食品安全风险监测　B. 食品生产经营活动监督管理
   C. 食品安全标准制定　D. 进出口食品安全监督管理
5. 根据《食品安全法》的规定，食品检验实行（ ）负责制。
   A. 食品检验机构　B. 检验人
   C. 食品检验机构与检验人　D. 食品检验机构法人
6. 食品安全标准属于（ ）。
   A. 强制性国家标准　B. 推荐性国家标准
   C. 强制性地方标准　D. 推荐性地方标准

7. GB 2760—2014《食品添加剂使用标准》属于（　）。

A. 企业标准　　B. 行业标准

C. 地方标准　　D. 国家标准

8. ISO 9001《质量管理体系－要求》属于以下哪种标准（　）。

A. 技术标准　　B. 工作标准

C. 管理标准　　D. 以上都不是

9. 标准化为了在一定的范围内获得最佳秩序，对现实问题或潜在问题制定共同使用和重复使用的条款的（　）。

A. 文件　　B. 活动

C. 指南　　D. 规定

10. 以下标准属于强制性国家标准的是（　）。

A. GB14881—2016　　B. GB/T5009. 12—2010

C. NY 5028—2008　　D. NY/T 1056—2006

二、简答题

1. 叙述食品安全法在我国食品相关的法规标准中的地位和作用。

2. 简述农产品质量安全与食品安全的联系。

3. 简述食品安全标准对食品生产的重要性。

三、案例分析

2022 年 3 月，某县市场监管局执法人员在日常检查中，对位于某面食店经营的艾米果进行抽样送检。经检测，甜蜜素（以环己基氨基磺酸计）不符合国家食品安全标准，标准指标不得使用，判定为不合格。经查，当事人将面粉经销商赠送的甜蜜素用于艾米果制作，在抽检当天制作了成品 5kg，全部售出，销售金额 90 元。请分析该案例违反了食品安全法的哪些条款，并说明。

书网融合……

本章小结　　微课　　题库

项目六

食品生产许可制度

学习目标

知识目标

1. 掌握 申办食品生产许可证的条件与程序；食品生产许可审查中资料审核和现场核查的主要内容。

2. 熟悉 食品生产许可制度的内容与含义。

能力目标

1. 具备编写食品生产许可相关申请材料的能力。
2. 能够根据《食品生产企业许可审查通则》对食品企业生产必备条件进行内部现场审查。

素质目标

通过阐述实施食品生产许可制度的作用与意义，培养学生在食品安全问题上的社会责任感，增强安全食品生产全过程中的行业自律和职业道德。

任务一 认知食品生产许可

PPT

情境导入

某蜂场养殖户，在微信朋友圈、抖音直播间销售自家蜂场产出的蜂蜜、蜂王浆类产品，是否需要申请生产许可？

【任务描述】

请分析是否需要申请生产许可并进行原因描述。

【相关知识】

食品市场准入制度也称食品质量安全市场准入制度，是指为保证食品的质量安全，具备规定条件的生产者才允许进行生产经营活动，具备规定条件的食品才允许生产销售的监管制度。2015 年新修订的《中华人民共和国食品安全法》第三十五条规定：国家对食品生产经营实行许可制度。从事食品生产、食品销售、餐饮服务，应当依法取得生产许可。但是，销售食用农产品及仅销售预包装食品的，不需取得许可。

2001 年，国家质量监督检验检疫局制定了食品质量安全市场准入制度，为了保证食品的质量安全，从事食品生产的企业必须取得食品生产许可证，生产加工的食品必须经检验合格并加贴（印）食品市场准入标志（QS）之后，方可出厂销售。最初的 QS 出现在 2003 年 7 月 18 日国家质检总局颁布并实施的《食品生产加工企业质量安全监督管理办法》，对粮油等 5 大类重要食品工业产品的食品生产企业开始实施 QS 发证，并公布了发证的类别和详细要求。2010 年之前的 QS 代表的是质量安全市场准入标识，QS 是“质量安全”的英文 Quality& Safety 缩写表示，并且标注“质量安全”字样。2010 年 4 月以后，国家质检总局颁布的《关于修改 < 中华人民共和国工业产品生产许可证管理条例实施办法 > 的决定》，对 QS 的定义进行了修订，QS 是“Qiye Shengchanxuke”的缩写，代表的是企业产品生产许可，需要在食品包装上标识 QS。

2015 年 10 月，新的《食品生产许可管理办法》公布实施，2015 年 9 月 1 日后，取消 QS，改为 SC（Sheng Chan 的缩写），食品生产企业必须取得 SC 证（食品生产许可证）之后才能生产，但不需要在食品包装上标识 QS 或 SC。

2018 年 10 月 1 日起，食品包装或者标签上不再标注“QS”标志。

知识链接

实施生产许可的食品类别

市场监督管理部门按照食品的风险程度，结合食品原料、生产工艺等因素，对食品生产实施分类许可。自 2020 年 3 月 1 日起，《食品生产许可证》中“食品生产许可品种明细表”按照新修订《食品生产许可分类目录》填写。食品生产许可分类目录中将食品分为 31 类及食品添加剂。食品生产许可类别包括：粮食加工品，食用油、油脂及其制品，调味品，肉制品，乳制品，饮料，方便食品，饼干，罐头，冷冻饮品，速冻食品，薯类和膨化食品，糖果制品，茶叶及相关制品，酒类，蔬菜制品，水果制品，炒货食品及坚果制品，蛋制品，可可及焙烤咖啡产品，食糖，水产制品，淀粉及淀粉制品，糕点，豆制品，蜂产品，保健食品，特殊医学用途配方食品，婴幼儿配方食品，特殊膳食食品，其他食品及食品添加剂。实施食品生产许可的食品类别名称和品种明细则可参考国家市场监督管理总局公告（2020 年第 8 号，《关于修订公布食品生产许可分类目录的公告》）。

一、食品生产许可负责部门

为加强食品安全监督管理，规范食品生产许可审查工作，依据《食品安全法》及其实施条例、《食品生产许可管理办法》等法律法规规章的规定，2022 年 10 月 21 日，国家市场监督管理总局修订发布了《食品生产许可审查通则（2022 版）》[以下简称《通则（2022 版）》]。

《通则（2022 版）》适用于县级以上地方市场监督管理部门组织对食品（含特殊食品）和食品添加剂生产许可申请以及变更许可、延续许可等审查工作。不适用于食品生产小作坊。

为规范食品、食品添加剂生产许可活动，加强食品生产监督管理，保障食品安全，根据《中华人民共和国行政许可法》《中华人民共和国食品安全法》《中华人民共和国食品安全法实施条例》等法律法规，2020 年 3 月 1 日起施行《食品生产许可管理办法》（以下简称《办法》）。

国家市场监督管理总局负责监督指导全国食品生产许可管理工作。

县级以上地方市场监督管理部门负责本行政区域内的食品生产许可监督管理工作。

省、自治区、直辖市市场监督管理部门可以根据食品类别和食品安全风险状况，确定市、县级市场监督管理部门的食品生产许可管理权限。

保健食品、特殊医学用途配方食品、婴幼儿配方食品、婴幼儿辅助食品、食盐等食品的生产许可，由省、自治区、直辖市市场监督管理部门负责。

国家市场监督管理总局负责制定食品生产许可审查通则和细则。

省、自治区、直辖市市场监督管理部门可以根据本行政区域食品生产许可审查工作的需要，对地方特色食品制定食品生产许可审查细则，在本行政区域内实施，并向国家市场监督管理总局报告。国家市场监督管理总局制定公布相关食品生产许可审查细则后，地方特色食品生产许可审查细则自行废止。

县级以上地方市场监督管理部门实施食品生产许可审查，应当遵守食品生产许可审查通则和细则。

二、生产许可申请流程 微课

食品生产许可主要工作流程如图 6 - 1 所示。

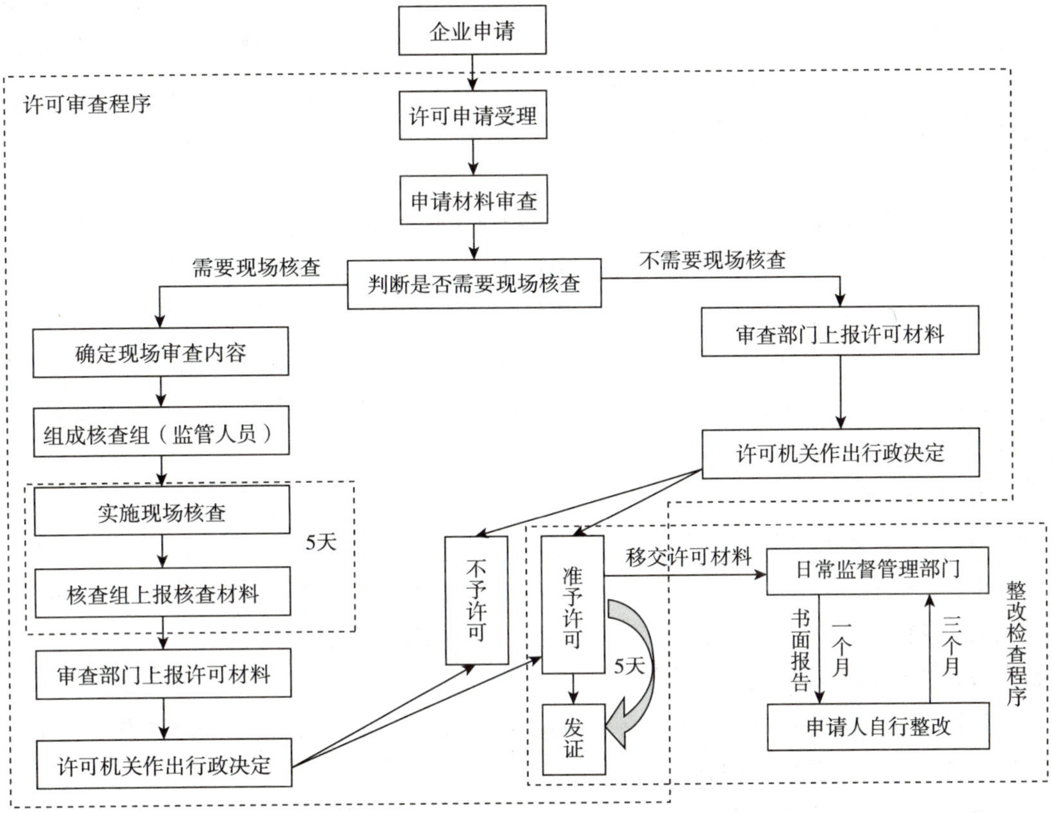

图 6 - 1　食品生产许可主要工作流程

1. 申请　申请食品生产许可，应当先行取得营业执照等合法主体资格。企业法人、合伙企业、个人独资企业、个体工商户、农民专业合作组织等，以营业执照载明的主体作为申请人。

申请食品生产许可，应当向申请人所在地县级以上地方市场监督管理部门提交食品生产许可申请。

2. 受理　县级以上地方市场监督管理部门对申请人提出的食品生产许可申请，应当根据下列情况分别做出处理。

①申请事项依法不需要取得食品生产许可的，应当及时告知申请人不受理。

②申请事项依法不属于市场监督管理部门职权范围的，应当及时作出不予受理的决定，并告知申请人向有关行政机关申请。

③申请材料存在可以当场更正的错误的，应当允许申请人当场更正，由申请人在更正处签名或者盖章，注明更正日期。

④申请材料不齐全或者不符合法定形式的，应当当场或者在 5 个工作日内一次告知申请人需要补正

的全部内容。当场告知的，应当将申请材料退回申请人；在5个工作日内告知的，应当收取申请材料并出具收到申请材料的凭据。逾期不告知的，自收到申请材料之日起即为受理。

⑤申请材料齐全、符合法定形式，或者申请人按照要求提交全部补正材料的，应当受理食品生产许可申请。

县级以上地方市场监督管理部门对申请人提出的申请决定予以受理的，应当出具受理通知书；决定不予受理的，应当出具不予受理通知书，说明不予受理的理由，并告知申请人依法享有申请行政复议或者提起行政诉讼的权利。

3. 审查与决定 县级以上地级市场监督管理部门应当对申请人提交的申请材料进行审查。需要对申请材料的实质内容进行核实的，应当进行现场核查。

市场监督管理部门可以委托下级市场监督管理部门，对受理的食品生产许可申请进行现场核查。特殊食品生产许可的现场核查原则上不得委托下级市场监督管理部门实施。现场核查应当由食品安全监管人员进行，根据需要可以聘请专业技术人员作为核查人员参加现场核查。核查人员不得少于2人。核查人员应当自接受现场核查任务之日起5个工作日内，完成对生产场所的现场核查。

除可以当场作出行政许可决定的外，县级以上地方市场监督管理部门应当自受理申请之日起10个工作日内作出是否准予行政许可的决定。因特殊原因需要延长期限的，经本行政机关负责人批准，可以延长5个工作日，并应当将延长期限的理由告知申请人。

县级以上地方市场监督管理部门应当根据申请材料审查和现场核查等情况，对符合条件的，作出准予生产许可的决定，并自作出决定之日起5个工作日内向申请人颁发食品生产许可证；对不符合条件的，应当及时作出不予许可的书面决定并说明理由，同时告知申请人依法享有申请行政复议或者提起行政诉讼的权利。

4. 变更、延续与注销

（1）食品生产许可变更 食品生产许可证有效期内，食品生产者名称、现有设备布局和工艺流程、主要生产设备设施、食品类别等事项发生变化，需要变更食品生产许可证载明的许可事项的，食品生产者应当在变化后10个工作日内向原发证的市场监督管理部门提出变更申请。

食品生产者的生产场所迁址的，应当重新申请食品生产许可。

食品生产许可证副本载明的同一食品类别内的事项发生变化的，食品生产者应当在变化后10个工作日内向原发证的市场监督管理部门报告。

食品生产者的生产条件发生变化，不再符合食品生产要求，需要重新办理许可手续的，应当依法办理。

保健食品、特殊医学用途配方食品、婴幼儿配方食品注册或者备案的生产工艺发生变化的，应当先办理注册或者备案变更手续。

市场监督管理部门决定准予变更的，应当向申请人颁发新的食品生产许可证。食品生产许可证编号不变，发证日期为市场监督管理部门作出变更许可决定的日期，有效期与原证书一致。但是，对因迁址等原因而进行全面现场核查的，其换发的食品生产许可证有效期自发证之日起计算。

因食品安全国家标准发生重大变化，国家和省级市场监督管理部门决定组织重新核查而换发的食品生产许可证，其发证日期以重新批准日期为准，有效期自重新发证之日起计算。

（2）食品生产许可延续 食品生产者需要延续依法取得的食品生产许可的有效期的，应当在该食品生产许可有效期届满30个工作日前，向原发证的市场监督管理部门提出申请。

县级以上地方市场监督管理部门应当根据被许可人的延续申请，在该食品生产许可有效期届满前作出是否准予延续的决定。

市场监督管理部门决定准予延续的，应当向申请人颁发新的食品生产许可证，许可证编号不变，有效期自市场监督管理部门作出延续许可决定之日起计算。

不符合许可条件的，市场监督管理部门应当作出不予延续食品生产许可的书面决定，并说明理由。

县级以上地方市场监督管理部门应当对变更或者延续食品生产许可的申请材料进行审查，并按照规定实施现场核查：申请人声明生产条件未发生变化的，县级以上地方市场监督管理部门可以不再进行现场核查；申请人的生产条件及周边环境发生变化，可能影响食品安全的，市场监督管理部门应当就变化情况进行现场核查。

（3）食品生产许可证的注销　食品生产者终止食品生产，食品生产许可被撤回、撤销，应当在20个工作日内向原发证的市场监督管理部门申请办理注销手续。

食品生产者申请注销食品生产许可的，应当向原发证的市场监督管理部门提交食品生产许可注销申请书。

食品生产许可被注销的，许可证编号不得再次使用。

有下列情形之一，食品生产者未按规定申请办理注销手续的，原发证的市场监督管理部门应当依法办理食品生产许可注销手续，并在网站进行公示：①食品生产许可有效期届满未申请延续的；②食品生产者主体资格依法终止的；③食品生产许可依法被撤回、撤销或者食品生产许可证依法被吊销的；④因不可抗力导致食品生产许可事项无法实施的；⑤法律法规规定的应当注销食品生产许可的其他情形。

三、食品生产许可证

食品生产许可实行一企一证原则，即同一个食品生产者从事食品生产活动，应当取得一个食品生产许可证，生产多类别食品的，在生产许可证副本中予以注明。

食品生产许可证分为正本、副本。正本、副本具有同等法律效力。食品生产许可证应当载明：生产者名称、社会信用代码（个体生产者为身份证号码）、法定代表人（负责人）、住所、生产地址、食品类别、许可证编号、有效期、发证机关、发证日期和二维码。

副本还应当载明食品明细。生产保健食品、特殊医学用途配方食品、婴幼儿配方食品的，还应当载明产品或者产品配方的注册号或者备案登记号；接受委托生产保健食品的，还应当载明委托企业名称及住所等相关信息。接受委托生产保健食品的，还应当载明委托企业名称及住所等相关信息。

食品生产许可证编号由SC（“生产”的汉语拼音字母缩写）和14位阿拉伯数字组成。数字从左至右依次为：3位食品类别编码、2位省（自治区、直辖市）代码、2位市（地）代码、2位县（区）代码、4位顺序码、1位校验码。

食品生产者应当妥善保管食品生产许可证，不得伪造、涂改、倒卖、出租、出借、转让。

食品生产者应当在生产场所的显著位置悬挂或者摆放食品生产许可证正本。

任务二　申办食品生产许可

PPT

情境导入

根据某省市场监管局2021年发布的《关于规范海参制品生产经营的通告》（以下简称《通告》）规定，在海参制品生产方面，《通告》要求，海参制品生产者应当取得食品生产许可。某海参养殖场计划自己加工即食海参，现需申办食品生产许可认证。

【任务描述】

编写海参养殖场加工即食海参的食品生产许可申报材料。

【相关知识】

一、食品生产许可的审查要求

食品生产许可审查包括申请材料审查和现场核查。

《通则（2022版）》第六条至第十四条指出，申请材料审查应当审查申请材料的完整性、规范性、符合性；申请人提供的材料是否符合食品生产的法规、标准，是否符合食品生产许可审查通则、审查细则、管理办法的要求。

《通则（2022版）》第十五条至第二十九条指出，现场审查应当审查材料与实际情况的一致性、生产条件的符合性。现场审查应深入到生产现场，对申请人的生产条件是否符合法律法规、是否符合食品生产许可要求进行实地核查。

1. 对申请人的要求 申请食品生产许可，应当符合下列条件。

①申请食品生产许可，应当先行取得营业执照等合法主体资格，申请人应当对申请材料的真实性负责。

②具有与生产的食品品种、数量相适应的食品原料处理和食品加工、包装、贮存等场所，保持该场所环境整洁，并与有毒、有害场所以及其他污染源保持规定的距离。

③具有与生产的食品品种、数量相适应的生产设备或者设施，有相应的消毒、更衣、盥洗、采光、照明、通风、防腐、防尘、防蝇、防鼠、防虫、洗涤以及处理废水、存放垃圾和废弃物的设备或者设施；保健食品生产工艺有原料提取、纯化等前处理工序的，需要具备与生产的品种、数量相适应的原料前处理设备或者设施。

④有专职或者兼职的食品安全专业技术人员、食品安全管理人员和保证食品安全的规章制度。

⑤具有合理的设备布局和工艺流程，防止待加工食品与直接入口食品、原料与成品交叉污染，避免食品接触有毒物、不洁物。

⑥法律、法规规定的其他条件。

⑦申请材料应当种类齐全、内容完整，符合法定形式和填写要求。

2. 申请材料提交的要求 申请材料应当符合《办法》规定，以电子或纸质方式提交。《通则》第七条规定：负责许可审批的市场监督管理部门要求申请人提交纸质申请材料的，应当根据食品生产许可审查、日常监管和存档需要确定纸质申请材料的份数。申请材料应当种类齐全、内容完整，符合法定形式和填写要求。

（1）申请食品生产许可 应当向申请人所在地县级以上地方市场监督管理部门提交下列材料：食品生产许可申请书、食品生产设备布局图和食品生产工艺流程图、食品生产主要设备、设施清单、专职或者兼职的食品安全专业技术人员、食品安全管理人员信息和食品安全管理制度。

申请保健食品、特殊医学用途配方食品、婴幼儿配方食品等特殊食品的生产许可，还应当提交与所生产食品相适应的生产质量管理体系文件以及相关注册和备案文件。

申请食品添加剂生产许可，应当向申请人所在地县级以上地方市场监督管理部门提交下列材料：食品添加剂生产许可申请书、食品添加剂生产设备布局图和生产工艺流程图、食品添加剂生产主要设备、设施清单、专职或者兼职的食品安全专业技术人员、食品安全管理人员信息和食品安全管理制度。

（2）食品生产许可变更申请材料　《通则（2022版）》第十条规定，申请人有下列情形之一，依法申请变更食品生产许可的，审批部门应当按照变更食品生产许可的要求审查：①现有设备布局和工艺流程发生变化的；②主要生产设备设施发生变化的；③生产的食品类别发生变化的；④生产场所改建、扩建的；⑤其他生产条件或生产场所周边环境发生变化，可能影响食品安全的；⑥食品生产许可证载明的其他事项发生变化，需要变更的。

《办法》第三十三条规定，申请变更食品生产许可的，应当提交下列申请材料：①食品生产许可变更申请书；②与变更食品生产许可事项有关的其他材料。

（3）食品生产许可延续申请材料　《办法》第三十五条规定，食品生产者申请延续食品生产许可，应当提交下列材料：①食品生产许可延续申请书；②与延续食品生产许可事项有关的其他材料。

保健食品、特殊医学用途配方食品、婴幼儿配方食品的生产企业申请延续食品生产许可的，还应当提供生产质量管理体系运行情况的自查报告。

3. 申请材料审查要求　审批部门应当对申请人提交的申请材料的完整性、规范性、符合性进行审查。

（1）完整性　①食品生产许可的申请材料符合《办法》第十三条和第十四条的要求；②食品添加剂生产许可的申请材料符合《办法》第十六条的要求。

（2）规范性　①申请材料符合法定形式和填写要求，纸质申请材料应当使用钢笔、签字笔填写或者打印，字迹应当清晰、工整，修改处应当加盖申请人公章或者由申请人的法定代表人（负责人）签名；② 申请人名称、法定代表人（负责人）、统一社会信用代码、住所等填写内容与营业执照一致；③生产地址为申请人从事食品生产活动的详细地址；④申请材料应当由申请人的法定代表人（负责人）签名或者加盖申请人公章，复印件还应由申请人注明“与原件一致”；⑤ 产品信息表中食品、食品添加剂类别，类别编号，类别名称，品种明细及备注的填写符合《食品生产许可分类目录》的有关要求。分装生产的，应在相应品种明细后注明。

（3）符合性　①申请人具有申请食品生产许可的主体资格；②食品生产主要设备、设施清单符合《办法》第十二条第（二）项和相应审查细则要求；③食品生产设备布局图和食品生产工艺流程图完整、准确，布局图按比例标注，设备布局、工艺流程合理，符合《办法》第十二条第（一）项和第（四）项要求，符合相应审查细则和所执行标准要求；④申请人配备专职或者兼职的食品安全专业技术人员和食品安全管理人员，符合相应审查细则要求，符合《中华人民共和国食品安全法》第一百三十五条的要求；⑤ 食品安全管理制度清单内容符合《办法》第十二条第（三）项和相应审查细则要求。

4. 材料审查的判定结果　《通则（2022版）》第十四条指出，审批部门对申请人提交的食品生产申请材料审查，符合有关要求不需要现场核查的，应当按规定程序作出行政许可决定。对需要现场核查的，应当及时作出现场核查的决定，并组织现场核查。

《办法》第二十一条指出，县级以上地方市场监督管理部门应当对申请人提交的申请材料进行审查。需要对申请材料的实质内容进行核实的，应当进行现场核查。

知识链接

应当组织现场核查的情形

对下列情形进行现场核查：①属于《通则（2022版）》第八条申请食品生产许可情形的；②属于《通则（2022版）》第十条变更食品生产许可情形第一至五项，可能影响食品安全的；③属于《通则（2022版）》第十二条延续食品生产许可情形的，申请人声明生产条件或周边环境发生变化，可能影响食品安全的；④需要对申请材料内容、食品类别、与相关审查细则及执行标准要求相符情况进行核实的；⑤因食品安全国家标准发生重大变化，国家和省级市场监督管理部门决定组织重新核查的；⑥法律、法规和规章规定需要实施现场核查的其他情形。

对下列情形可以不再进行现场核查：①特殊食品注册时已完成现场核查的（注册现场核查后生产条件发生变化的除外）；②申请延续换证，申请人声明生产条件未发生变化的。

二、申请材料审查与现场核查

《通则（2022版）》第十七条规定，审批部门或其委托的下级市场监督管理部门实施现场核查前，应当组建核查组，制作并及时向申请人、实施食品安全日常监督管理的市场监督管理部门（以下称日常监管部门）送达《食品生产许可现场核查通知书》，告知现场核查有关事项，核查组依据《办法》《通则（2022版）》和具体产品的审查细则对申请人的申请材料和生产场所进行核查。

1. 申请材料审查

（1）核查食品安全管理制度　核查组依据法律法规规定，核查申请人制定的组织生产食品的各项质量安全管理制度是否完备，文本内容是否符合要求。

（2）核查岗位责任制度　核查申请人制定的食品安全专业技术人员、管理人员岗位分工是否与生产相适应，岗位职责文本内容、说明等对相关人员专业、经历要求是否明确。

2. 现场核查　《办法》第二十一条指出，市场监督管理部门可以委托下级市场监督管理部门，对受理的食品生产许可申请进行现场核查。特殊食品生产许可的现场核查原则上不得委托下级市场监督管理部门实施。

核查人员应当自接受现场核查任务之日起5个工作日内，完成对生产场所的现场核查。

（1）现场检查的内容　《通则（2022版）》第二十三条指出，现场核查范围主要包括生产场所、设备设施、设备布局和工艺流程、人员管理、管理制度及其执行情况，以及试制食品检验合格报告。

①生产场所　核查申请人提交的材料是否与现场一致，其生产场所周边和厂区环境、布局和各功能区划分、厂房及生产车间相关材质等是否符合有关规定和要求。申请人在生产场所外建立或者租用外设仓库的，应当承诺符合《食品、食品添加剂生产许可现场核查评分记录表》中关于库房的要求，并提供相关影像资料。必要时，核查组可以对外设仓库实施现场核查。

②设备设施　核查申请人提交的生产设备设施清单是否与现场一致，生产设备设施材质、性能等是否符合规定并满足生产需要；申请人自行对原辅料及出厂产品进行检验的，是否具备审查细则规定的检验设备设施，性能和精度是否满足检验需要。

③设备布局和工艺流程　核查申请人提交的设备布局图和工艺流程图是否与现场一致，设备布局、工艺流程是否符合规定要求，并能防止交污染。实施复配食品添加剂现场核查时，核查组应当依据有关规定，根据复配食品添加剂的品种特点，核查复配食品添加剂的配方组成、有害物质及致病菌是否符合食品安全国家标准。

④人员管理　核查申请人是否配备申请材料所列明的食品安全管理人员及专业技术人员；是否建立生产相关岗位的培训及从业人员健康管理制度；从事接触直接入口食品工作的食品生产人员是否取得健康证明。

⑤管理制度　核查申请人的进货查验记录、生产过程控制、出厂检验记录食品安全自查、不安全食品召回、不合格品管理、食品安全事故处置及审查细则规定的其他保证食品安全的管理制度是否齐全，内容是否符合法律法规等相关规定。

⑥试制产品检验合格报告　现场核查时，核查组可以根据食品生产工艺流程等要求，按申请人生产食品所执行的食品安全标准和产品标准核查试制食品检验合格报告。实施食品添加剂生产许可现场核查时，可以根据食品添加剂的品种，按申请人生产食品添加剂所执行的食品安全标准核查试制食品添加剂检验合格报告。

试制产品检验合格报告可以由申请人自行检验，或者委托有资质的食品检验机构出具。试制产品检验报告的具体要求按审查细则的有关规定执行。

（2）食品、食品添加剂生产许可现场核查评分记录表见《通则（2022 版）》附件 2《食品、食品添加剂生产许可现场核查评分记录表》。

（3）现场检查工作程序

①首次会议　会议由检查组长主持，参加人员：核查组成员、观察员以及申请人的法定代表人（负责人）或者其他代理人、相关食品安全管理人员和专业技术人员，并在《食品、食品添加剂加工生产许可现场核查首次会议签到表》上签名。

会议主要内容：核查组、受核查企业负责人介绍双方参会人员；核查组长介绍本次核查的目的、依据、范围；企业领导简要介绍企业情况；核查组长介绍核查内容、核查的原则（科学、公正、客观）、抽样的原则和规定、核查的方法（查、看、听、考）、形成的结论文件、核查组人员分工、廉洁声明，并向企业递交《廉洁信息反馈表》、为企业营运和技术机密保密的承诺、核查计划和时间分配、明确企业联系人、观察员承诺客观公正履行监督职责。

②核查　核查组应当依据《通则（2022 版）》附件 2 中所列现场核查的要求，采取核查场所及设备、查阅文件、核实材料及询问相关人员等方法实施现场核查。

必要时，核查组可以对申请人的食品安全管理人员、专业技术人员进行抽查考核。

③核查组碰头会　《通则（2022 版）》第二十四条指出，根据现场核查情况，核查组长应当召集核查人员共同研究各自负责核查项目的得分，汇总核查情况，形成初步核查意见。

核查组应当就初步核查意见向申请人的法定代表人（负责人）通报，并听取其意见。

《通则（2022 版）》第二十五条指出，核查组对初步核查意见和申请人的反馈意见会商后，应当根据不同类别名称的食品现场核查情况分别评分判定，形成核查结论，并汇总填写《食品、食品添加剂生产许可现场核查报告》（附件 3）。

④末次会议　《通则（2022 版）》第二十六条指出，参加末次会议人员范围与参加首次会议人员相同，参会人员应当在《食品、食品添加剂生产许可现场核查末次会议签到表》（附件 4）上签名。

核查组长宣布核查结论。核查人员及申请人的法定代表人（负责人）应当在《食品、食品添加剂生产许可现场核查评分记录表》《食品、食品添加剂生产许可现场核查报告》上签署意见并签名、盖章。观察员应当在《食品、食品添加剂生产许可现场核查报告》上签字确认。

《食品、食品添加剂生产许可现场核查报告》一式两份，现场交申请人留存一份，核查组留存一份。

申请人拒绝签名、盖章的，核查组长应当在《食品、食品添加剂生产许可现场核查报告》上注明情况。

（4）审查结果与整改　《通则（2022 版）》第二十八条指出，核查组应当自接受现场核查任务之日起 5 个工作日内完成现场核查，并将《食品、食品添加剂生产许可核查材料清单》（附件 5）所列的相关材料上报委派其实施现场核查的市场监督管理部门。

审批部门应当根据申请材料审查和现场核查等情况，对符合条件的，作出准予食品生产许可的决定，颁发食品生产许可证；对不符合条件的，应当及时作出不予许可的书面决定并说明理由，同时告知申请人依法享有申请行政复议或者提起行政诉讼的权利。

现场核查结论判定为通过的婴幼儿配方食品、特殊医学用途配方食品申请人应当立即对现场核查中发现的问题进行整改，整改结果通过验收后，审批部门颁发食品生产许可证；申请人整改直至通过验收所需时间不计入许可时限。

作出准予食品生产许可决定的，审批部门应当及时将申请人的申请材料及相关许可材料送达申请人的日常监管部门。

现场核查结论判定为通过的，申请人应当自作出现场核查结论之日起 1 个月内完成对现场核查中发现问题的整改，并将整改结果向其日常监管部门书面报告。

因不可抗力原因，申请人无法在规定时限内完成整改的，应当及时向其日常监管部门提出延期申请。

申请人的日常监管部门应当在申请人取得食品生产许可后 3 个月内对获证企业开展一次监督检查。对已实施现场核查的企业，重点检查现场核查中发现问题的整改情况；对申请人声明生产条件未发生变化的延续换证企业，重点检查生产条件保持情况。

知识链接

核查组成员组成及职责

《办法》第二十一条规定了现场核查由食品安全监管人员组成，《通则（2022 版）》进一步细化了对核查人员的要求，除规定核查组由食品安全监管人员组成，根据需要可以聘请专业技术人员作为核查人员参加现场核查。核查人员应当具备满足现场核查工作要求的素质和能力，与申请人存在直接利害关系或者其他可能影响现场核查公正情形的，应当回避。核查组中食品安全监管人员不得少于 2 人，实行组长负责制。实施现场核查的市场监督管理部门应当指定核查组组长。核查组应当确保核查客观、公正、真实，确保核查报告等文书和记录完整、准确、规范。核查组组长负责组织现场核查、协调核查进度、汇总核查结论、上报核查材料等工作，对核查结论负责。核查组成员对现场核查分工范围内的核查项目评分负责，对现场核查结论有不同意见时，及时与核查组组长研究解决，仍有不同意见时，可以在现场核查结束后 1 个工作日内书面向审批部门报告。

【同步训练】

· 重点概念

1. 食品生产许可制度的具体要求　　2. 申办食品生产许可证的条件

· 课后讨论

1. 食品生产许可制度的出台有何意义？
2. 食品生产许可证如何正确使用？

答案解析

练习题

一、选择题

1. 食品生产许可证编号由SC（“生产”的汉语拼音字母缩写）和（ ）位阿拉伯数字组成。

A. 13　　B. 14　　C. 15　　D. 16

2. 食品生产许可证有效期为（ ）年。

A. 2　　B. 3　　C. 4　　D. 5

3. 食品生产者需要延续依法取得的食品生产许可的有效期的，应当在该食品生产许可有效期届满（ ）个工作日前，向原发证的市场监督管理部门提出申请。

A. 5　　B. 10　　C. 15　　D. 30

4. 核查组实施现场核查时，应当依据（ ）所列现场核查的要求，采取核查场所及设备、查阅文件、核实材料及询问相关人员等方法实施现场核查。

A.《食品、食品添加剂生产许可现场核查报告》

B.《食品、食品添加剂生产许可现场核查评分记录表》

C.《现场核查首次会议签到表》

D.《食品、食品添加剂生产许可核查材料清单》

5. 申请材料应当由申请人的（ ）签名或者加盖申请人公章，复印件还应由申请人注明“与原件一致”。

A. 法定代表人或负责人　　B. 食品安全质量责任人

C. 体系负责人　　D. 企业董事长

二、简答题

1. 食品生产许可程序包括哪些步骤？
2. 食品生产许可申请材料有哪些？
3. 食品生产许可现场核查的程序是什么？
4. 新食品生产许可中对食品是如何分类的？

三、案例分析题

1. 某科技公司，在网络渠道销售预包装土鸡蛋，包装做得很高大上，写了XXX科技发展有限公司，该公司未进行食品生产许可申报，这合法吗？

2. 某食品公司，依法取得食品生产许可证，许可项目为蔬菜制品。该公司生产即调味海带，被消费者举报的属地市场监管局，执法人员经调查取证后，发现该公司确实生产了即食海带，而且已经生产2个月，执法人员以即食海带丝属于即食水产制品，该公司未取得即食水产制品的生产许可，对该公司以食品安全法第一百二十二条（即未经许可生产从事食品生产经营活动）进行了处罚。这种处罚合理吗？

书网融合……

本章小结　　微课　　题库

项目七

食品良好生产规范

学习目标

知识目标

1. **掌握** 我国食品良好生产规范的主要内容。
2. **熟悉** 我国乳制品企业良好生产规范的认证程序。
3. **了解** 国际上食品良好生产规范的相关标准。

能力目标

1. 能够依据食品安全国家标准食品生产通用卫生规范指导食品企业生产。
2. 能够依据食品良好生产规范对食品企业进行现场审核。

素质目标

通过本项目的学习，帮助学生树立食品质量安全观，严格遵循食品良好生产规范，做一个知法守法的食安人。

情境导入

2019 年 7 月 25 日，某区市场监管局执法人员现场检查中，发现某食品有限公司车间内地面有破损现象，且破损处部分有积水，车间工作人员未戴帽操作，油豆腐车间的天花板有霉斑。现场查时发现该公司在未经申请变更的情况下，擅自在其审核的 2 个仓库内放置了磨浆机、榨油泡器以及豆浆缸等设备，并安排人进行油豆腐的生产。当事人当日生产的豆制品抽样检验结果显示苯甲酸食品添加剂使用标准，判定不合格。

【任务描述】

请找出不符合食品生产规范的现象并进行描述。

1. 该企业有存在哪一些不符合食品良好生产规范的行为，有什么风险？
2. 如果企业生产地点需要变更，申请变更有哪些程序和要求？

【相关知识】

《药品生产质量管理规范》（Good Manufacturing Practice of Medical Products，GMP）是药品生产和质量管理的基本准则，适用于药品制剂生产的全过程和原料药生产中影响成品质量的关键工序。大力推行药品 GMP，是为了最大限度地避免药品生产过程中的污染和交叉污染，降低各种差错的发生，是提高药品质量的重要措施。

世界卫生组织，20 世纪 60 年代中开始组织制订药品 GMP，中国则从 20 世纪 80 年代开始推行。

1988 年颁布了中国的药品 GMP，并于 1992 年作了第一次修订。近年来，中国推行药品 GMP 取得了一定的成绩，一批制药企业（车间）相继通过了药品 GMP 认证和达标，促进了医药行业生产和质量水平的提高。

任务一 认识良好生产规范 微课

PPT

一、食品 GMP 的概念

GMP 是英文“good manufacture practice”的缩写，中文意思是良好生产规范或良好操作规范。良好生产规范在食品中的应用，即食品 GMP。食品 GMP 是指生产（加工）符合食品标准或食品法规的食品所必须遵循的，经国家食品相关监督管理部门认可的强制性作业规范。其主要解决食品生产中的质量问题和安全卫生问题，其核心为良好的生产设备和卫生设施、合理的生产工艺、完善的质量管理和控制体系。

具体表现为保障食品安全而制定的贯穿食品生产全过程一系列措施、方法和技术要求，也是一种注重制造过程中产品质量和安全卫生的自主性管理制度。它要求食品生产企业应具有良好的生产设备、合理的生产过程、完善的卫生与质量和严格的检测系统，以确保食品的安全性和质量符合标准。国际上，为了确保食品生产加工有足够的软硬件保障，食品领域的 GMP 多以法律、法规和技术规范等形式体现，是对食品生产经营企业强制性的要求。

二、食品 GMP 的起源

食品良好生产规范（Good Manufacturing Practice，GMP）起源于美国药品生产，第二次世界大战期间发生了几次较大的药品灾难，使人们逐步认识到以成品抽样分析检验结果为依据的质量控制方法并不能保证药品安全。

良好生产规范（GMP）是美国首创的一种保障产品质量的管理方法。1963 年美国食品药品管理局（FDA）根据修改法的规定，制定了世界上第一部药品的 GMP，并通过美国国会第一次以法令的形式予以颁布，并于 1964 年开始实施。1969 年，FDA 将实施 GMP 管理的观点引用到食品的生产法规中，公布了《食品制造、加工、包装储存的现行良好操作规范》，简称 FGMP（GMP）基本法。1996 年版的美国 CGMP（近代食品制造、包装和储存）第 110 节内容包括：定义、现行良好生产规范、人员、厂房及地面、卫生操作、卫生设施和设备维修、生产过程及控制、仓库与运销、食品中天然的或不可避免的危害控制等。

世界卫生组织（WHO）在 1969 年第 22 届世界卫生大会上，向各成员国首次推荐了 GMP。自美国之后，日本、英国、德国、澳大利亚、新加坡、中国等很多国家都积极引进食品 GMP。

食品领域的国际标准化组织主要有国际标准化组织（ISO）、联合国粮食与农业组织和世界卫生组织下属的食品法典委员会（FAO/WHO CAC）、国际乳品联合会（IDF）、国际葡萄与葡萄酒局（IWO）、世界动物卫生组织（OIE）、国际植物保护公约（IPPC）等，其中 ISO、CAC、OIE、IPPC 四大标准组织是世界贸易组织（WTO）认可的国际标准化组织。

三、国外食品 GMP 简介

（一）国际食品法典委员会

国际食品法典委员会（CAC）成立于 1963 年，是政府间有关食品管理法规、标准问题的协调机构。

现有180个成员国，覆盖全球人口的98%，我国也是CAC成员国之一。CAC目前有25个分委会和5个地区委员会。CAC工作内容是制定食品法典标准、最大残留限量、操作规范和指南。CAC的标准涉及各种食品包括肉、水果和蔬菜、鱼还有食用冰、果汁及瓶装水等。符合CAC食品标准的产品可为各国所接受，并可进入国际市场。

CAC颁布的国际标准及文件共有13卷，包括237个食品产品标准，41个卫生或技术规范，2374种农药残留限量、1005种食品添加剂、有关农药兽药的规定。其中卫生规范有《CAC/RCP 53—2003 新鲜水果和蔬菜卫生操作规范》《CAC/RCP 66—2008 婴幼儿配方乳粉卫生操作规范》《CAC/RCP 39—1993 大众餐饮半成品及熟食卫生操作规范》《CAC/RCP 8—1976 速冻食品加工和处理操作规范》《CAC/RCP 57—2004 牛奶和奶制品卫生操作规范》《CAC/RCP 1—1969 食品卫生加工操作规范通用标准》《CAC/RCP 48—2001 瓶装/包装饮用水卫生标准》《CAC/RCP 5—1971 脱水水果和蔬菜（包括食用菌）卫生操作规范》《CAC/RCP 3—1969 果干卫生操作规范》《CAC/RCP 40—1993 低酸性食品的无菌操作和包装卫生操作规范》《CAC/RCP 15—1976 蛋和蛋制品的卫生操作规范》《CAC/RCP 58—2005 肉类卫生规范》等。

（二）美国

1969年美国FDA制定了《食品良好操作规范》，最初是作为《联邦法规法典（CFR）》第21部分Part128公布的。1977年21CFR Part128进行了重新的编撰，并公布为21CFR Part110。1986年，美国FDA对GMP进行了最终修订。美国GMP（21 CFR part 110）法规适用于所有食品，作为食品的生产、包装、贮藏卫生品质管理体制的技术基础，具有法律上的强制性。主要内容包括：A分部——总则：定义、现行的良好操作规范、人员、例外情况；B分部——建筑物与设施，即厂房和场地、卫生操作、设施卫生和控制；C分部——设备，食品生产加工所需设备和工器具；D分部——（用作预留未来补充）；E分部——生产和加工控制、仓储和分销；F分部——（用作预留未来补充）；G部分——缺陷水平。

20世纪70年代初期，FDA为了加强对食品的管理，根据美国《食品药物化妆品法》第402条的规定："凡在不卫生的条件下生产、包装或贮存的食品或不符合生产食品条件下生产的，并由此导致污染，或者由此危及健康的食品被视为不卫生、不安全的伪劣食品"，制定了适用于一切食品的加工生产和贮存的良好操作规范（21 CFR part110），并相继制定了各类食品的操作规范，如：21 CFR part 106适用于婴儿食品的营养品质控制；21 CFR part 113适用于低酸罐头食品加工企业；21 CFR part 114适用于酸化食品加工企业；21 CFR part 129适用于瓶装饮料。其中"21 CFR part 110：适用于一切食品的加工生产和贮存"是基本指导性文件，包括了企业的厂房、建筑物与设施、加工设备用具、人员卫生要求、食品生产、加工、包装、贮存、环境与设备卫生管理、加工过程控制管理都做了详细规定，大大推动了食品GMP体系的发展。

（三）欧盟（EU）

欧盟对食品生产、进口和投放市场的卫生规范与要求包括以下六类：①对疾病实施控制的规定；②对农药残留、兽药残留实施控制的规定；③对食品生产、投放市场的卫生规定；④对检验实施控制的规定；⑤对第三国食品准入的控制规定；⑥对出口国当局卫生证书的规定。

（四）加拿大

加拿大政府采纳了一些国际组织的GMP并结合本国实际情况，制定了本国的GMP，并要求强制执行。由加拿大卫生部（HPB）制定了实施GMP的基础计划，将GMP定义为一个食品加工企业在良好的环境条件下加工生产安全、卫生的食品所采取的基本的控制步骤或程序。其内容包括：厂房、运输和贮存、设备、人员、卫生和虫害的控制、回收等。

四、食品 GMP 在中国的发展及应用

1984 年，原国家商检局首先制定了类似 GMP 的卫生法规《出口食品厂、库最低卫生要求》；几经修改后，于 1994 年发布了《出口食品厂、库卫生要求》；2002 年 4 月，国家质量监督检验检疫总局颁布《出口食品生产企业卫生注册登记管理规定》，这一规定的附件二相当于我国最新的食品 GMP。

自 1988 年我国开始制定食品企业卫生规范，以国家标准的形式予以发布，20 世纪 90 年代国家制定了 GB 14881—1994《食品企业通用卫生规范》强制性标准规范，类似于国外广泛应用的 GMP 管理方法。

2013 年，根据《食品安全法》，通过整合食品生产经营过程的卫生要求标准，将形成以 1 个通用 GB 14881—2013《食品安全国家标准 食品生产通用卫生规范》为基础、40 余项涵盖主要食品类别的生产类规范 28 项、经营类规范 4 项和 2 项餐饮卫生规范食品安全标准体系，这些卫生规范都体现了 GMP 管理的基本内容和要求，现执行的卫生规范如下。

GB 12694—2016 食品安全国家标准　畜禽屠宰加工卫生规范

GB 12695—2016 食品安全国家标准　饮料生产卫生规范

GB 12696—2016 食品安全国家标准　发酵酒及其配制酒生产卫生规范

GB 13122—2016 食品安全国家标准　谷物加工卫生规范

GB 17403—2016 食品安全国家标准　糖果巧克力生产卫生规范

GB 17404—2016 食品安全国家标准　膨化食品生产卫生规范

GB 12693—2023 食品安全国家标准　乳制品良好生产规范

GB 18524—2016 食品安全国家标准　食品辐照加工卫生规范

GB 19303—2023 熟肉制品企业生产卫生规范

GB 19304—2018 食品安全国家标准　包装饮用水生产卫生规范

GB 20799—2016 食品安全国家标准　肉和肉制品经营卫生规范

GB 20941—2016 食品安全国家标准　水产制品生产卫生规范

GB 21710—2016 食品安全国家标准　蛋与蛋制品生产卫生规范

GB 22508—2016 食品安全国家标准　原粮储运卫生规范

GB 31603—2015 食品安全国家标准　食品接触材料及制品生产通用卫生规范

GB 31621—2014 食品安全国家标准　食品经营过程卫生规范

GB 31641—2016 食品安全国家标准　航空食品卫生规范

GB 31646—2018 食品安全国家标准　速冻食品生产和经营卫生规范

GB 31647—2018 食品安全国家标准　食品添加剂生产通用卫生规范

GB 31650—2020 食品安全国家标准　食品冷链物流卫生规范

GB 31651—2021 食品安全国家标准　餐（饮）具集中消毒卫生规范

GB 31654—2021 食品安全国家标准　餐饮服务通用卫生规范

GB 8950—2016 食品安全国家标准　罐头食品生产卫生规范

GB 8951—2016 食品安全国家标准　蒸馏酒及其配制酒生产卫生规范

GB 8952—2016 食品安全国家标准　啤酒生产卫生规范

GB 8953—2018 食品安全国家标准　酱油生产卫生规范

GB 8954—2016 食品安全国家标准　食醋生产卫生规范

GB 8955—2016 食品安全国家标准　食用植物油及其制品生产卫生规范

GB 8956—2016 食品安全国家标准　蜜饯生产卫生规范

GB 8957—2016 食品安全国家标准　糕点、面包卫生规范

在我国实施食品 GMP 的意义：为食品生产过程提供一套必须遵循的组合标准；有助于食品生产企业采用新技术、新设备，保证食品质量；为卫生行政部门提供监督检查依据；便于食品的国际贸易。

五、《食品生产通用卫生规范》的修订情况

1. 修订的背景及意义　原《食品企业通用卫生规范》（GB14881—1994）自发布以来，对规范我国食品生产企业加工环境，提高从业人员食品卫生意识，保证食品产品的卫生安全方面起到了积极作用。近些年来，随着食品生产环境、生产条件的变化，食品加工新工艺、新材料、新品种不断涌现，食品企业生产技术水平进一步提高，对生产过程控制提出了新的要求，原标准的许多内容已经不能适应食品行业的实际需求。

《食品安全法》对食品生产经营过程应符合的卫生要求做了明确规定。《食品安全法》第四章“食品生产经营”对厂房布局、设备设施、人员卫生等提出了具体要求，还特别规定了禁止生产经营“用非食品原料生产的食品或者添加食品添加剂以外的化学物质和其他可能危害人体健康物质的食品”以及“混有异物、掺杂使假”的食品等。依据《食品安全法》对食品生产经营过程的卫生要求规定，新的《食品生产通用卫生规范》进一步细化了食品生产过程控制措施和要求，增强了技术内容的通用性和科学性，反映了食品行业发展实际，有利于企业加强自身管理，满足政府监管和社会监督需要。

2. 主要修订内容　与 GB14881—1994 相比，新标准主要有以下六方面变化。

（1）强化了源头控制，对原料采购、验收、运输和贮存等环节食品安全控制措施做了详细规定。

（2）加强了过程控制，对加工、产品贮存和运输等食品生产过程的食品安全控制提出了明确要求，并制定了控制生物、化学、物理等主要污染的控制措施。

（3）加强生物、化学、物理污染的防控，对设计布局、设施设备、材质和卫生管理提出了要求。

（4）增加了产品追溯与召回的具体要求。

（5）增加了记录和文件的管理要求。

（6）增加了附录 A“食品加工环境微生物监控程序指南”。

六、本标准与各类良好生产规范、危害分析与关键控制点体系的关系

（1）本标准规定了原料采购、加工、包装、贮存和运输等环节的场所、设施、人员的基本要求和管理准则，并制定了控制生物、化学、物理污染的主要措施。在内容上涵盖了从原料到产品全过程的食品安全管理要求，并突出了在生产过程关键环节对各种污染因素的分析和控制要求。本标准体现了良好生产规范（GMP）从厂房车间、设施设备、人员卫生、记录文档等硬件和软件两方面对企业总体、全面的食品安全要求，也体现了危害分析和关键控制点体系（HACCP）针对企业内部高风险环节预先做好判断和控制的风险管理思想。食品生产企业可以在执行本标准的基础上建立 HACCP 等食品安全管理体系，进一步提升食品安全管理水平。

（2）和其他食品安全国家标准的衔接。本标准是食品生产必须遵守的基础性标准。企业在生产食品时所使用的食品原料、食品添加剂和食品相关产品以及最终产品均应符合相关食品安全法规标准的要求，如《食品安全国家标准食品中污染物限量》（GB2762—2022）、《食品安全国家标准预包装食品中致病菌限量》（GB29921—2021）、《食品添加剂使用标准》（GB2760—2021）、《食品安全国家标准预包装食品标签通则》（GB7718—2022）、《食品安全国家标准预包装食品营养标签通则》（GB28050－2022）等。

任务二　熟悉我国食品良好生产规范的要求

PPT

情境导入

2020年2月20日，某市场监管局执法人员现场检查中，发现该市某食品有限公司加工风味散装鲅鱼、银鱼产品过程中存在超范围使用食品添加剂日落黄，货值金额共计11.93万元。本案经法院判决，该公司刘某、神某犯生产、销售伪劣产品罪，分别处罚金人民币8万元，判处刘某有期徒刑十个月，缓刑一年，判处神某有期徒刑六个月，缓刑一年。两人五年内不得申请食品生产经营许可，终身不得从事食品生产经营管理工作，也不得担任食品生产经营企业食品安全管理人员。

【任务描述】

请找出不符合食品生产规范的现象并进行描述。

1. 该企业有存在哪一些不符合食品GMP的行为?
2. 食品中常见添加剂有哪一些，生产中是否可以随意增减用量或者改变种类?

【相关知识】

食品安全国家标准食品生产通用卫生规范所规定的内容，是食品生产企业必须达到的最基本的条件。GMP要求食品生产企业应具备与其生产品种、规模相适应的良好的生产设备、合理的生产过程、完善的质量管理和严格的检测系统，能够确保最终产品的质量（包括食品安全卫生）符合相应产品国家法规和标准要求，企业内控标准要求一般严于国家标准。食品GMP分通则与专则两种，通则适用所有食品生产企业，专则依个别产品性质不同及实际需要予以制定。无论通则还是专则，均以强制性国家标准规定来实行。根据《食品生产通用卫生规范》，我国食品良好生产规范包括了厂区选址设计与车间的卫生要求、设施与设备卫生要求、卫生管理、食品原料及食品添加剂和食品相关产品、生产过程的食品安全控制、检验、食品的贮存和运输、产品召回管理、培训、质量管理制度和人员、记录和文件管理等方面的内容，详细内容见国家食品安全标准《GB14881—2023 食品生产通用卫生规范》。

一、选址及厂区内外部环境要求

1. 选址及厂区环境要求　厂区环境包括厂区周边环境和厂区内部环境，工厂应从基础设施（含厂区布局规划、厂房设施、路面、绿化、排水等）的设计建造到其建成后的维护、清洁等，实施有效管理，确保厂区环境符合生产要求，厂房设施能有效防止外部环境的影响。

2. 厂区外部环境要求　食品生产企业的选址及厂区环境与食品安全密切相关。适宜的厂区周边环境可以避免外界污染因素对食品生产过程的不利影响。在选址时需要充分考虑来自外部环境的有毒有害因素对食品生产活动的影响，如工业废水、废气、农业投入品、粉尘、放射性物质、虫害等。如果工厂周围无法避免的存在类似影响食品安全的因素，则应从硬件、软件方面考虑，采取有效的措施加以控制和预防。

二、厂房和车间设计

厂房和车间的设计布局主要包括总体平面布置（解决工厂各个组成部分，包括生产车间、辅助生产车间、仓库、动力站、办公室等各种作业单位和运输线路设施的相互关系，解决物料流向和流程、厂内外运输的连接）和车间布置（解决工作地、设备、通道、管线之间和相互位置，解决物料搬运的流程及运输方式）、建筑内部结构与材料。良好的厂房和车间的设计布局有利于使人员、物料流动有序，设备安装位置合理，减少交叉污染导致发生质量安全事故的风险。食品生产企业应从原材料采购至成品上市流通，从人流、物流、气流等因素综合考虑，统筹厂房和车间的设计布局，兼顾工艺、经济、安全等原则，满足食品卫生操作要求，预防和降低产品受到污染或交叉污染的风险。

三、设施与设备

企业设施与设备是否充足和适宜，不仅对企业正常生产运作、提高生产效率起到关键作用，同时也直接或间接地影响产品的安全性和质量的稳定性。正确选择设施与设备所用的材质以及合理配置、安装设施与设备，有利于创造和维护食品卫生与安全的生产环境，降低生产环境及设备使产品受到直接污染或交叉污染的风险，预防和控制食品安全事故发生。设施与设备涉及生产过程控制的各直接或间接的环节，其中包括供、排水设施、清洁、消毒设施、废弃物存放设施、个人卫生设施、通风设施、照明设施、仓储设施、温控设施等；设备包括生产设备、监控设备，以及设备的保养和维修等。

四、质量管理制度

完备的管理制度是生产安全食品的重要保障。企业的食品安全管理制度是涵盖从原料采购到食品加工、包装、贮存、运输等全过程，具体包括食品安全管理制度、设备保养和维修制度、卫生管理制度、从业人员健康管理制度、食品原料、食品添加剂和食品相关产品的采购、验收、运输和贮存管理制度、进货查验记录制度、食品原料仓库管理制度、防止化学污染的管理制度、防止异物污染的管理制度、食品出厂检验记录制度、食品召回制度、培训制度、记录和文件管理制度等。

五、人员与培训

食品安全的关键在于生产过程控制，而过程控制的关键在人。企业是食品安全的第一责任人，可采用先进的食品安全管理体系和科学的分析方法有效预防或解决生产过程中的食品安全问题，但这些都需要由相应的人员去操作和实施。所以对食品生产管理者和生产操作者等从业人员的培训，是企业确保食品安全最基本的保障措施。企业应按照工作岗位的需要，对食品加工及管理人员进行有针对性的食品安全培训，培训的内容包括：现行的法规标准、食品加工过程中卫生控制的原理和技术要求、个人卫生习惯和企业卫生管理制度、操作过程的记录等，提高员工对执行企业卫生管理等制度的能力和意识。

六、卫生管理

关于食品生产企业的卫生管理，包括卫生管理制度、厂房及设施卫生管理、食品加工人员健康管理与卫生要求、虫害控制、废弃物处理、工作服管理等六个方面的内容。卫生管理贯穿于食品整个生产过程，从原料采购到出厂管理。卫生管理是食品生产企业食品安全管理的核心内容，涵盖管理制度、厂房与设施、人员健康与卫生、虫害控制、废弃物、工作服等方面管理。以虫害控制为例，食品生产企业常见的虫害一般包括老鼠、苍蝇、蟑螂等，其活体、尸体、碎片、排泄物及携带的微生物会引起食品污染，导致食源性疾病传播，因此食品企业应建立相应的虫害控制措施和管理制度。

七、食品原料、食品添加剂和食品相关产品控制

如何控制食品原料、食品添加剂和食品相关产品的安全，主要包括一般要求、食品原料、食品添加剂、食品相关产品、其他等要求。有效管理食品原料、食品添加剂和食品相关产品等物料的采购和使用，确保物料合格是保证最终食品产品安全的先决条件。食品生产者应根据国家法规标准的要求采购原料，根据企业自身的监控重点，采取适当措施保证物料合格。可现场查验物料供应企业是否具有生产合格物料的能力，包括硬件条件和管理；应查验供货者的许可证和物料合格证明文件，如产品生产许可证、动物检疫合格证明、进口卫生证书等，并对物料进行验收审核。在贮存物料时，应依照物料的特性分类存放，对有温度、湿度等要求的物料，应配置必要的设备设施。物料的贮存仓库应由专人管理，并制定有效的防潮、防虫害、清洁卫生等管理措施，及时清理过期或变质的物料，超过保质期的物料不得用于生产。不得将任何危害人体健康的非食用物质添加到食品中。此外，在食品的生产过程中使用的食品添加剂和食品相关产品应符合 GB2760、GB9685 等食品安全国家标准。

八、生产过程的食品安全控制

生产过程中的食品安全控制措施是保障食品安全的重中之重，主要包括产品污染风险控制、生物污染的控制、化学污染的控制、物理污染的控制、包装等方面。企业应高度重视生产加工、产品贮存和运输等食品生产过程中的潜在危害控制，根据企业的实际情况制定并实施生物性、化学性、物理性污染的控制措施，确保这些措施切实可行和有效，并做好相应的记录。企业宜根据工艺流程进行危害因素调查和分析，确定生产过程中的食品安全关键控制环节，并通过科学依据或行业经验，制定有效的控制措施。

如在降低微生物污染风险方面。可通过清洁和消毒能使生产环境中的微生物始终保持在受控状态，降低微生物污染的风险。应根据原料、产品和工艺的特点，选择有效的清洁和消毒方式。例如考虑原料是否容易腐败变质，是否需要清洗或解冻处理，产品的类型、加工方式、包装形式及贮藏方式，加工流程和方法等；同时，通过监控措施，验证所采取的清洁、消毒方法是否行之有效。在控制化学污染方面，应对可能污染食品的原料带入、加工过程中使用、污染或产生的化学物质等因素进行分析，如重金属、农兽药残留、持续性有机污染物、卫生清洁用化学品和实验室化学试剂等，并针对产品加工过程的特点制定化学污染控制计划和控制程序，如对清洁消毒剂应专人管理，定点放置，清晰标识，做好领用记录等；在控制物理污染方面，应注重异物管理，如玻璃、金属、砂石、毛发、木屑、塑料等，并建立防止异物污染的管理制度，制定控制计划和程序，如工作服穿着、灯具防护、门窗管理、虫害控制等。

九、检验

检验是验证食品生产过程管理措施有效性、确保食品安全的重要手段，包括检验制度、能力、管理等要求。通过检验，企业可及时了解食品生产安全控制措施上存在的问题，及时排查原因，并采取改进措施。企业对各类样品可以自行进行检验，也可以委托具备相应检验检测资质的食品检验机构进行检验。企业开展自行检验应具有相应专业技术人员及配备相应的检验设备、试剂、标准样品等，建立实验室管理制度，明确各检验项目的检验方法。检验人员应具备开展相应检验项目的资质，按规定的检验方法开展检验工作。为确保检验结果科学、准确，检验仪器设备精度必须符合要求。企业委托外部食品检验机构进行检验时，应选择获得相关检验检测资质的食品检验机构。企业应妥善保存检验记录，以备查询。

十、食品的贮存和运输

贮存不当易使食品腐败变质，丧失原有的营养物质，降低或失去应有的食用价值。科学合理的贮存环境和运输条件是避免食品受到污染和腐败变质、保障食品性质稳定的重要手段。企业应根据食品的特点、卫生和安全需要选择适宜的贮存和运输条件。贮存、运输食品的容器和设备应当安全无害，避免污染食品的风险。

十一、产品召回管理

食品召回可以消除缺陷产品造成危害的风险，保障消费者的身体健康和生命安全，体现了食品生产经营者是保障食品安全第一责任人的管理要求。食品生产者发现其生产的食品不符合食品安全标准或会对人身健康造成危害时，应立即停止生产，召回已经上市销售的食品；及时通知相关生产经营者停止生产经营，通知消费者停止消费，记录召回和通知的情况，如食品召回的批次、数量，通知的方式、范围等；及时对不安全食品采取补救、无害化处理、销毁等措施。为保证食品召回制度的实施，食品生产者应建立完善的记录和管理制度，准确记录并保存生产环节中的原辅料采购、生产加工、贮存、运输、销售等信息，保存消费者投诉、食源性疾病、食品污染事故记录，以及食品危害纠纷信息等档案。

十二、记录和文件管理

记录和文件管理是企业质量管理的基本组成部分，涉及到食品生产管理的各个方面，与生产、质量、贮存和运输等相关的所有活动都应在文件系统中明确规定。所有活动的计划和执行都必须通过文件和记录证明。良好的文件和记录是质量管理系统的基本要素。文件内容应清晰、易懂，并有助于追溯。当食品出现问题时，通过查找相关记录，可以有针对性地实施召回。

任务三　熟悉乳制品生产企业良好生产规范认证

PPT

情境导入

2020 年 5 月 11 日，据某电视台报道某县一家母婴店以不具备特殊医用奶粉资质的蛋白固体饮料冒充婴幼儿奶粉，导致食用的患儿出现湿疹、体重严重下降、“大头娃娃”、不停拍头等异常情况，被确诊为“佝偻病”。这款倍氨敏无乳糖深度水解蛋白二合一配方粉，实际上并不是奶粉，而是一款打着“特殊医学用途配方食品”旗号的蛋白固体饮料。

【任务描述】

请找出不符合食品生产规范的现象并进行描述。

1. 该母婴店存在哪些违法行为？
2. 如果生产企业要进行婴幼儿配方奶粉生产，须具备哪些条件？

【相关知识】

乳制品是指以生鲜牛（羊）乳及其制品为主要原料，经加工而制成的各种产品。《乳制品企业生产技术管理规则》中将乳制品分为以下七类。①液体乳类：主要包括杀菌乳、灭菌乳、酸牛乳、配方乳等。②乳粉类：主要包括全脂乳粉、脱脂乳粉、全脂加糖乳粉和调味乳粉、婴幼儿配方乳粉、其他配方乳粉。③炼乳类：主要包括全脂无糖炼乳（淡炼乳）、全脂加糖炼乳、调味炼乳、配方炼乳等。④乳脂肪类：主要包括稀奶油、奶油、无水奶油等。⑤干酪类：主要包括原制干酪、再制干酪等。⑥乳冰淇淋类：主要包括乳冰淇淋、乳冰等。⑦其他乳制品类：主要包括干酪素、乳糖、奶片、乳清粉、浓缩乳清蛋白等。

一、认证目的、范围与责任

（1）为规范乳制品生产企业良好生产规范（GMP）认证（以下简称 GMP 认证）工作，强化乳制品生产企业（以下简称乳品企业）质量安全自控能力，依据《中华人民共和国食品安全法》《中华人民共和国乳品质量安全监督管理条例》《中华人民共和国认证认可条例》有关规定，制定本规则。

（2）本规则规定了从事乳品企业 GMP 认证的认证机构（以下简称认证机构）实施乳品企业 GMP 认证的程序与管理的基本要求，是认证机构从事乳品企业 GMP 认证活动的基本依据。

（3）认证机构和认证人员遵守本规则的规定，并不意味着可免除其所承担的法律责任。认证机构和认证人员应依据《中华人民共和国食品安全法》《中华人民共和国乳品质量安全监督管理条例》《中华人民共和国认证认可条例》（2020 年修订版）等相关法律、法规的规定，承担所涉及的认证责任。

二、认证依据

《GB 12693—2023 食品安全国家标准 乳制品良好生产规范》。

三、认证程序

（一）认证申请

1. 申请人应具备以下条件 ①取得国家相关职能管理部门或有关机构注册登记的法人资格（或其组成部分）；②取得相关法规规定的行政许可文件（适用时）；③产品标准符合《中华人民共和国标准化法》规定；④生产经营的产品符合中华人民共和国相关法律、法规、食品安全标准和有关技术规范的要求；⑤按照《食品安全国家标准 乳制品良好生产规范》，建立和实施了 GMP，产品生产工艺定型并持续稳定生产。

2. 申请人应提交的文件和资料 ①认证申请书；②法律地位证明文件复印件；③有关法规要求的行政许可证件复印件（适用时）；④组织机构代码证书复印件；⑤生鲜乳日供应与企业日加工能力情况及最大收奶区域半径的说明（适用时）；⑥委托加工情况（适用时）；⑦生产管理、质量管理文件目录及 GMP 认证要求的相关文件；⑧组织机构图、职责说明和技术人员清单；⑨厂区位置图、平面图、加工车间平面图、产品工艺流程图及工艺说明；⑩生产经营过程中执行的相关法律、法规和技术规范清单；⑪产品执行标准目录，产品执行企业标准时，提供加盖当地政府标准化行政主管部门备案印章的产品标准文本；⑫主要生产、加工设备清单和检验设备清单；⑬近一年内质量监督、行业主管部门产品检验报告复印件或其他产品符合 5. 1. 1（4）规定的证明材料；⑭承诺遵守相关法律法规、认证机构要求及提供资料真实性的自我声明；⑮其他文件。

（二）认证受理

1. 认证机构应向申请人至少公开以下信息 ①认证范围；②认证工作程序；③认证依据；④认证证书样式；⑤认证收费标准。

2. 申请评审 认证机构应在15个工作日内对申请人提交的申请文件和资料进行评审并保存评审记录，确保：①关于申请人及其GMP的信息充分，可以进行审核；②认证要求已有明确说明并形成文件，且已提供给申请人；③认证机构和申请人之间在理解上的差异得到解决；④认证机构有能力并能够实施认证活动；⑤考虑了申请的认证范围、运作场所、完成审核需要的时间和任何其他影响认证活动的因素（语言、安全条件、对公正性的威胁等）；⑥保存了决定实施审核的理由的记录。

3. 评审结果处理 申请材料齐全、符合要求的，予以受理认证申请。未通过申请评审的，应在10个工作日内书面通知认证申请人在规定时间内补充、完善，或不同意受理认证申请并明示理由。

（三）审核策划

认证机构应根据乳品企业的规模、生产过程和产品的安全风险程度等因素，对认证全过程进行策划，制定审核方案。

1. 组成审核组 审核组应具备实施乳品企业相应类别产品GMP认证审核的能力。初次认证及跟踪监督审核，审核组应至少由两名审核员组成，且审核组中至少有一名相应类别产品专业审核员。同一审核员不能连续两次在同一生产现场审核时担任审核组组长，不能连续三次对同一生产现场进行审核。

2. 编制审核计划 审核组应编制审核计划，并提前与受审核方就审核计划进行沟通，商定审核日期。

3. 审核时间 应根据受审核方的规模、生产过程和产品的安全风险程度等因素，策划审核时间，以确保审核的充分性和有效性。审核时间不应低于本规则附件1要求。

4. 审核应覆盖申请认证范围内的所有生产场所 当受审核方存在将影响食品安全的重要生产过程采用委托加工等方式进行时，应对委托加工过程实施现场审核。

必要时，为了解受审核方是否已具备实施认证审核的条件，可安排进行初访。

（四）现场审核

1. 审核目的 通过在受审核方现场进行系统、完整地审核，评价受审核方厂区环境、厂房及设施、设备、机构与人员、卫生管理、生产过程管理、品质管理、标识等是否符合GB 12693《乳制品企业良好生产规范》的要求。

2. 审核程序 ①首次会议；②现场审核；③审核组内部沟通交流；④与受审核方沟通交流；⑤末次会议。

3. 审核内容 现场审核应覆盖本规则和认证依据的所有要求。重点应关注（但不限于）以下内容：

（1）与《中华人民共和国食品安全法》《中华人民共和国乳品质量安全监督管理条例》等食品安全相关适用法律、法规及标准的符合性的情况。

（2）生产资源（包括厂区环境、厂房及设施、生产设备、品质管理设备、人员等）的充分性、适宜性。

（3）对生鲜乳供应监管的有效性（适用时），包括原料基地或协议基地提供的生鲜乳是否与产品生产量相匹配；是否有效查验生鲜乳收购许可证、生鲜乳准运证明及生鲜乳交接单；是否对按标准要求及重点食品安全危害实施生鲜乳原料产品检验并对不合格品实施控制；是否实施了驻奶站的有效的监管措施，是否具备保证生鲜乳食品安全的能力等。

（4）其他原辅料采购过程控制的有效性。审核组应对受审核方对重要原辅料的供方制定和实施的控制措施严格程度及有效性进行审核，确认受审核方是否真正具备保证食品安全的能力。

（5）对生产过程控制的有效性，如杀菌、灭菌、配料、冷藏、冷冻、配方粉的干法混合等生产过程。

（6）产品检验程序的充分性、适宜性；检验活动实施的有效性，如保存检验、保温检查等。

（7）产品可追溯性体系的建立及不合格产品的召回。

（8）人员健康、卫生控制的有效性。

4. 审核方式 应通过现场观察、询问及资料查阅等审核方式实施现场审核。

5. 审核实施

（1）现场审核应安排在认证范围覆盖产品的生产期，审核组应在现场观察该产品的生产活动。

（2）现场审核首次会议应由审核组长主持，确认审核范围、审核目的、审核依据、审核方式、审核日程，宣布检查纪律和注意事项，确定企业的检查陪同人员。对审核中发现的不符合项如实记录，由审核组长组织评价汇总，做出综合评价意见，撰写现场审核报告，提出认证决定推荐性意见。审核报告须经审核组全体人员签字。认证机构应向受审核方提供审核报告。

（3）现场审核未发现不符合项的，现场审核结论为通过；现场审核发现不符合项的，受审核方可以在约定时间内完成整改的，现场审核结论为验证合格后通过；现场审核发现不符合项，但受审核方不能在约定时间内完成整改的，受审核方可在 3 个月内申请现场验证，现场验证应当由审核组成员完成，涉及专业的不符合项应由专业审核员完成验证，现场验证后再给出现场审核结论。受审核方未能在 3 个月内完成整改或未通过验证的，认证活动终止。

（4）审核组在末次会议上向企业通报现场审核情况，受审核方如对现场评价意见及审核发现的问题有不同意见，可作适当解释、说明。

（5）审核中发现的不符合项，须经审核组成员和受审核方负责人签字。如有不能达成共识的问题，审核组须做好记录，经审核组全体成员和受审核方负责人签字。

（五）抽样验证

必要时，认证机构可通过对认证覆盖范围的产品进行抽样检验，以验证乳品企业 GMP 实施的有效性。

（六）认证决定

1. 综合评价 认证机构应根据现场审核和抽样验证（必要时）结果，并结合其他有关信息进行综合评价，做出认证决定。审核组成员不得参与认证决定。

符合所有认证要求的，认证机构应颁发认证证书。

不符合认证要求的，认证机构应以书面的形式告知其不能通过认证的原因。

2. 对认证决定的申诉 受审核方如对认证决定有异议，可在 10 个工作日内向认证机构申诉，认证机构自收到申诉之日起，应在一个月内进行处理，并将处理结果书面通知申请人。

受审核方认为认证机构行为严重侵害了自身合法权益的，可以直接向国家认监委投诉。

（七）跟踪监督

1. 跟踪监督方式 认证机构应依法对获证企业实施跟踪调查，包括现场监督审核、产品安全性验证及日常监督。

2. 现场监督审核频次和要求

（1）认证机构应至少每年度对获证乳品企业进行二次监督审核，其中至少一次为不通知监督审核。首次监督审核应在初次认证审核后的 6 个月内实施。

（2）审核应在生产期进行，审核组应在现场观察该产品的生产活动。

在获证乳品企业体系发生重大变化或发生食品安全事故时，认证机构应当及时实施监督审核。

3. 不通知监督审核 可以在审核前 48 小时内向获证乳品企业提供审核计划，获证乳品企业无正当理由不得拒绝审核。

第一次不接受审核将收到书面告诫，第二次不接受审核将导致证书的暂停。

4. 现场监督审核程序及内容 监督审核程序及内容与初次认证审核相同。监督审核还应重点关注（但不限于）以下内容：①获证乳品企业实施GMP的保持和变化情况；②生鲜乳日供应变化情况（适用时）；③重要原、辅料供方及委托加工的变化情况；④产品安全性情况；⑤顾客投诉及处理；⑥涉及变更的认证范围；⑦对上次审核中确定的不符合所采取的纠正措施；⑧法律法规的遵守情况、质量监督或行业主管部门抽查的结果；⑨证书的使用。

5. 产品安全性验证

（1）验证频次 认证机构应根据认证风险情况实施抽样检验并确定抽检项目。每年度至少对获证乳品企业进行一次证书覆盖范围内产品的抽检。

（2）抽样检验

①检验样本采用抽样的方式获得。抽样人员应为审核组成员或认证机构指派的人员，样本应当从企业成品仓库或生产线末端的合格品中随机抽取。

②产品抽样应与现场监督审核同时进行。特殊情况下，为方便获证乳品企业，产品抽样也可以在现场审核后实施。

③至少抽取一个证书覆盖范围内有代表性的产品实施安全卫生指标的检验。检验项目由认证机构根据产品风险予以确定。

④在证书有效期内，抽检应涵盖证书覆盖范围内的所有产品。

⑤抽样方法按有关技术规范要求实施。

（3）检验机构要求 承担认证检验任务的检验机构应当符合有关法律法规和技术规范规定的资质能力要求，并依据《检测和校准实验室能力的通用要求》获得认可机构的实验室认可。

6. 跟踪监督结果评价 认证机构应依据跟踪监督结果，对获证乳制品企业作出保持、暂停或撤销其认证资格的决定。

7. 信息通报制度 为确保获证乳品企业GMP持续有效，认证机构应与获证乳品企业建立信息通报制度，及时获取获证乳品企业以下信息：①有关产品、工艺、环境、组织机构变化的信息；②生鲜乳、原料乳粉供应变化情况（适用时）；③消费者投诉的信息；④所在区域内发生的有关重大动、植物疫情的信息；⑤有关食品安全事故的信息；⑥在主管部门检查或组织的市场抽查中，被发现有严重食品安全问题的有关信息；⑦不合格产品召回及处理的信息；⑧其他重要信息。

8. 信息分析 认证机构应对上述信息进行分析，视情况采取相应措施，如增加跟踪监督频次、暂停或撤销认证证书等。

（八）再认证

认证证书有效期满前三个月，可申请再认证。再认证程序与初次认证程序一致。

认证机构应根据再认证审核的结果、认证周期内的评价结果和认证使用方的投诉，做出再认证决定。

（九）认证范围的变更

（1）获证乳品企业拟变更认证范围时，应向认证机构提出申请，并按认证机构的要求提交相关材料。

（2）认证机构根据获证乳品企业的申请，策划并实施适宜的审核活动，并做出相应认证决定。这些审核活动可单独进行，也可与获证乳品企业的监督审核一起进行。

（3）对于申请扩大认证范围的，必要时，应在审核中验证其产品的安全性。

（十）认证要求变更

认证要求变更时，认证机构应将认证要求的变化以公开信息的方式告知获证乳品企业，并对认证要求变更的转换安排做出规定。

认证机构应采取适当方式对获证乳品企业实施变更后认证要求的有效性进行验证，确认认证要求变更后获证乳品企业证书的有效性，符合要求可继续使用认证证书。

四、认证机构要求

（1）认证机构应当依法设立，具有《中华人民共和国认证认可条例》（2023 年修订版）规定的基本条件和从事乳品企业 GMP 认证的技术能力，并获得国家认证认可监督管理委员会（以下简称国家认监委）批准。

（2）认证机构应在获得国家认监委批准后的 12 个月内，向国家认监委提交其实施乳品企业 GMP 认证活动符合 GB/T 27021《合格评定管理体系审核认证机构的要求》的证明文件。逾期未获得相关证明文件的，将撤销其乳品企业 GMP 认证批准资质。认证机构在未取得相关证明文件前，只能颁发不超过 10 张该认证范围的认证证书。

五、认证人员要求

（1）认证审核员应按照《认证及认证培训、咨询人员管理办法》有关规定取得中国认证认可协会的执业注册。中国认证认可协会应对认证审核人员的专业能力进行评估。

（2）认证审核员应当具备实施乳品企业 GMP 认证活动的能力。认证机构应对本机构的认证审核员的能力做出评价，以满足实施乳品企业相应类别产品 GMP 认证活动的需要。

六、认证证书

1. 认证证书的内容　有效期为 2 年。认证证书应当符合相关法律、法规要求。

认证证书应涵盖以下基本信息（但不限于）：①证书编号；②企业名称、地址；③证书覆盖范围（含产品生产场所、生产车间等信息）；④认证依据；⑤颁证日期、证书有效期；⑥发证机构名称、地址。

2. 认证证书的暂停　获证乳品企业有下列情形之一的，认证机构应当暂停其使用认证证书，暂停期限为三个月。

（1）获证乳品企业未按规定使用认证证书的。

（2）获证乳品企业违反认证机构要求的。

（3）获证乳品企业发生食品安全卫生事故；质量监督或行业主管部门抽查不合格等情况，尚不需立即撤销认证证书的。

（4）监督结果证明获证乳品企业 GMP 或相关产品不符合认证依据、相关产品标准要求，不需要立即撤销认证证书的。

（5）获证乳品企业未能按规定间隔期实施跟踪监督的。

（6）获证乳品企业未按要求通报信息的。

（7）获证乳品企业与认证机构双方同意暂停认证资格的。

3. 认证证书的撤销　获证乳品企业有下列情形之一的，认证机构应当撤销其认证证书。对于被撤销认证证书的企业，认证机构 6 个月内不应受理该企业同一认证范围 GMP 认证的申请。

（1）跟踪监督结果证明获证乳品企业 GMP 或相关产品不符合认证依据或相关产品标准要求，需要立即撤销认证证书的。

（2）认证证书暂停使用期间，获证乳品企业未采取有效纠正措施的。

（3）获证乳品企业不再生产获证范围内产品的。

（4）获证乳品企业申请撤销认证证书的。

（5）获证乳品企业出现严重食品安全事故或对相关方重大投诉不采取处理措施的。

（6）获证乳品企业不接受相关监管部门或认证机构对其实施监督的。

4. 认证机构间认证证书的转换

（1）获证乳品企业因产品质量安全问题处于认证机构的处置期中的，不得转换认证机构，除非做出处置决定的认证机构已确认获证乳品企业已实施有效的纠正和纠正措施。

（2）认证机构被撤销批准资格后，持有该机构有效认证证书的获证乳品企业，可以向经国家认监委的认证机构转换认证证书；受理证书转换的认证机构应该按照规定程序进行转换，并将转换结果报告国家认监委。

七、信息报告

认证机构应当按照要求及时将下列信息通报相关政府监管部门。

（1）认证机构在对企业现场进行认证现场审核时，应当提前 5 个工作日书面通报企业所在地省级市场部门认证监管机构。

（2）认证机构应当在 10 个工作日内将撤销、暂停、注销证书的乳品企业名单和原因以书面形式，向国家认监委和企业所在地的省级市场监督、检验检疫等部门报告，并向社会进行了公布。

（3）认证机构在获知获证乳品企业发生食品安全事故后，应当及时将相关信息向国家认监委和企业所在地的省级市场监督、检验检疫等管理部门通报。

（4）认证机构应当通过国家认监委指定的信息系统，按要求报送认证信息。报送内容包括：获证乳品企业、证书覆盖范围、审核报告、证书发放、暂停和撤销等方面的信息。

（5）认证机构应当于每年 3 月底之前将上一年度 GMP 认证工作报告报送国家认监委，报告内容包括：颁证数量、获证乳品企业质量分析、暂停和撤销认证证书清单及原因分析等。

八、认证收费

GMP 认证应按照《国家计委 国家质量技术监督局 关于印发 <质量体系认证收费标准> 的通知》（计价格［1999］212 号）有关规定，收取认证费用。

根据《中华人民共和国食品安全法》规定，认证机构实施跟踪调查不收取任何费用。

【同步训练】

· 重点概念

1. 食品生产企业实施良好操作规范　2. 认证申请　3. 现场审核　4. 跟踪监督

· 课后讨论

1. 食品 GMP 对食品安全有何作用？
2. 食品 GMP 主要包含哪些内容？
3. 如何进行乳制品生产认证？

练习题

答案解析

一、选择题

1. 食品安全的关键在于生产过程控制，而过程控制的关键在（　）。

A. 水　　B. 设备　　C. 人　　D. 包装

2. 乳制品 GMP 认证证书有效期为（　）年。认证证书应当符合相关法律、法规要求。

A. 3　　B. 2　　C. 5　　D. 6

3. 生产过程中的食品安全控制措施是保障食品安全的重中之重，主要包括（　）污染风险控制、生物污染的控制、化学污染的控制、物理污染的控制、包装等方面。

A. 产品　　B. 半成品　　C. 原料　　D. 辅料

4. 认证机构在收到申请以后，应在（　）个工作日内对申请人提交的申请文件和资料进行评审并保存评审记录。

A. 7　　B. 10　　C. 20　　D. 15

5. 审核组应具备实施乳品企业相应类别产品 GMP 认证审核的能力。初次认证及跟踪监督审核，审核组应至少由（　）名审核员组成，且审核组中至少有一名相应类别产品专业审核员。同一审核员不能连续（　）次在同一生产现场审核时担任审核组组长，不能连续（　）次对同一生产现场进行审核。（　）

A. 3　3　2　　B. 2　2　3　　C. 4　3　2　　D. 5　3　2

二、简答题

1. 食品生产企业实施良好操作规范的目的和意义是什么？
2. 我国良好操作规范的主要包含内容有哪些？
3. 请简述食品企业良好生产规范的现场核查的程序。
4. 良好生产规范的认证程序包含哪些步骤？
5. 请简述乳制品认证证书应涵盖基本信息。

三、案例分析题

2022 年 3 月 16 日，某市场局执法人员到某公司进行检查，发现该公司正在生产芝麻调和油，现场有生产的芝麻调和油成品 1620 袋（规格为每袋 66ml），该公司无法提供食品生产许可证，执法人员对上述产品依法进行查封。

经查该公司为向旗下 5 个 ×× 火锅 × 分店统一提供火锅用芝麻调和油（以下简称涉案产品），于 2021 年 11 月 20 日与陈 ×× 签订了《租赁合同》，租赁陈 ×× 位于 × 区 × 街道 × 号自有的空置仓库后，将其改造成芝麻调和油生产车间，于 2021 年 12 月 18 日采购芝麻调和油原料及灌装设备，经安装调试后于 2021 年 12 月 23 日正式投入生产。

该公司于 2022 年 3 月 11 日向该市场局提交了食品生产许可申请，且取得《食品生产许可受理通知书》，但截至调查之日，该公司并未取得食品生产许可证。从 2021 年 12 月 23 日至 2022 年 3 月 16 日，该公司共生产规格为每袋 66ml 的涉案产品数量 74880 袋，单价 1.05 元/袋，货值金额 78624 元。已销售 73306 袋（含执法人员抽样 46 袋），违法所得 5128 元。

1. 请问该公司是否有违反食品 GMP 行为？
2. 职能部门该怎么进行处理？依据的法律标准是什么？

书网融合……

本章小结　　微课　　题库

项目八

卫生标准操作程序

学习目标

知识目标

1. **掌握** 卫生标准操作程序的主要内容。
2. **熟悉** 卫生标准操作程序文件编写要求。
3. **了解** 国家食品安全法规标准。

能力目标

1. 能够应用安全法指导实际生产和生活中食品安全相关工作。
2. 能够编制食品卫生标准操作程序文件。

素质目标

通过本章的学习，帮助学生树立始终坚持食品安全信仰与准则，严格遵循食品卫生标准操作程序，做一个执法守法的食品人。

任务一 制定卫生标准操作程序 微课

PPT

情境导入

在某利乐包饮料厂，评审组看到以下情景：

生产设备是全自动流水线，生产厂房有四层，底层是成品仓，一楼是灌装和外包装，二楼是均质，过滤，板式杀菌，三楼是原料处理和配料，溶解，临时储存罐。仅在一楼设有与灌装间相连的更衣室，更衣室内有衣帽架，没有洗手消毒设施。陪同的厂长说是全自动生产线，工人的手不用接触产品，所以就没设置，而且从来没有发生过问题。灌装间和更衣室用玻璃与外界隔开。灌装间内是全自动的灌装机，180 度的瞬时灭菌和局部过氧化氢消毒。窗户密闭良好，没有纱窗，问厂长有无排风设备时，回答说没有，装有日光灯及灯罩，地面用环氧树脂涂料，排水畅通。

【任务描述】

请找出不符合卫生标准操作程序项并进行描述。

【相关知识】

卫生标准操作程序（sanitation standard operation procedure，简称 SSOP），是食品生产企业为了使其加工的食品符合良好操作规范（GMP），满足卫生要求，制定的指导食品加工过程中具体实施清洗、消毒和卫生保持的作业指导文件，以 SSOP 文件的形式出现。

20 世纪 90 年代，美国频繁爆发食源性疾病，造成每年七百万人次感染和七千人死亡。调查数据显示，其中有大半感染或死亡的原因与肉、禽产品有关。这一结果促使美国农业部（USDA）重视肉、禽产品的生产状况，并决定建立一套涵盖生产、加工、运输、销售所有环节在内的肉禽产品生产安全措施，从而保障公众的健康。1995 年 2 月颁布的《美国肉、禽产品 HACCP 法规》中第一次提出了要求建立一种书面的常规可行程序——卫生标准操作程序，确保生产出安全、无掺杂的食品。同年 12 月，美国 FDA 颁布的《美国水产品的 HACCP 法规》中进一步明确了 SSOP 必须包括的八个方面及验证等相关程序，从而建立了 SSOP 的完整体系。

一个企业正确保持的 SSOP 是危害分析与关键控制点（HACCP）计划运行的基础和前提，是食品企业为了满足食品安全要求，在卫生环境和加工过程等方面所需实施的具体程序，包括加工过程中的卫生、工厂环境及满足 GMP 所采取的操作，至少包括 8 项内容：①水（冰）的安全；②食品接触表面的卫生状况；③防止食品发生交叉污染；④手的清洗与消毒，厕所设施的维护与卫生保持；⑤防止食品被污染物污染；⑥有毒化学物质的标记、储存和使用；⑦员工的健康与卫生控制；⑧虫害的防治。

一、水和冰的安全

食品生产用水（冰）的卫生质量是影响食品安全卫生的关键因素。生产中要重点保证与食品接触或与食品接触物表面接触的水（冰）的安全，制冰用水的安全供应。

1. 水的作用 在食品生产中，水经常被用来传送或运输产品、产品清洗、消毒设施、工器具、容器和设备的清洗、制冰及镀冰衣、饮用等用途。

2. 水源 食品生产企业用水水源一般包括城市供水、自备水源。无论采用哪种水源，水质要符合 GB 5749—2022《生活饮用水卫生标准》，如果是海水产品加工企业，生产用海水水质要符合 GB 3097—1997《海水水质标准》。无论是哪种水源，都必须水源充足，得到充分有效的监控，经检测合格后方可使用。对于自备水源的生产企业，需要考虑周围环境、水井深度、污水排放、季节变化等对水源的污染。

3. 标准 GB5749—2022 中对水质提出了严格要求，其中微生物：菌落总数小于 100CFU/ml；总大肠菌群和大肠埃希菌不得检出。

4. 水的处理 达不到卫生要求的水源，工厂要采取相应的消毒处理措施，主要有：加氯处理，至少 30 分钟，使余氯浓度为 0.1 ~ 0.5 mg/L；加氯消毒（氯气、氯胺、次氯酸钠、二氧化氯等；臭氧消毒；紫外线消毒等。

5. 监控 每次必须包括总的出水口，一年内做完所有的出水口。取样方法一般是先进行消毒，放水 5 分钟再采样。

余氯：企业每天一次，采用试纸、比色法、化学等方法。城市供水检测由卫生防疫部门提供，全项目 2 次/年；微生物：至少 1 次/月。对于自备水源，投产前全项目检测并合格，以后 2 次/年，夏秋季节相应增加监测频次。

6. 供水设施 食品生产企业体提供真实有效的供水网络图，饮用水和非饮用水严格分开，洗手水龙头设置为非手动，用水软管为浅色、不发霉材料，软管口不直接拖在地面，不直接浸入水槽中，距离地面距离大于 2 倍水管直径，防止水倒流；自备水源要关注水池、水塔的防尘、防虫鼠、防鸟等设施。

制冰用水必须符合饮用水标准，制冰设备、储存、运输和存放的容器卫生、无毒、不生锈，按时进行微生物监测，制冰用具必须保持清洁卫生，存放、粉碎、运输、盛装等必须在卫生条件下进行，防止与地面接触造成污染。

7. 废水的排放 污水处理须符合环保规定和防疫规定，处理地点应远离生产车间，按照相关法律法规及 GMP 要求，车间硬件设施及日常操作时，地面设置一定坡度，易于排水；台案及清洗消毒池的排放直接入沟，不能流到地面。排水暗沟加篦子（易于清洗、不生锈），从清洁区流向非清洁区，与外界接口安装有防异味、防蚊蝇设施，并及时维护。

8. 纠偏及记录 按照监督频次对上述事项日常监控，如发现有问题，必须进行纠偏，直至问题解决；水质的监控、设施的维护及其他问题都要如实并保持记录。

二、食品接触面的清洁和卫生程度

1. 食品接触面 食品接触面是指“接触人类食品的表面和以及在正常加工过程中会将水滴溅在食品或食品接触表面上的那些表面”。典型的食品接触表面包括加工设备、工器具、刀具、桌面、案板、传送带、制冰机、贮冰池、手套、围裙、包装材料等。

按照是否与食品直接接触，食品接触面又分为直接接触面和间接接触面。直接接触面包括加工设备、工器具和台案、加工人员的手或手套、工作服等；间接接触面包括：仓库、卫生间的门把手，垃圾箱、设备操作开关、水龙头等。食品接触面的清洁和卫生程度直接影响食品的安全卫生，可以有效防止交叉污染。

2. 食品接触面的材料和制作 食品接触面的材料要求无毒（无化学物的渗出）、不吸水、抗腐蚀，不与清洁剂/消毒剂产生化学反应。接触面表面光滑，包括缝、角、边，都能被正确地清洁和消毒，不留死角。常用材料有不锈钢、塑料、橡胶、混凝土、瓷砖等。

3. 食品接触表面的清洁

（1）加工设备、器具 材料要求耐腐蚀、光滑、易清洗、不生锈，不用木制品、吸水纤维等，安装时无粗糙焊缝、破裂、凹陷，及时维修保养，工作服、手套也是食品接触面，通常应避免的材料有木材（微生物的繁殖），含铁金属（腐蚀的问题、生锈），黄铜（腐蚀、产品质量），镀锌金属（腐蚀、化学渗出）。

首先必须进行彻底清洗以除去微生物赖以生长的营养物质，确保消毒效果；再进行冲洗然后进行消毒；消毒剂常采用次氯酸钠 100～150mg/L，也可以采用物理方法，如紫外线、臭氧等，需要注意的是不同清洁度工器具需要分开清洗消毒，并设置独立的工器具清洗消毒间。

（2）地面

①清洁和消毒的五个步骤 清扫（扫帚、刷子）→预冲洗（清洁水冲洗）→清洗［使用清洁剂（类型、接触时间、温度、物理擦洗、水化学）］→冲洗（用流动的洁净水冲去污物）→消毒（使用消毒剂杀死微生物，如用 82℃热水、含氯消毒剂，碘化合物等）→冲洗（符合卫生条件的水冲洗，减少消毒剂残留）。

②清洁剂要求 清洗设备、工器具的清洁剂应具备良好的表面去污力，能有效清除表面的食品残渣和污物，易被水冲掉，不会腐蚀设备，无毒、无害、不会造成环境污染。同时应考虑清洁剂的有效性，清洁剂的有效性接触时间（浸泡或泡沫，越长效果越好）、温度（要防止蛋白质变性，越高越好）、物理擦洗（刷子、抹布和压力喷枪，物理作用越大越好）、水化学（水质影响，越清洁越好）。

③消毒方式 按照生产环境和食品接触面的不同，消毒方式有所区别，具体有物理消毒和化学消毒。

物理消毒：热水消毒，（不低于 82℃的热水喷淋表面或浸泡）；蒸汽消毒：蒸气枪喷射不易达到的接触面。

化学消毒：氯（氯气、氯胺、次氯酸钠、二氧化氯）等；碘液；季铵盐化物（新洁尔灭）；过氧乙酸。

（3）工作服、手套的清洗消毒　按照食品生产企业员工规模，设置专用洗衣房清洗消毒，不同清洁区的工作服分别清洗消毒、存放，存放工作服的房间设有臭氧、紫外灯等设施，卫生、干燥、清洁。

（4）空气消毒

①紫外线消毒：每 10－15m^2 设置 30W 紫外灯，消毒时间不低于 30 分钟，适用于更衣间、厕所等，环境温度低于 20℃或高于 40℃，相对湿度大于 60%，相应延长消毒时间。

②臭氧消毒：适用于加工车间、更衣间，消毒时间不少于 1 小时。

③药物熏蒸：使用过氧乙酸、甲醛等，适用于冷库、保温库，10ml/m^2。

4. 清洗消毒的频率　大型设备每班加工结束之后进行；工器具每 2～4 小时；加工设备、器具被污染之后应立即进行消毒，工作服每班结束立即进行。

5. 监控

（1）监控对象　食品接触表面的状况；使用的消毒剂的类型和浓度；可能接触食品的手套和外衣是清洁并且状态良好。

（2）监控方法　视觉检查；化学检测；消毒剂的浓度（试纸条或试剂盒；验证检查；表面的微生物检测。

6. 纠偏及记录　纠偏；在监控过程中发现问题应采取适当的方式及时纠正（最好现场纠正）；记录；每日卫生监控记录；检查、纠偏记录。

知识链接

某食品生产企业，持有《食品生产许可证》，生产食品类别：水果制品；炒货食品及坚果制品；蔬菜制品。在生产即食食品时，未按规定实施生产经营过程控制要求，生产加工过程中卫生条件控制不到位，导致生产的“坚果仁”“扁桃仁”两批次产品经检验霉菌项目不符合 GB 19300—2014《食品安全国家标准 坚果与籽类食品》要求。经核实，2021 年 9 月 27 日，该企业生产“坚果仁”50 箱，每箱 5kg，共计 250kg，并以 305.28 元/箱的价格，全部销售给某商贸有限公司，销售额共计 15264 元。2021 年 10 月 14 日，该公司生产“扁桃仁”10 箱，每箱 5kg，共计 50kg，并以 368 元/箱的价格，全部销售给某商贸有限公司，销售额共计 3680 元。

综上所述，市场监督管理局认定该企业生产经营不符合食品安全标准的食品所获违法所得为人民币 18944 元，责令当事人改正上述违法行为，并作出如下行政处罚：①警告；②罚款人民币贰拾捌万肆仟壹佰陆拾元（284160 元）；③没收违法所得人民币壹万捌仟玖佰肆拾肆元（18944 元）。

三、防止交叉污染

1. 交叉污染定义及其来源　交叉污染是通过生的食物、食物处理者或食物处理环境把生物或化学污染物转移到食品的过程。当致病菌或病毒被转移到即食食品上时，通常意味着产生食源性疾病的交叉污染发生。

交叉污染包含三方面：员工违规操作造成交叉污染；生的和熟的没有很好的隔离；工厂设计造成的交叉污染。其中员工不规范操作是造成交叉污染的重要原因。比如员工整理生的产品，然后又整理熟的产品（串岗）；靠近或在地板上工作，处理完垃圾桶，然后整理产品；从休息室回来，没有洗手；用处理废弃物的器具来处理产品；擦完脸，然后处理产品；或者上厕所不换工作服、鞋，且不洗手。

造成交叉污染的来源，主要包括以下几方面：工厂选址、设计、车间不合理；加工人员个人卫生不良；清洁消毒不当；卫生操作不当；生、熟产品未分开；原料和成品未隔离。

2. 预防

（1）工厂的选址设计　工厂选址、设计考虑常见风向，远离工业区，周围环境不造成污染。厂区内做好绿化和路面硬化，不造成污染。污水排放等按有关规定（提前与有关职能部门联系）。

（2）车间布局合理　食品生产加工工艺流程布局合理，初加工、精加工、成品包装分开，生、熟加工分离。清洗消毒与加工车间单独设置。所用材料易于清洗消毒。

（3）明确人流、物流、水流、气流方向　操作人员从高清洁区到低清洁区作业，物流包括产品、废料和包装材料等从专用通道运转，不造成交叉污染，如硬件无法满足要求，可用时间、空间分隔。水流从高清洁区到低清洁区。气流：入气控制、正压排气。

（4）加工人员卫生　造成交叉污染的主要来源主要有大肠埃希氏菌、沙门菌等肠道菌、金黄色葡萄球菌等。操作人员平时应注意个人卫生，养成适当的洗手、化妆、饮食、卫生等习惯，不能佩戴首饰，可能造成物理危害、微生物生长等，上岗前须进行针对性的培训。

3. 监控　在开工时、交班时、餐后续加工时进入生产车间；生产时连续监控；产品贮存区域（如冷库）每日检查。

4. 纠偏　发生交叉污染，采取措施防止再发生；必要时停产，直到有改进；如有必要，评估产品的安全性；增加培训程序。

5. 记录　消毒控制记录；改正措施记录。

四、手的消毒和卫生间设施

1. 洗手消毒的设施　设置非手动开关的水龙头或臂动开关的水龙头，冬季有温水供应，洗手消毒效果更好。合适、充足的洗手消毒设施，一般每 10～15 人设一水龙头，条件许可时配备流动消毒车。

2. 洗手消毒方法、频率

方法：清水洗手→用皂液或洗手液洗手→清水冲净皂液→于 50mg/L（余氯）消毒液浸泡 30 秒以上→清水冲洗→干手（用纸巾或毛巾）。

频率：每次进入加工车间时，手接触污染物及根据不同加工产品规定确定消毒频率。

监测：每天至少检查一次设施的清洁与完好，卫生监控人员巡回监督，化验室定期做表面样品微生物检验，检测消毒液的浓度。

3. 厕所设施与要求　包括所有的厂区、车间和办公楼的厕所。厕所与车间建筑连为一体，门不能直接朝向车间，有相应更衣、换鞋设备。厕位数量与加工人员相适应，每 15～20 人设一个为宜。手纸和纸篓保持清洁卫生。设有洗手设施和消毒设施，有防蚊蝇设施。厕所内通风良好，地面干燥，保持清洁卫生。员工进入厕所前要脱下工作服和换鞋，方便之后立即进行洗手和消毒。如厕程序如下：更换工作服→换鞋→如厕→冲厕→皂液洗手→清水洗手→干手→消毒→换工作服→换鞋→洗手消毒进入工作区。

4. 设备的维护与卫生保持　设备保持正常运转状态；卫生保持良好不造成污染。

5. 纠偏　检查发现问题立即纠正。

6. 记录　洗手间、洗手池和厕所设施状况，消毒液温度浓度记录；纠正措施记录。

五、防止污染物污染

污染物污染是指食品、食品包装材料和食品所接触表面被微生物、化学品和物理性污染物（如润滑剂、燃料、杀虫剂、清洁剂、消毒剂、冷凝物和地板污物）的污染。

1. 污染物来源 污染物的来源包括有毒化合物的、非食用润滑剂、燃料、杀虫剂、清洁剂、消毒剂（包括使用方法）、不卫生的冷凝物和死水、被污染的冷凝水、不洁净水的飞溅、无保护装置的照明设施、化学药品残留、不卫生的包装材料等。

2. 防止与控制

（1）包装物料的控制 包装物料存放库要保持干燥清洁、通风、防霉，内外包装分别存放、上有盖布下有垫板，并设有防虫鼠设施。

（2）水滴和冷凝水的控制 车间保持良好通风，防止空调管道形成冷凝水，在有蒸汽产生的车间，安装排气装置，防止形成水滴，冲洗天花板后，应及时擦干，控制车间温度稳定，或提前降温。天花板设计成圆弧形，使水滴顺壁流下，防止滴落。空调风道与加工线、操作台错开，防止冷凝水滴落到产品上。

3. 监控 任何可能污染食品或食品接触面的掺杂物，如潜在的有毒化合物、不卫生的水（包括不流动的水）和不卫生的表面所形成的冷凝物。建议在生产开始时及工作时间每2小时检查一次。

4. 纠偏 ①清洗化合物残留。②丢弃没有标签的化合物。③培训员工化合物的正确使用。④除去不卫生表面的冷凝物，调节空气流通和车间温度减少水的凝结。⑤用遮盖物防止冷凝物落到食品、包装材料及食品接触面上。⑥清除地面积水、污物。⑦评估被污染的食品。

5. 记录 每日卫生控制记录。

六、有毒化学物质的标记、贮存和使用

食品加工厂有可能使用的化学物质为洗涤剂、消毒剂（次氯酸钠）、杀虫剂（1605）、润滑剂、食品添加剂（亚硝酸钠、磷酸盐）等。

1. 编写有毒有害化学物质一览表 工厂范围内使用的化合物有主管部门批准生产、销售、使用说明的证明，主要成分、毒性、使用剂量和注意事项明确。在单独的区域贮存，带锁的柜子，防止随便乱拿，设有警告标示，易制毒化学试剂还要求双人双锁管理和使用。化合物正确标记、标明有效期、使用登记记录。由经过培训的人员管理。

2. 监控 经常检查确保符合要求，一般一天至少检查一次。

3. 纠偏 对标记不清的拒收或退回；工作容器不清晰的标示，重新标记才能投入使用；转移存放错误的化合物；对保管、使用人员的培训。评估不正确使用有毒化学物质对食品的影响，必要时销毁食品。

4. 记录与证明 设有进货、领用和配制记录及有毒化学物质批准使用证明和产品合格证明。

七、从业人员的健康与卫生控制

食品生产经营企业中的从事接触直接入口食品生产经营的从业人员，其身体健康及卫生状况直接影响食品的安全卫生。根据我国《食品安全法》，凡从事接触直接入口食品工作的生产经营人员必须体检合格，持有健康证，经培训合格方能上岗。

食品生产企业应制订体检计划，并设有体检档案，凡患有病毒性肝炎、活动性肺结核、伤寒、细菌性痢疾、化脓性或渗出性皮肤病患者、手外伤未愈合者等有碍食品卫生的疾病的不得参与直接触食品的加工，痊愈后经体检合格后可重新上岗。

生产操作人员要养成良好的个人卫生习惯，进入车间应更换清洁的工作服、帽、口罩、鞋等，不得化妆、戴首饰和手表等。

食品生产企业应制订卫生培训计划，定期对加工人员进行培训，并记录存档。

1. 检查 员工的上岗前健康检查；定期健康检查，每年进行一次体检。健康证明过期的，应当立即停止食品生产经营活动，待重新进行健康体检后，才能继续上岗。

2. 监督 目的是控制可能导致食品、食品包装材料和食品接触面污染的微生物。

3. 纠偏 患病人员调离生产岗位直至痊愈。

4. 记录 健康检查记录；每日卫生检查记录及不满意状况的相应纠正措施。

八、有害动物的防治

昆虫、鸟、鼠等带有一定种类病原体，有害动物的防治对食品加工厂至关重要。

1. 防治计划 绘制灭鼠分布图、清扫清毒执行规定。全厂范围生活区包括厂区周边。重点为厕所、下脚料出口、垃圾箱周围和食堂。

2. 防治措施 ①清除滋生地。②预防进入车间。采用风幕、水幕、纱窗、黄色门帘、暗道、挡鼠板、翻水弯等。③杀灭。车间入口用灭蝇灯、粘鼠胶、鼠笼，不能用灭鼠药；生产区用杀虫剂。

3. 监测 监控频率根据情况而定，严重时须列入 HACCP 计划。

4. 纠偏 卫生监控和纠偏：发现问题立即消除或杀灭。

5. 记录 包括虫害鼠害检查记录和纠正记录。

在食品加工企业建立了卫生标准操作程序之后，还必须设定监控程序，实施检查、记录和纠正措施。企业设定监控程序时描述如何对 SSOP 的卫生操作实施监控，必须指定相关人员，何时及如何完成监控。对监控要实施，对监控结果要检查，对检查结果不合格者必须采取措施加以纠正。对以上所有的监控行动、检查结果和纠正措施都要记录。食品加工企业日常的卫生监控记录是工厂重要的质量记录和管理资料，应使用统一的表格，并归档保存，一般为两年。

任务二　编写卫生标准操作程序文件

PPT

情境导入

2020 年 11 月 7 日，发现自某海港转运出的一批进口冷冻猪肘外包装标本新型冠状病毒核酸呈阳性。随后监管部门对该冷库进行全员排查时发现，1 名装卸工人和 1 名货车司机为病毒感染确诊病例。经调查研究发现，两人曾同时暴露于进口北美猪头，猪头污染猪肘，造成猪肘外包装呈阳性。而搬运工人因搬卸猪头、司机因捡起掉落在地的猪头而感染。

对上述两名病例感染原因调查研究发现，库管人员未佩戴手套整理破损散落的猪头后未洗手；病例搬运工人参与搬运进口冷冻猪头工作过程无有效防护，隔天其穿戴同一件未清洗消毒的工作服和手套，且搬运途中存在用手套接触口鼻的行为；病例司机全程不参与货物搬运，但期间其协助捡起掉落在地的猪头，过程中无有效防护，使其暴露于病毒。

【任务描述】

请编制一份冷链食品卫生标准操作程序文件。

【相关知识】

含有卫生标准操作程序的文件可称为卫生标准操作程序文件，编写由食品生产企业自行完成，编写SSOP文件的关键在于易于使用和遵守，以满足相应的法规和卫生要求，文本格式不做统一规定。

一、卫生标准操作程序文件编写要求

SSOP编写原则上由文件颁发部门人员开展，执行文件的相关部门及责任部门参与和商讨，会稿后经部门领导及上级领导审核，主要针对文件的内容、编码、格式、制定程序进行审核，对文件的合法性、规范性、可操作性和统一性进行把关，必要时进行会审。主要要求如下：指令性：主管领导批准后实施；目的性：确定卫生标准操作活动的目标；符合性：应符合HACCP体系和GMP的应用准则及对应标准与法规的规定；协调性：与HACCP管理文件一致；系统性：SSOP是保证GMP和HACCP的体系，要有系统性；可行性：切实可行。

二、卫生标准操作程序编写内容

标题：包括管理对象和业务特征两部分。如：《洗手消毒程序》中的“洗手消毒”是管理对象名称，“程序”是管理业务特征。

编写内容包括目的范围：简要说明文件中的主题内容；依据：确定引用文件；职责：明确责任部门和责任人员；实施程序：确定先后工作顺序；记录：记录表；审批：主管领导签字。

三、卫生标准操作程序编写

（一）生产用水卫生控制程序

1. 水源 自制深井水。

2. 安全与卫生控制 井的周围附近无垃圾掩埋场等污染源，井口封盖严密上锁，有完善的防尘、防鼠措施。井水消毒采用臭氧消毒，专人负责管理。

（1）公司用井水每年两次由市疾病预防控制中心采样做水质卫生全项目检测，符合国家井水标准后方可投入生产，且存入档案。

（2）加工用水的处理：抽水→蓄水池→过滤→臭氧杀菌→过滤→生产用水。

（3）清洗操作过程按规定文明操作，防止污水溢溅，废水直接导入下水道，软水管不拖地，使用后将水管盘放于架上。

（4）水龙头按序编号，并建立供水网络图，供水系统设置合理，无逆流及相互交叉现象。

（5）废水排放前按国家有关规定进行污水处理达标后排放，处理池远离加工车间。

（6）蒸汽采用符合饮用水标准的水制造，锅炉处理所用化学药品经国家有关部门许可使用。

3. 卫生指标及检测方法 参考GB/T 5750《生活饮用水标准检验方法》的规定。

4. 设施

（1）在主流入水口安装单向止回阀门，防止虹吸和倒流，设备部门定期对供水设施巡检，一旦发现有损坏立即维修好。

（2）洗手水龙头为非手动开关（自动感应式）。

（3）由设备科负责每年或根据需要联系厂家对臭氧发生器进行清理检查。

5. 监控程序 卫生监督员每天班前对加工用水进行一次感官常规项目检验（气味、清晰度、可见物等）；化验室对水中的微生物每周检测一次，每次至少抽取两个水管，对加工用水进行感官、理化和微生物细菌数、大肠菌群总数进行检测，一年检测完全部水管。并将检测结果记入《水质微生物检验记录》。

6. 验证程序 市卫生防疫部门每年对水全项目检测两次，其检测报告书存档。以卫生防疫检测结果作为验证依据进行验证比对。

7. 纠正措施

（1）当本厂检测发现水质不符合要求时，应立即查找原因，立即制定水的净化消毒方案，并进行连续的监控。检测结果正常后转入使用。在此之前的产品隔离检测。

（2）当检测发现水源存在问题时应立即停止使用该水源，及时加以评估，检测合格后方可使用。必要时终止使用该水源。

（3）将纠正措施记录于《纠正/预防措施要求表》中。

8. 相关记录 政府部门提供的《水质检测报告》《水质微生物检验记录》《纠正/预防措施要求表》。

9. 文件编号 某食品工业有限公司、文件编号、版本号。

（二）食品接触面卫生控制程序

1. 适用范围 设备设施及工作服的清洗消毒工作分别由专人负责，按从上到下、从清洁区向非清洁区进行，不造成交叉污染。设备设施清洗消毒程序。车间采用中、高效空气过滤器，过滤器滤网每年清洗消毒一次。必要时采用臭氧发生器对空气进行消毒。相关工器具按规定时间或被污染后立即清洗消毒。工作服的清洗消毒程序。库房使用药物熏蒸法（用0.3%～0.5%过氧乙酸，$10ml/m^2$），每年彻底消毒一次。

2. 监控程序 卫生督查员每天班前进行设备设施清洗消毒后的感官卫生检验。卫生督查员工作期间每2小时检查一次工器具清洗消毒后的感官卫生状况。

3. 验证程序 化验室根据微生物采样计划每天对工器具、设备设施等环境样进行抽测，检测细菌总数和大肠菌群。化验室每周至少一次对车间的空气进行细菌总数的检测。

4. 纠偏措施

（1）当检验人员确定清洗消毒后的卫生未通过感官检查应重新清洗消毒和检验，必要时重新培训清洗消毒人员。

（2）当检验人员确定卫生操作未按程序执行时，及时纠正，并对员工进行相应的培训。

（3）如果清洗后设备与食品接触面的细菌总数接近标准又未超出标准时（>80个），结合采样情况，组织相关人员查找原因（如试纸失准、消毒剂达不到要求或清洗消毒程序不当等），予以预防。

（4）如果清洗后设备与食品接触面的细菌总数超出标准（>100个），结合采样情况，组织相关人员查找原因，填写《纠正/预防措施要求表》，予以纠正和改进。

5. 相关记录 《纠正/预防措施要求表》、《每日卫生监控记录表》。

（三）防止交叉污染控制程序

1. 工厂周围环境 工厂选址、设计、布局和建筑符合《良好操作规范（GMP）》中厂区环境卫生要求及相关规定。

2. 车间布局 车间结构、布局符合《良好操作规范（GMP）》中厂房、设施卫生要求及相关规定。

3. 人员管理 人员流向粗加工、精加工完全分开，并从高清洁区到低清洁区；工作期间粗加工、精加工生产人员、负责清洗消毒人员严格分开，粗加工/精加工区不得串岗；外来人员或其他非车间人员进车间必须严格按车间相应的程序执行；所有人员严格执行员工进车间标准操作规程。人员卫生要求符合《良好操作规范（GMP）》中生产、管理人员要求相关规定。

4. 原辅料卫生监督管理

（1）原料、辅料、包装物料单独存放并保持清洁卫生，针对特殊要求原、辅料选择适合的条件贮存，原辅料库库门上方安装风幕，当库门开启时风幕自动开启，防止蚊蝇进入。

（2）生制产品的加工区域与熟制产品的加工区域要严格分开，原料及成品分开放置，生制产品与熟制产品要分开放置。

（3）各区域产品运输由各自专门通道通过。

（4）严格标识原料、半成品、成品的合格品和不合格品，不合格品放在带标识的固定容器内，与合格品严格分开。

（5）用于制造、加工、调配、包装等设施与容器使用前应确认经过清洗和消毒。

（6）工作结束后各区域生产用具分开，分别由粗加工/精加工区清洗消毒间清洗消毒，专人回收检查；工作期间各区域的工具分别严格执行工器具清洗消毒的标准操作规程，不能混淆使用。

（7）已清洗的设备容器应避免受污染。食品容器必须离地30cm以上放置。

（8）加工用水的水龙头不能直接接触地面，不用时将水管卷起盘放在水管架上，离地存放。冲洗地面墙壁时防止污水迸溅污染食品及食品接触面。

（9）车间废弃物、投入专用废弃桶内，加以标识，专人负责并及时清理。

（10）加工过程中的下料、落地产品等在指定区域存放，专人负责收集管理。

5. 虫害控制 车间密封良好，通风口有防虫设施，朝外的门有防鼠板，防止外界虫鼠的进入。

6. 监控程序 卫生督查员每天检查一次环境卫生。

7. 验证程序 化验室组织每天对环境卫生进行验证检查。卫生监督员对粗加工/精加工区车间卫生及消毒情况进行检查。

8. 纠偏措施 与食品接触的容器、设备等被污染时必须立即停止使用，并通知卫生消毒人员消毒。车间发生交叉污染及时调整及纠正，如有必要停止生产，并对在此期间生产的产品进行评估。环境卫生经检查不符合要求，通知负责人重新组织清扫。如果发现员工没有消毒或者没有按照消毒程序消毒的进行重新消毒，拒不改正的下岗培训。

9. 相关记录 《每日卫生监控记录表》《纠正/预防措施要求表》。

（四）洗手消毒和卫生间设施卫生控制程序

1. 目的 防止操作者带菌污染产品。

2. 范围 适用于生产加工各环节人员的卫生管理。

3. 卫生设施的卫生控制

（1）洗手消毒设施 在粗加工、精加工车间入口、卫生间入口处设洗手消毒设施，配备非手动开关洗手器、洗涤液、消毒液、干手设施等，并设有标识牌，明示洗手消毒程序，以便提醒员工按照程序消毒。

车间入口处设有比门宽的水靴消毒池，并设置专人负责洗手消毒设施维护及卫生保持工作。车间洗手消毒配备固定消毒槽、流动消毒车，并设立专职卫生人员负责。

工作期间检查洗手消毒设施，一旦发现损坏立即通知维修，使其保持良好的状态。工作期间洗手消毒负责人确保皂液盒内常备有洗涤灵液，酒精壶及消毒槽内常备有消毒液。每班后卫生队人员应彻底清洗消毒设备设施。

（2）卫生间 卫生间的墙壁、地面采用易清洗材质，无积水。卫生间外配有专用换用拖鞋，用地毯和外界地面分开。卫生间的数量与人员相配备。卫生间与加工区域分开，通风良好，水源充足顺畅。

生活区设置专人负责管理卫生间。

工作期间卫生间管理负责人监督员工按规定程序如厕，并负责随时保持地面干燥、通风良好。每天班后彻底清理、打扫卫生间，保证卫生间清洁卫生、无异味，并使用200～300mg/L的次氯酸进行消毒。

员工入厕所必须脱掉工作服，换上专用鞋，出厕所后彻底洗手消毒。

（3）更衣室　更衣室布局合理，配备臭氧发生器、紫外线灯等。更衣架采用不锈钢材料制作，拖鞋和生产加工人员数量相适应。

生活区设置专人负责各更衣室的管理，保持更衣室的环境卫生；员工更衣后马上离开更衣室，不得无故停留；工作服、工作靴只准在上班时穿，禁止带出或穿出厂区，不准穿工作服出车间大门；工作服每班清洗更换一次，各班专人负责收发工作服。

4. 监控程序　为检测洗手消毒效果，班前由卫生监督员监督洗手消毒；班中卫生监督员每2小时监控一次确保消毒液浓度及消毒频率在规定范围内。

化验室则根据微生物抽样计划抽样检测微生物。

5. 纠偏措施　如相关设备、设施有损坏，立即通知维修人员维修。如果经检查卫生不清洁，应通知责任人重新清扫、整理。如发现洗涤灵、消毒剂未准备或使用完毕时，及时添加，如有必要要求员工重新洗手消毒。

6. 相关记录　《每日卫生监控记录表》《水质微生物检验记录》。

（五）防止外来污染物的卫生控制程序

1. 目的　排除一切污染物，防止食品被污染。

2. 范围　适用于生产车间内及其周围环境的卫生管理。

3. 污染物来源　被污染的使用水；不清洁水的飞溅；气中的灰尘、颗粒；外来物质；地面污物；无保护装置的照明设备；清洁剂、消毒剂的残留；不卫生的包装材料。

4. 污染物控制

（1）冷凝水及污水的控制　严格控制车间温度，并保持通风良好。每周对顶棚彻底清理一次，防止冷凝水产生。车间不能有死水及被污染的水，以免脚和交通工具通过时会产生迸溅。

（2）外来异物控制

①空气　经过滤除尘后进车间。

②包装物料控制　进货检验人员按照内外包装物料的验收规定接收各种包装物料，发现其不合格率超过规定要求的拒收或进行相应处理；包装物料入库后堆放整齐，批次清楚，堆垛距地面10cm、距墙壁30cm，贮藏过程中保持环境干燥卫生；产品包装时，对内外包装检查有无异物及其完整性。

③食品的贮藏　不同成品分别设专库存放，并设有防虫、鼠设施。

④外来污染物的控制　手套等一次性物品做好发放记录；刷洗不锈钢盘前撕掉表面残留的胶带纸；摆盘前首先检查不锈钢容器表面是否残留胶带纸，如有将其清除；发现手套有破损或遗失及时更换，并将破损部分或遗失的找回。

⑤设备设施/工器具管理　严格执行设备设施清洗消毒程序；正常生产期间抢修时，维修部位下方的原料、成品必须清理干净，并做好周边部位的防护，拆卸的零配件定位放置；维修后，维修人员及时清理现场，并通知卫生清洗人员清洗消毒，经卫生监督员检查确认合格后方可投入使用；经常检修墙壁、天花板无洞，无裂缝，并保持清洁干爽；所有盛放原、辅料的容器离地离墙放置；车间设专人（工器具管理员）对工器具进行统一发放和回收，做好相应的收发记录；使用前和工作期间需半小时或15分钟消一次毒的工器具按规定程序消毒；对于所有工器具每天核对其数量，检查其完好性，如发现有缺损和遗失，立即查明原因，并及时进行修补或淘汰；工作人员在操作过程中爱护工器具，不得人为损坏

或转作他用，不得用其损坏其他设备设施；闲置工器具必须定置或清出现场；车间所有的照明设施要外加防爆装备。灯具的更换要求在班后进行。车间不允许使用玻璃温度计；机器使用的润滑油应在班后由设备科人员添加，食品接触面使用的润滑油应选择食品级润滑油。添加后应注意使用时的运行情况，防止渗漏。

5. 纠偏措施 设专人对车间顶棚进行检查发现冷凝水及时处理。不合格原料、辅料降级使用或废弃。包装物料的不合格率超过验收规定时拒收，使用时及时剔除不合格的包装材料。发现工器具、手套有破损或有丢失，将其找回，如找不到对前2小时生产的产品单独存放，做好标识，返工检查。凡进车间的所有物品及工器具须将表面相关异物（如标签）等剔除。

6. 相关记录 《每日卫生监控记录表》《清洗消毒记录》。

（六）人员卫生控制程序

1. 目的 确保员工健康上岗，防止对食品造成交叉污染。

2. 范围 适用于直接从事食品生产加工的人员。

3. 人员要求 新员工入厂时必须进行健康检查，取得健康合格证的加工人员，方可入车间从事生产加工工作。

生产加工人员每年至少一次进行健康检查，必要时做临时的健康检查。健康证由办公室统一保管。

4. 人员卫生控制

（1）健康检查，凡是患有下列疾病之一者必须调离生产加工岗位：①传染性肝炎；②活动性肺炎；③化脓性或渗出性皮肤病；④手有外伤者；⑤肠道传染病或肠道传染病带菌者；⑥其他有碍食品卫生的疾病。

（2）检查员工的健康要求 在生产加工过程中，生产领班和卫生监督员必须检查员工的健康情况，比如患有严重的感冒（如发热、流泪、流鼻涕、咳嗽等）或其他有碍食品卫生的疾病应立即调离生产岗位。

（3）伤手员工处理 ①生产过程中发现员工伤手情况，立即报告当班领班，由领班或领班委托门管员携带受伤员工去医务室进行包扎或简单处理，必要时送医院救护。②医务人员视伤手严重程度开具证明书，受伤员工拿证明书向领班申请调离工作岗位或休假。③医务人员对伤手处理及包扎情况进行登记。④轻微伤手员工或未完全愈合员工视工作岗位，卫生监督员检查后允许戴手套操作。

5. 监控程序 每日班前专人检查人员着装、个人卫生状况及健康状况，看有无着装不整、佩戴首饰、健康不良等现象。

卫生督察员每2小时检查一次员工着装、洗手消毒及健康状况。

6. 验证程序 化验室根据微生物监测计划每天进行人手消毒后的细菌总数检测。

7. 纠偏措施 体检不合格的调离生产岗位。如果员工卫生操作不当，应对其进行相应的卫生操作知识培训。经检查，员工着装或个人卫生不能达到要求，令其及时纠正。

8. 人员卫生培训计划 所有新进员工需经过企业规章制度、基础卫生知识等培训，考核合格后方可进车间，考核成绩存档。进车间后由车间负责人组织进行操作技术和相关规章制度培训。在岗期间由本车间负责人定期进行卫生知识和操作技术培训并考核，考核不合格者需下岗并接收重新培训，直至考核合格后才准予上岗。

9. 相关记录 《健康合格证》《每日卫生监控记录表》。

（七）虫鼠害控制程序

1. 目的 杜绝虫鼠害污染，保证出口食品卫生质量。

2. 范围 适用于生产加工食品场所的所有区域。

3. 人员与设施

（1）害虫害鼠控制人员（PCO） 工厂指定一名 PCO 人员，并联系到市疾病预防控制中心进行培训相关的害虫害鼠的知识，经考核合格后正式成为工厂内部的 PCO 人员。

PCO 人员根据工厂平面图，依据工厂及周围环境状况和控制情况及结果制定工厂的害虫、害鼠防治计划，并负责实施，卫生监督员部门负责定期进行监控。

（2）杀虫剂、灭鼠器 工厂内所使用、存储的杀虫灭鼠剂都是列在“允许使用的化学试剂一览表”中的，并在有效期内且有完整标签。杀虫剂空瓶须标上“只可用于杀虫剂”之类的文字以防误用，杀虫剂灭鼠剂按贮藏条件单独储存在加锁的柜中，柜子钥匙由专人保管，无部门经理级以上人员签字，任何人不得领用。

工厂内所使用的捕虫器、灭鼠器是经国家卫生防疫或环保部门等政府有关机构批准的可用于食品加工与贮藏场所，供应商已向卫生监督员部提供（复印件已备案）有效的卫生许可证、生产许可证、使用范围说明、使用方法说明，提供产地物质安全资料表（materal safety data sheets，MSDS）。

4. 防治计划

（1）工厂内各种建筑结构应有良好的密封性能，不得有容易造成鼠害、虫害出入的洞等地方。

（2）车间与车间外相通的地沟及厂内与外界相通的地沟口必须设有足够数量密度相当的铁栅栏或护板，并保持完好状态。

（3）工厂内不得有积水和卫生死角，适时对厂区内的草地、树木喷洗冲尘。厂区内草坪、花池在生长期内每周进行修剪、对杂草彻底铲除，修剪铲除后的残草（枝）及时清理出现场，以免构成害虫栖息地。

（4）清除滋生地，厂区及周围的垃圾、废料应及时清理，不得有积存废物或积水现象。防治重点在厕所，下脚料出口，垃圾箱周围和食堂。

（5）地下水道每周进行例检，每月进行全面清理疏通，清疏完毕将清理出的污泥、垃圾及时清理出现场，并对全部施工现场地下水道进行封盖检查。

（6）每年四月份开始昆虫类的灭害，到十一月结束，四、五、十、十一月份每周一次，六至九月份每天一次，并结合其实际及观察效果，适当调节。

（7）车间主要出入口及与外界相通的各通道分别加装门帘或直径小于 0.2mm 的防虫网/密闭，设置风幕、暗室、紫外灭蝇灯，同时加装挡鼠板等。

（8）工厂内及周围使用的各种防鼠，灭蚊蝇的设施如：灭蝇灯、诱饵站、电猫、粘鼠板等由 PCO 人员统一编号标识，其他人员不得随意更改或挪用。PCO 人员在监测过程中如发现有损坏或遗失现象，应在最短时间内补配齐并登记好相关的各种日期。

（9）防虫防鼠器材的放置不会污染产品、包装或原料。生产区域和储存区域不应使用苍蝇拍。

（10）灭蝇灯的管理。加工车间及库房入口处灭蝇灯由生活区门管员负责清理和检查工作。每天清理一次，非灭蝇季节（12 月 ~3 月份）每周清理一次，确保灭蝇灯的清洁度与完好适用性。

（11）捕鼠器和诱饵站数量的放置是有效的。捕鼠器布置在生产区域和储存区域的周围，最大间隔不超过 8m，如果墙体短于 8m，则至少要有一个捕鼠设备。设施（包括车间、锅炉房、仓储等）出入口 3m 内应有机械式灭鼠器（而不是粘鼠板）。

5. 监控程序

（1）PCO 人员每天进行监控，发现死鼠统一收回，进行深埋或焚烧无害化处理，并做好相关的《虫害防治执行、检查记录表》。

（2）根据每天的监测情况及防治计划，每月对虫鼠害状况进行分析，并做害虫害鼠活动趋势报告，详细记录一月情况并制订防治措施。

6. 验证程序 卫生督察员每周至少一次对防治虫鼠害工作情况及记录的真实性进行验证。

7. 纠偏措施

（1）如扑杀过的区域仍有害虫、害鼠活动，立即扑灭。

（2）如扑杀过的区域连续几日有害虫、害鼠活动痕迹，应查找原因（如器械、药品使用不当，重点区域设置有误或器械药品本身出现问题等），及时纠正或改进。

8. 相关记录 《物品出入库登记台账》《虫鼠害防治记录》。

任务三 建立卫生监控与记录

PPT

情境导入

2023年11月26日，有网友发视频反映，上海一火锅店工作人员用热水器的水冲调饮料。店家回应称，热水器上面加了一层净水器，加热到70度后才冲调的饮品，不会危害健康。事件一经发布引发热议。

对此，11月27日下午，黄浦区市场监管局已对网传视频涉及的餐饮服务经营者进行了现场执法检查，取样热水器出水及相关自制饮料送检。执法人员在现场见到了涉事电热水器，没有找到净水设备，该店负责人承认了使用热水器加工食品的事实。该店已被要求暂停自制饮品，监管部门后续将根据检验结果依法处理。

【任务描述】

请列出餐饮行业建立卫生监控与记录的内容。

【相关知识】

一、水的监控记录

生产用水应具备以下几种记录和证明。

（1）每年1~2次由当地卫生部门进行的水质检验报告的正本，如自备水源，则其水池、水塔等有清洗消毒计划和监控记录。

（2）每月一次对生产用水进行细菌总数、大肠菌群的检验记录。

（3）每日对生产用水的余氯检验。

（4）生产中接触食品的冰，自行生产者应具有生产记录，若向冰厂购买者应有冰厂的卫生证明。

（5）申请向国外注册的食品加工企业需根据所注册国家要求项目进行监控检测并加以记录。

（6）工厂供水网络图（不同供水系统用不同颜色表示）和管道检查记录。

二、表面样品的检测记录

表面样品是指与食品接触表面，例如加工设备、工器具、包装物料、加工人员的工作服、手套等。其清洁度直接影响食品的安全与卫生，也是验证清洁消毒的效果的标准。表面样品检测记录包括：加工人员的手（手套）、工作服；加工用案台桌面、刀、筐、案板；加工设备如去皮机、单冻机等；加工车间地面、墙面；加工车间、更衣室的空气；内包装物料。

消毒清洗记录是对食品接触面的清洗消毒执行情况的记录，以证明卫生控制的实施，防止产生污染食品情况的发生。记录包括：①开工前、休息间隙和每天收工后与食品接触面的清洗消毒记录；②工作服、手套、靴鞋清洗和消毒记录；③消毒剂种类及消毒水的浓度、温度检测记录；④表面样品检测项目为细菌总数、沙门菌及金黄色葡萄球菌；⑤经过清洁消毒的设备和工器具以食品接触面细菌总数低于每平方厘米 100 个为宜，对于卫生要求严格的工序，应低于每平方厘米 10 个，沙门氏菌及金黄色葡萄球菌等致病菌不得被检出。

对于车间空气的洁净程度，可通过空气暴露法进行检验。

三、雇员的健康与卫生检查记录

食品加工企业的雇员是食品加工的直接操作者，其身体的健康与卫生状况，直接关系到产品的卫生质量。因此食品加工企业必须严格对生产人员，包括从事质量检验工作人员的卫生管理。对其检查记录包括如下内容。

（1）生产人员进入车间前的卫生检查记录，包括：生产人员工作服、鞋帽是否穿戴正确；是否化妆、头发外露、修剪手指甲等；个人卫生是否清洁、有无外伤、是否患病等；是否按程序进行洗手消毒等。

（2）食品企业必须具备生产人员健康合格证明及档案。

（3）食品加工企业必须具备卫生培训计划及培训记录。

四、卫生监控与检查纠偏记录

食品加工企业应为生产创造一个良好的卫生环境，才能保证产品是在适合食品生产的条件下及卫生条件下生产的，才不会出现掺假食品。

食品加工企业的卫生执行与检查纠偏记录包括：工厂灭虫灭鼠及检查、纠偏记录（包括生活区）；厂区的清扫及检查、纠偏记录（包括生活区）；车间、更衣室、消毒间、厕所等清扫消毒及检查纠偏记录；灭鼠分布图。

食品加工企业应注意做好以下几个方面的工作：①保持工厂道路的清洁，经常打扫和清洗路面，可有效地减少厂区内飞扬的尘土；②清除厂区内一切可能聚集、滋生蚊蝇的场所，垃圾要用密封的容器运送，做到当日垃圾当日清除出厂；③实施有效的灭鼠措施，绘制灭鼠图，不宜采用药物灭鼠。

五、化学药品购置、贮存和使用记录

食品加工企业使用的化学药品有消毒剂、灭虫药物、食品添加剂、化验室使用的化学药品以及润滑油等，使用化学药品必须具备以下证明及记录：购置化学药品具备卫生部门批准的允许使用证明；贮存保管登记；领用记录；配制使用记录；监控及纠正记录。

【同步训练】

· 重点概念

1. 卫生标准操作程序　　2. 食品接触面　　3. 交叉污染

· 课后讨论

1. 水的安全对食品生产有哪些重要作用？

2. 如何预防食品生产中的交叉污染？
3. 实施卫生标准操作程序时，如何才能做到全程全方位监控？

练习题

答案解析

一、选择题

1. 生产用水（冰）的卫生质量是影响食品卫生的关键因素，食品加工厂应有充足供应的水源。对于任何食品的加工，首要的一点就是要保证（ ）的安全。

A. 水 B. 人 C. 设备 D. 包装

2. 污水处理，要符合国家环保部门的规定，符合防疫的要求，处理池地点的选择应（ ）。

A. 远离生产车间 B. 靠近生产车间
C. 在生产车间内 D. 厂外

3. 食品生产企业，人流、水流和气流的方向是（ ）。

A. 从高密度区到低密度区 B. 从高气流区到低气流区
C. 从高污染区到低污染区 D. 从高清洁区到低清洁区

4. 以下哪项操作是正确的（ ）。

A. 加工前要洗手消毒，离开车间可不用
B. 皮肤病患者穿好工作服可以正常工作
C. 车间中的冷凝水无可避免只能减少
D. 内外包装材料应该要分开存放

5. 凡从事食品生产的人员都必须进行（ ）体检。

A. 一次/年 B. 一次/半年 C. 一次/三个月 D. 一次/月

二、简答题

1. 入车间洗手程序。
2. 简述卫生标准操作规程的基本内容。
3. 简述食品交叉感染的来源及预防措施。

三、案例分析题

评审组到某大型饮料厂进行评审。负责人徐某介绍该厂规模大，产量大，技术人才多，设备先进，自动化程度高，最终的产品是内置吸管复合袋包装的，吸管顶部有一次性塑料盖的软饮料。评审组在徐某陪同下，首先对生产车间进行评审。由于车间大，人员多，更衣室也很大，男女分开左右通道进车间。通过一扇装了胶帘的大门，来到预进间，墙壁上挂着一些与生产质量、进度、计划有关的图表。

进到更衣室，首先看到在里面有卫生间，其设有抽风，冲水装置，门开向走入更衣区的通道。这时有一名工人从卫生间走出，去到更衣室的另一边洗手，再回来更衣。徐某解释说卫生间设在更衣室内，更衣室有足够的洗手消毒设施。更衣区内放置有十几个大型私人用品的铁柜，水靴架，打开之后，有衣服鞋等。徐某解释说，全厂上千名工人的工作服统一清洗、消毒、发放。评审员按厂规换了参观服。在洗手区，有脚踩式的水龙头，消毒池，穿着规范示意图。进入生产车间前，经过脚消毒池和胶门帘。

巨大的生产车间，其墙裙是白色瓷砖，大约2m高，但无瓷砖部分墙壁有霉迹。该厂的生产采用全进口的不锈钢设备，流水作业，除配料部分是人工操作，其余都是自动化生产。徐某介绍工艺流程为配料—混合—过滤—初杀菌—灌装—杀菌，其生产用水是自来水，并提供了合格的水质报告，包装材料是复合袋，也提供了供方的检验报告及厂检报告，其中有微生物项目。其杀菌工艺为85℃、15分钟，加热方式为蒸汽加热箱体中的水，产品在传送带上通过箱体，箱体上有温度计显示水温，评审员问由谁来控制这个水温，徐某回答一般由车间主任来监控，他不在时由其他工人兼顾。当问到有无记录时，徐某解释说由于水温不易发生变化，从没有出过问题，也就没记录。高度的自动化，巨大的设备，所有的管道都采用不锈钢，除投料外，物料不外露。杀菌后的成品由输送带传递去外包装车间。在墙上贴了许多操作规程和管理规定。徐某解释设备清洗采用40℃的热碱班前班后冲洗，方法及操作规程由设备生产厂家提供。

在该厂的中心化验室，评审组看到宽敞的场地，清洁整齐的环境，徐某介绍中心有高级工程师、工程师、技术员数人，都是大专以上相关专业毕业的。有4台分析天平，2台恒温烘箱，1台分光光度计，1台pH计等，评审员认真检查全部检测仪器和设备，注意到所有天平加贴了计量合格标志。评审员要求检查所有计量证书时，厂方提供了8个月前4台天平的计量合格证书。该厂的微生物检验室，有无菌室，并有两台培养箱放置在它的无菌间内。检验记录有原料、成品的理化部分、细菌部分，检验报告上有班次、项目、结果、评定、检验员签名、日期。

请找出不符合项和违反条例的现象并进行描述。

书网融合……

本章小结　　微课　　题库

项目九

危害分析与关键控制点

学习目标

知识目标

1. **掌握** 危害分析与关键控制点的基本原理和具体实施步骤。
2. **熟悉** 危害分析与关键控制点的内容和要求。
3. **了解** 危害分析与关键控制点的产生及发展。

能力目标

1. 能够运用危害分析与关键控制点体系的基本原理编写管理体系文件。
2. 具备参与危害分析与关键控制点管理体系实施的能力。

素质目标

培养学生具备食品安全风险意识和质量管理意识；培养学生获取信息、分析问题和解决问题的能力；培养学生严谨科学的思维方式以及一丝不苟的职业素养。

任务一　认知危害分析与关键控制点

PPT

情境导入

二十世纪五十年代，科学家在研发太空舱中食用的食品时，需要保证宇航员在航天飞行中使用的食品必须是安全的，否则可能因为食品的危害导致太空计划的失败甚至灾难。传统的品质控制手段不能完全确保产品的安全，要想明确判断一种食品是否能用于航天飞行，必须做大量的检验试验，除了费用之外，每生产一批食品的很大部分都必须用于破坏性检验，仅留下小部分提供给空间飞行。

【任务描述】

为了保证产品的质量，除了对最终产品的质量进行检测之外，如何提高产品的安全性和合格率？

【相关知识】

一、危害分析与关键控制点体系的概念

危害分析与关键控制点（hazard analysis critical control point，HACCP）体系以科学性和系统性为基础，识别特定危害，确定控制措施，以确保食品的安全性。HACCP 是一种评估危害和建立控制体系的工具，着重强调对危害的预防，而不是主要依赖于对最终产品的检验，其根本目的是由企业自身通过对

生产体系进行系统的分析和控制来预防食品安全问题的发生。HACCP 体系可应用于从初级生产到最终消费整个食品链中，通过分析和查找食品生产过程的危害，对危害确定具体的控制措施，并分析确定关键控制点，实施有效监控将食品安全防预、消除、降低到可接收水平。

HACCP 体系是一种科学、合理、针对食品生产加工过程进行过程控制的预防性体系，这种体系的建立和应用可保证食品安全危害得到有效控制，以防止发生危害公众健康的问题。

二、危害分析与关键控制点体系的产生

HACCP 诞生于 20 世纪 60 年代的美国。1959 年，美国皮尔斯柏利（Pills bury）公司与美国航空航天局纳蒂克（Natick）实验室为了保证航空食品的安全首次建立 HACCP 体系，保证了航天计划的完成。

三、危害分析与关键控制点体系的发展

1971 年在美国第一次国家食品保护会议上 Pillsbury 公开提出了 HACCP 的原理，立即被食品药物管理局（FDA）接受，并决定在低酸罐头食品的 GMP 中采用。

1985 年，美国科学院（NAS）就食品法规中的 HACCP 方式的有效性发表了评价结果，并发布了行政当局采用 HACCP 的公告。

1993 年，FAO/WHO 食品法典委员会批准了《HACCP 体系应用准则》，1997 年颁发了新版法典指南《HACCP 体系及其应用准则》，该指南已被广泛地接受并得到了国际上普遍的采纳，HACCP 概念已被认可为世界范围内生产安全食品的准则。

我国从 20 世纪 80 年代开始对 HACCP 体系进行了学习和研究，并在出口食品企业试运行 HACCP 管理体系。2002 年 4 月 19 日，国家质检总局发布第 20 号令《出口食品生产企业卫生注册登记管理规定》，自 2002 年 5 月 20 日起施行。规章要求对列入《卫生注册需评审 HACCP 体系的产品目录》的出口食品生产企业需依据《出口食品生产企业卫生要求》和国际食品法典委员会《危害分析和关键控制点（HACCP）体系及其应用准则》建立 HACCP 体系。按照上述管理规定，目前必须建立 HACCP 体系的有生产水产品（活品、冰鲜、晾晒、腌制品除外）、肉及肉制品、速冻蔬菜、果蔬汁、含肉及水产品的速冻方便食品、罐头类等产品，这是我国首次强制性要求食品生产企业实施 HACCP 体系，标志着我国应用 HACCP 进入新的发展阶段。

四、危害分析与关键控制点体系的特点

HACCP 是一个质量保证体系，是一种预防性策略，是一种简便、易行、合理、有效的食品安全保证系统，有如下特点。

（1）HACCP 体系不是一个孤立的体系，而是建立在企业良好的食品卫生管理系统基础上的管理体系，如 GMP、SC、SSOP 等。

（2）HACCP 体系是预防性的食品安全控制体系，要对所有潜在的生物的、物理的、化学的危害进行分析，确定显著危害，找出关键控制点，确定预防措施，将食品安全风险预防、消除或降低到可接受的水平，而不是主要依赖于对成品的检验。

（3）HACCP 体系是根据不同食品加工过程来确定的，从原料到成品、从加工厂到加工设施、从加工人员到消费者方式等的全过程控制。

（4）HACCP 体系并不是零风险体系，而是能减少或者降低食品安全中的风险。作为食品生产企业，完全依赖 HACCP 体系是不够的，还应联合相关的检验、卫生管理等手段来配合共同控制食品生产安全。

（5）HACCP体系不能只停留在文件上，需要管理层的承诺和员工的全面参与，需要一个“实践—认识—再实践—再认识”的过程。企业在制定HACCP体系计划后，要积极推行，认真实施，不断对其有效性进行验证，在实践中加以完善和提高。

五、实施危害分析与关键控制点体系的意义

食品中的危害存在于包括原料种植、收购、加工、储运、销售等许多环节上，预先采取措施来防止这些危害和确定控制点是HACCP的关键因素。该体系提供了一种科学逻辑的、预防性地控制食品危害的方法，避免了单纯依靠检验进行控制的许多不足。一旦建立HACCP体系，质量保证主要是针对各关键控制点而避免了无尽无休的成品检验，以较低的成本保证较高的安全性，使食品生产最大限度地接近于“零缺陷”。因此，这种理性化、系统性强、约束性强、适用性强的管理体系，对政府监督机构、消费者和生产商都有利。

我国有着丰富的食品资源和广阔的食品工业发展空间。同时我国也是农业大国，出口食品的生产、加工、销售，关系到上亿农民，尤其是为数不少的贫困地区农民的切身利益。面对国际市场竞争的日益激烈，国际技术壁垒与贸易壁垒高筑的严峻形势，HACCP体系的推广，无疑可以使我国食品的国际贸易冲破各种壁垒约束，成功走向世界，使众多食品企业获得全新的大发展，也使广大的农民能从中获益匪浅。

六、危害分析与关键控制点体系的基本术语

《HACCP体系及其应用准则》中规定的基本术语如下。

（1）HACCP计划（HACCP plan） 依据HACCP原则制定的一套文件，用于确保在食品生产、加工、销售等食物链各阶段与食品安全有重要关系的危害得到控制。

（2）必备程序（prerequisite programs） 为实施HACCP体系提供基础的操作规范，包括良好生产规范（GMP）和卫生标准操作程序（SSOP）等。

（3）流程图（flow diagram） 指对某个具体食品加工或生产过程的所有步骤进行的连续性描述。

（4）步骤（step） 指从产品初加工到最终消费的食物链中（包括原料在内）的一个点、一个程序、一个操作或一个阶段。

（5）危害（hazard） 指食品中所含有的对健康有潜在不良影响的生物、化学或物理因素或食品存在的状态。

（6）显著危害（significant hazard） 有可能发生并且可能对消费者导致不可接受的危害；有发生的可能性和严重性。

（7）危害分析（hazard analysis，HA） 对危害以及导致危害存在条件的信息进行收集和评估的过程，以确定出食品安全的显著危害，因而宜将其列入HACCP计划中。

（8）关键控制点（critical control point，CCP） 指能够实施控制措施的步骤。该步骤对于预防和消除一个食品安全危害或将其减少到可接受水平非常关键。

（9）控制（control，动词） 为保证和保持HACCP计划中所建立的控制标准而采取的所有必要措施。

（10）控制点（control point，CP） 能控制生物、化学或物理因素的任何点、步骤或过程。

（11）控制措施（control measure） 用以防止、消除食品安全危害或将其降低到可接受的水平，所采取的任何行动或活动。

（12）关键限值（critical limits） 区分可接受和不可接受水平的标准值。

（13）操作限值（operating limits） 比关键限值更严格，操作者用来减少偏离风险的标准。

（14）监测（monitor） 为评估关键控制点（CCP）是否得到控制，而对控制指标进行有计划的连

续观察或检测。

（15）偏差（deviation） 指未能符合关键限值。

（16）纠偏措施（corrective action） 当针对关键控制点（CCP）的监测显示该关键控制点失去控制时所采取的措施。

（17）确认（validation） 证实 HACCP 计划中各要素是有效的。

（18）验证（verification） 指为了确定 HACCP 计划是否正确实施所采用的除监测以外的其他方法、程序、试验和评价。

任务二 认知 HACCP 的七个基本原理

微课

PPT

情境导入

审核员在审核某食品厂某类食品危害分析与关键控制点（HACCP）体系时，发现针对高温高压灭菌这个关键控制点设定了关键限值，但是并没有相对应的监控设备和监控记录。

【任务描述】

请找出不符合 HACCP 体系项并进行描述。

【相关知识】

HACCP 体系由以下七个原理组成：原理 1 进行危害分析；原理 2 确定关键控制点（CCPs）；原理 3 建立关键限值；原理 4 建立关键控制点（CCPs）的监控系统；原理 5 建立纠正措施，以便当监控表明某个特定关键控制点（CCP）失控时采用；原理 6 建立验证程序，以确认 HACCP 体系运行的有效性；原理 7 建立有关上述原理及其在应用中的所有程序和记录的文件系统。

一、进行危害分析

危害分析（hazard analysis，HA）与预防控制措施是 HACCP 原理的基础，也是建立 HACCP 计划的第一步。企业应根据所掌握的食品中存在的危害以及控制方法，结合工艺特点，进行详细的分析，并找出潜在的危害。

危害：食品中所含有的对健康有潜在不良影响的生物、化学或物理的因素或食品存在的状况。

危害分析一般由企业成立的食品安全小组来完成。危害分析一般分为两个阶段，即危害识别和危害评估。

1. 危害识别 危害识别有两个最基本的要素。第一是鉴别可损害消费者的有害物质或引起产品腐败的致病菌或任何病原；第二是详细了解这些危害是如何产生的。

在进行危害分析时，首先应对照工艺流程图从原料到成品的每个环节进行危害识别，列出所有可能的潜在危害。进行危害识别时，主要从生物性危害、化学性危害、物理性危害三方面考虑。

（1）生物性危害 主要是由微生物本身及其代谢过程和代谢产物对食品原料、生产加工过程和成品造成的污染。如细菌性危害、真菌性危害、病毒和立克氏体、寄生虫、昆虫等因素。

（2）化学性危害 是指有毒的化学物质污染食品，如农药残留、兽药残留、天然毒素、化学添加剂、重金属污染、化学清洗剂、包装材料等。

（3）物理性危害 主要指外来杂质污染食品。如玻璃、金属、小石子等。

一般来说，食品中的危害通常来自于下面几个方面。

（1）原辅材料及生产用水，生产所用动植物原辅材料的生长环境及采集过程会带来的物理性（土块、石屑、杂草、玻璃、金属等异物）、化学性（农残、兽残、重金属等）、生物性（微生物、寄生虫、病毒等）污染。

（2）加工引起的食品成分理化特性变化，如淀粉制品在高温油炸过程中会产生丙烯酰胺。

（3）生产设备及车间内设施，工艺流程图设置不合理导致交叉感染，各种仪表仪设备运行不稳定等。

（4）人员健康状况：如个人卫生不符合要求、操作不符合卫生规范等。

（5）包装方面，包装材料不符合食品级，包装方式不卫生，包装标签内容含糊不清等。

（6）食品的贮运与销售，不适当的贮运条件往往导致或加重危害程度（如产品需要冷链贮运，却放在常温下贮运销售，加速产品的腐败变质）。

（7）消费者对食品不正确的消费行为也会导致或加重危害的产生。

（8）消费对象的身体健康状况和体质特异性或体质差异，同样会导致或显现出危害。

2. 危害评估 在确定危害后，就可进入危害评估阶段。并不是所有识别的潜在危害都必须放在HACCP计划中来控制，但是一个危害如果同时具备下列两个特征，则该危害被确定为显著危害，显著危害必须被控制。显著危害必须具备的两个特性是：①有可能发生（发生的可能性）；②一旦控制不当，可能给消费者带来不可接受的健康风险（严重性）。在危害分析期间，要把对食品安全的关注同对食品的品质、规格、数（重）量、包装和其他卫生方面有关的质量问题的关注分开，应根据各种危害发生的可能风险（可能性和严重性）来确定某种危害的显著性。通常根据工作经验、流行病学数据、客户投诉及技术资料的信息来评估危害发生的可能性，用政府部门、权威研究机构向社会公布的风险分析资料、信息来判定危害的严重性。

加工过程的危害评估程序应在提出了产品的加工说明，确定产品制备需要的原材料种类和成分，准备了产品生产过程工艺图之后进行。应该注意的是，进行危害分析时必须考虑加工企业无法控制的各种因素。同样的物体（或异物），根据消费群体的不同以及食用方式的不同，有时可能是危害，有时可能不是危害。例如1岁半儿童食用果冻窒息死亡事件；使用吸管饮用热饮烫伤事件等，伤害就会立即发生。

如果可能性和严重性缺少一项，则不要列为显著危害。不要试图控制太多点，否则不能抓住重点，失去了实施HACCP计划的意义。

3. 控制措施 控制措施也被称为预防措施，是用以防止或消除食品安全危害或降低到可接受的水平，所采取的任何行动和活动。在实际生产中，可以采取许多措施来控制食品安全危害。有时一种显著危害需要同时几种方法来控制，有时一种控制方法可同时控制几种不同的危害。

二、确定关键控制点

控制点（CP）：能控制生物、物理或化学因素的任何点、步骤或过程。

关键控制点（CCP）：是能进行有效控制危害的加工点、步骤或程序，通过有效的控制防止发生、消除危害，使之降低到可接受水平。

关键控制点（CCP）可能是某个地点、程序或加工工序，在这里危害能被控制。关键控制点有两种类型：CCP-1能保证完全控制某一危害，CCP-2能减少但不能保证完全控制某一危害。在HACCP的范围内，某关键控制点上“控制”的含义是通过采取特别的预防措施减小或防止一个或多个危害发生的风险。

一个关键控制点是某一点、步骤或程序，在这里可以采取控制手段影响某一食品安全的危害被防止、减少到可以接受水平（注意：CCP-1和CCP-2之间无区别）。这样对每个被认作CCP的步骤、地点或程序，必须提供在该点所采取的预防措施的详尽描述。如在该点没有预防措施可采取，那么这点就不是 CCP。

1. 关键控制点的确定原则

（1）当危害能被预防时，这些点可以被认为是关键控制点。

（2）能将危害消除的点可以被确定为是关键控制点。

（3）能将危害降低到可接受水平的点可以被确定为关键控制点。

完全消除和预防显著危害是不可能的，因此，在加工过程中将危害尽可能地减少是食品安全管理体系唯一可行并且合理的目标。所以说，食品安全管理体系不是“零风险”体系。

尽管在某些情况下，将危害减少到最低程度是可接受的，但最重要的是明确所有的显著危害，同时要了解 HACCP 计划中控制这些危害的局限性。

确定某个加工程序是否为 CCP 点是一件复杂而又专业性强的事，CCP“判断树”（图 9－1），可以帮助我们进行 CCP 的确定。

从图 9－1 CPP 判断树可见，就问题 1 对已确定的显著危害首先是了解有无控制该危害的措施，如果“否”，即产品将是不安全的，则继续讨论此点对确保食品安全是否必要，是否一定要加以控制，如果“是”，则该点必须要加以控制，即要修改或调整此工艺步骤。如果“否”，即该点对确保食品安全没必要，不是关键控制点。

如果对问题 1 回答“是”，有控制危害的措施，则进入问题 2。问该点的危害能否降至可接受的水平，如果“是”，即能达到要求，则该关键点成立；如“否”，则进入问题 3。

就问题 3，问此点的危害是否会加剧至不可接受的水平，如果“否”，即“此点”的危害还无关紧要，不是 CCP；如果“是”，即所有措施还难达到此阶段的规定要求，则进入问题 4。

就问题 4，问以后步骤能否控制危害或将危害降低到可接受的水平，如果“否”，即该点以后工序累积的危害不能被控制和减少至可接受水平，则此点就要作为关键控制点，也就是说应提早或在此点要严加控制，否则以后控制就来不及了；如果“是”，即后续加工步骤能解决危害，则此步骤不是 CCP。

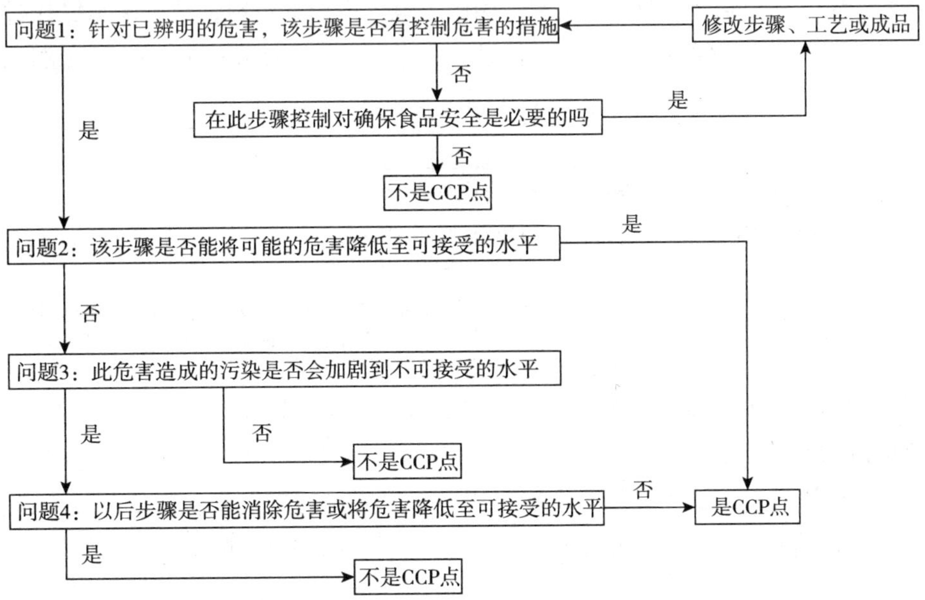

图 9－1　CCP 判断树

①按描述的过程进行至下一个危害。②在识别 HACCP 计划中的关键控制点时，需要在总体目标范围内对可接受水平和不可接受水平作出规定。

2. 确定关键控制点时应注意的问题

（1）区分关键控制点和控制点　只有某一点或某些点被用来控制显著的食品安全危害时，才被认为是关键控制点。关键控制点应是能最有效地控制显著危害的点。

（2）明确关键控制点和危害的关系　一个关键控制点可以用于一种以上危害的控制；几个关键控制点可能用来共同控制一种以上危害；也可能某一产品在 A 加工线上生产时确定的关键控制点与在 B 加工线上生产同样产品的关键控制点不同。如何判定某一点是不是关键控制点，可以借助 CCP 判断树。值得注意的是，CCP 判断树对 CCP 的确定是一种有用的工具，但不是确定 CCP 所必需的工具。判断树不能代替专业知识，因为完全依赖判断树可能导致错误的结论。

三、建立关键限值

关键控制点确定后，必须为每一个关键点建立关键限值。

1. 定义　关键限值（CL）：为区分可接受与不可接受水平的指标。关键限值是非常重要的，而且应该合理、适宜、可操作性强、符合实际和实用。如果关键限值过严，即使没有发生影响食品安全的危害，也会要求去采取纠偏措施；如果过松，又会造成不安全的产品到了用户手中。

确定了关键控制点，我们知道该点的危害程度与性质，知道需要控制什么，这还不够，还应明确将其控制到什么程度才能保证产品的安全。为更切合实际，需要详细描述所有的关键控制点。

关键限值（CL）确定的原则是能尽可能地有效、直观、快速、方便和可连续监测。在生产实践中，一般不用微生物指标作为 CL，可用温度、时间、流速、含水量、水分活度、pH、盐度、密度、质量、有效氯等，可快速测定的物理化学参数，以利于快速反应，及时采取必要的纠偏措施。

2. 确定关键限值的信息来源　在许多情况下，恰当的关键限值不一定是明显的或容易得到的。需要进行实验研究或从科学刊物、法规性指标、专家等渠道获取信息。确定关键限值应有充分的科学依据。为了确定关键控制点的临界限制指标，应全面收集法规、技术标准的资料，从其中找出与产品性状及安全有关的限量，还应有产品加工的工艺技术、操作规范等方面的资料，从中确定操作过程中应控制因素的限制指标。如果得不到用来确定关键限值的信息，应当选择一个保守的值。确定关键限值见表 9 – 1。

表 9 – 1　CL 值实例

危害	CCP	关键限值（CL）
致病菌（生物的）	巴氏杀菌	≥72℃，≥15 秒将牛奶中致病菌杀死
致病菌（生物的）	干燥室内干燥	≥93℃，≥120 分钟，风速≥0.15 m^3/min，半成品厚度≤1.2cm（达到水分活度≤0.85，以控制被干燥食品中的致病菌）
致病菌（生物的）	酸化	批次生产配料表：半成品质量≤100kg；浸泡时间≥8 小时；醋酸浓度≥3.5%，≥50L（达到 pH4.6 以下，以控制腌制食品中的肉毒梭状芽孢杆菌）

3. 操作限值（OL）　操作限值：由操作人员使用的，以降低偏离风险的标准。操作限值应当确立在关键限值被违反以前所达到的水平，比关键限值（CL）更严格。生产中一旦发现可能偏离关键限值（CL）的趋势，在还没有发生偏离时就调整加工或操作，使控制参数重新恢复到安全范围以内。加工调整不涉及产品，只是消除发生偏离操作限值的原因，使加工回到操作限值。

四、关键控制点的监控

企业应制定监控程序并执行，以确定产品的性质或加工过程是否符合关键限值。

1. 监控的定义　为了评估 CCP 是否处于控制之中，对被控制参数所作的有计划的、连续的观察或测量活动，称为监控。

2. 监控的目的 确立了关键控制点及其临界限制指标，随之而来的就是对其实施有效的监测措施，这是关键控制点成败的“关键”。

跟踪加工过程，查明和注意可能偏离关键限值的趋势，并及时采取措施进行加工调整，使加工过程在关键限值发生偏离前恢复到控制状态；当一个 CCP 发生偏离时，查明何时失控，以便及时采取纠偏行动；提供监控记录，用于验证，用于追溯加工过程。

3. 监控的要素 每个监控程序必须包括 3W1H，即监控什么（监控对象，what）、何时监控（监控频率，when）、谁来监控（监控人员，who）、怎样监控（监控方法，how）。

监控程序应包括以下方面的内容。

（1）监控对象 通过观察和测量评估一个 CCP 的操作是否在关键限值内。

（2）监控方法 设计的监控措施必须能够快速提供结果。物理和化学检测能够比微生物检测更快地进行，常用的物理、化学检测指标包括时间和温度组合、酸度或 pH 值、感官检验等。监测方法一般有在线（生产线上）检测和不在线（离线）检测两种。在线检测可以连续地随时提供检测情况，如温度、时间的检测；离线检测是离开生产线的某些检测，可以是间歇的，如 pH、水分活度等的检测。与在线检测比较，离线检测稍显得有些滞后，不如在线检测那么及时。

监控设备：如温度计、钟表、天平、金属探测仪和化学分析设备等。

（3）监控频率 监控可以是连续的或非连续的。连续监控对许多物理或化学参数都是可行的，非连续监控应确保关键控制点是在监控之下。监控的频率由 CCP 的性质和监控过程的类型决定，HACCP 实施小组应该为每个监控过程确定恰当的监控频率，如金属探测器，它的监控频率定为 30 分钟/次。最佳的监控方式是连续性的，当不可能连续监控一个 CCP 时，常常需要缩短监控的间隔、加快监控的频率，以便及时发现操作限值或关键限值的偏离程度。还有几种情况也应该加快监控频率：①监控的参数出现较大变化；②监控参数的正常值与关键限值很接近；③出现超过关键限值的监控参数。

（4）监控人员 可以进行 CCP 检测的人员包括流水线上的人员、设备操作者、监督员、维修员、品控人员等。负责 CCP 检测的人员必须接受 CCP 监控技术的培训，认识 CCP 监控的重要性，能及时进行监控活动，准确报告每次监控工作，随时报告偏离关键限值的情况以便及时采取纠偏措施。

总之，监测是要求管理部门重视的行动。其目的是收集数据作出有关临界限度的决定。监测要在最接近控制目标的地方进行。当你是监测员时你可以观察或测量，监测应全面记录。信任负责监测的人是非常重要的，监测员的培训和定期检查他们的执行情况也是很重要的。

五、建立纠正措施程序

建立处理当监控表明没有达到关键限值要求时所要采取的纠正措施程序。任何 HACCP 方案要完全避免偏差几乎是不可能的，因此，需要预先确定纠正措施程序以保证关键控制点（CCP）重新处于受控状态。

纠偏措施包括：①确定引起偏离的原因；②确定偏离期采取的处理方法，当生产参数接近或刚超过操作限值不多时，立即采取纠偏措施。例如进行隔离和保存并做安全评估、退回原料、重新加工、销毁产品等，纠偏措施必须保证 CCP 重新处于受控状态。例如在牛奶的巴氏杀菌中，没有达到杀菌温度的牛奶，通过开启的自动转向阀，重新进入杀菌程序；③记录纠偏措施，包括偏离的描述、对受影响产品的最终处理、采取纠偏措施人员的姓名，必要的评估结果。

应当引起重视的是，当在某个关键控制点上，纠偏措施已被正确实施却仍反复发生偏离关键限值的情况，就需要重新评价 HACCP 计划，并对整个 HACCP 计划做出必要的调整和修改。

六、建立验证程序

验证：通过提供客观证据，包括应用监控以外的审核、确认、监视、测量、检验和其他评价手段，对食品安全管理体系运行的符合性和有效性的认定。

最复杂的HACCP原理之一就是验证。验证程序的正确制定和执行是HACCP计划成功实施的重要基础。验证原理的核心是“验证才足以置信”。食品安全管理体系的宗旨是防止食品安全的危害，验证的目的是提供置信水平。一是证明HACCP计划建立在严谨、科学的基础上的，它足以控制产品本身和工艺过程中出现的安全危害；二是证明HACCP计划所规定的控制措施能被有效的实施，整个食品安全管理体系在按规定有效运转。

一般说来，验证由以下要素组成。

（1）确认　确认是通过提供客观证据，对食品安全管理体系要素本身有效性的认定。

确认方法是结合基本的科学原则（包括运用科学的数据；依靠专家的意见；生产中进行观察或检测等）。确认对象是HACCP计划的每一环节从危害分析到验证对策做出科学技术上的复查。

确认频率如下：①最初的确认。②当出现下列情况时，也必须采取确认：a. 改变原料；b. 改变产品或加工工艺过程；c. 复查时数据出现不符或相反；d. 重复出现相同的偏差；e. 有关危害或控制手段的新信息（原来依据的信息来源发生变化）；f. 生产中观察到异常情况；g. 出现新的销售或消费方式。

（2）CCP验证活动　CCP验证活动是监控设备的校准，包括以下内容：①监控设备的校准；②校准记录的复查；③针对性地取样和检测；CCP记录（包括监控记录、纠偏记录、校准记录）的复查。

（3）HACCP体系的验证　食品安全管理体系的验证是内部审核及最终产品的微生物试验。审核包括以下内容。

①审核食品安全管理体系的验证活动：检查产品说明和生产流程的准确性；检查工艺过程是否按照HACCP计划被监控；检查工艺过程确实在关键界限内操作；检查记录是否准确、是否按要求进行记录。

②审核记录的复查：监控活动是否在HACCP计划规定的位置进行了监控活动；监控活动是否按HACCP计划规定的频率执行；监控表明发生了关键界限的偏差时，是否有纠偏行动；设备是否按HACCP计划进行了校准。

食品安全管理体系的验证频率：每年一次；系统发生故障；产品或加工发生显著变化。

（4）执法机构或其他第三方认证　①对HACCP计划及其修改的复查；②对CCP监控记录的复查；③对纠偏记录的复查；④对验证记录的复查；⑤检查操作现场HACCP计划执行情况及记录保存情况；⑥抽样分析。

七、建立文件控制和记录保持程序

1. 记录的要求

（1）总的要求　所有记录至少包括以下内容：加工者或进口商的名称和地址，工作日期和时间，操作者的签名。适当的时候应包括产品的特性以及代码，加工过程或其他信息资料也应包括在记录中。

（2）记录的保存期限　对于冷藏产品，一般至少保存一年，对于冷冻或货架稳定的商品至少保存两年。对于其他加工设备、加工工艺等方面的研究报告，科学评估的结果应至少保存两年。

（3）可以用计算机保存记录，但要求保证数据完整和统一。

2. 记录的构成

（1）体系文件。

（2）有关食品安全管理体系的记录：HACCP计划和用于制定计划的支持性文件；纠偏行动记录；

关键控制点的监控记录；验证活动记录。

（3）食品安全小组的活动记录。

（4）前提方案和操作性前提方案的执行、监控、检查和纠正记录。

HACCP 计划的有效实施，与 7 个原理的共同作用是分不开的。HACCP 的 7 个原理不是孤立的，而是一个有机整体。

任务三　建立和执行 HACCP 体系

PPT

情境导入

在星期一的公司例会上，公司执行经理提出下一步的工作计划是建立产品单体冻结生虾仁的危害分析与关键控制点（HACCP）管理体系，并把这个任务分配到了质量管理部门。

【任务描述】

如果你是质量部门的负责人，该如何开展这项工作？

【相关知识】

一、HACCP 体系实施的前提计划

企业应建立、实施、验证、保持并在必要时更新或改进前提计划，以持续满足 HACCP 体系所需的卫生条件；前提计划应包括人力资源保障计划、生产许可（SC）、企业良好生产规范（GMP）、卫生标准操作程序（SSOP）、原辅料和直接接触食品的包装材料安全卫生保障制度、召回与追溯体系、设备设施维修保养计划、人员培训计划、应急预案等。企业前提计划应经批准并保持记录。

以单冻虾仁加工厂为例阐述 HACCP 计划的建立和执行。××单冻虾仁加工厂是一家生产冷冻虾仁的加工企业，产品主要出口欧美市场，在具备 HACCP 体系实施的前提计划的基础上制定了 HACCP 计划。常规的实施 HACCP 体系计划由 11 个步骤组成，建立和执行步骤如图 9－2 所示。

二、组建 HACCP 计划实施小组

HACCP 工作小组负责编写制定 HACCP 体系计划以及实施和验证 HACCP 体系。HACCP 体系涉及的学科内容有食品方面的生产、技术、管理、贮运、采购、营销、环境、统计等，因而 HACCP 计划实施小组应由不同部门的人员组成，应包括组织管理 HACCP 体系实施的领导、卫生质量控制、产品研发、生产技术人员、设备设施管理、原辅料采购、销售、仓储及运输部门人员、品控人员以及其他必要人员，还可以从其他途径获得专家的支持。组建一支相互支持、相互鼓励、团结协作、专业素质好、业务能力强、技术水平高的 HACCP 计划实施小组，是有效实施 HACCP 系统及体系的核心保障。

HACCP 小组应选派一名熟知 HACCP 体系和有领导才能的人为组长，领导和组织 HACCP 小组的工作，并通过教育、培训、实践等方式确保小组成员在专业知识、技能和经验方面得到持续提高，并保持与高层管理及各个部门之间的沟通，确保 HACCP 体系得到建立、实施、保持和更新。

1. HACCP 小组成员的职责　①制订 HACCP 计划。②修改、验证 HACCP 计划。③监督、实施 HACCP 计划。④完成 HACCP 体系计划的内部审核。⑤负责对全体员工进行培训。

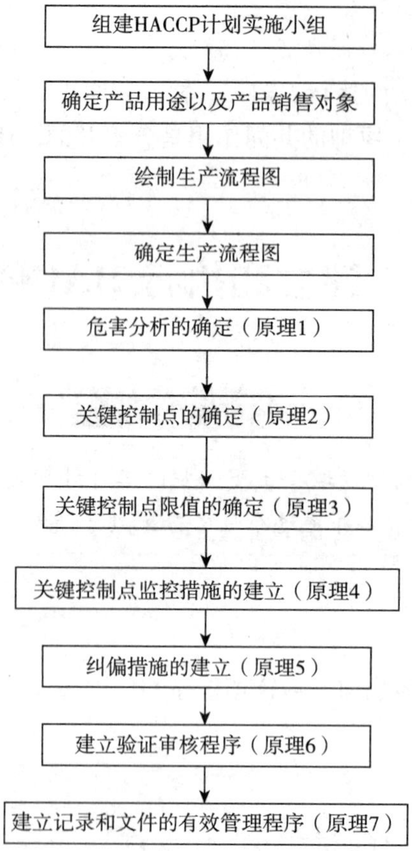

图9－2　HACCP计划的基本实施步骤

2. 实施小组的成员必须具备的基本条件　①具备良好的沟通协调、组织领导能力。②应具有较强的责任心、认真和实事求是的工作态度。③具备必需的专业知识、经验或资格，并接受相应的培训。④具有食品安全管理意识、工作认真负责。⑤能认真执行HACCP计划，并能对确认潜在的危害提出控制解决办法。

三、产品描述

HACCP小组应对产品特性进行全面的描述，包括相关的安全信息如下。

（1）原辅料、食品包装材料的名称、类别、成分及其生物、化学和物理特性。

（2）原辅料、食品包装材料的来源，以及生产、包装、储藏、运输和交付方式。

（3）原辅料、食品包装材料接收要求、接收方式和使用方式。

（4）产品的名称、类别、成分及其生物、物理、化学特性（包括A_w、pH、硬度、流变性等）。

（5）产品的加工方式（如：热处理、冷冻、盐渍、烟熏、杀菌程度等）。

（6）产品的包装（密封、真空、气调等）、储藏（冻藏、冷藏、常温贮藏等）、运输和交付方式。

（7）产品的标识和销售方式（如销售过程中是否需要冷冻、冷藏或在常温下进行销售）。

（8）所要求的储存期限（保质期、保存期、货架期等）。

注：应保持产品描述的记录。

【例】冻虾仁产品描述

产品种类：虾类（shrimp）

最终产品单体冻结生虾仁（individually quick frozen raw，peeled shrimp/prawn；简称单冻虾仁）

包装方式：内套塑料袋（1kg/袋），外装纸箱（12 袋/箱或 10 袋/箱），另可根据客户要求进行调整。

销售和贮存方法：冷藏链销售；冷冻贮存和发运（-18℃以下）。

预期用途和消费者：购买后消费前充分加热后方可食用；消费对象为普通公众。

对产品进行必要的表述，可以帮助消费者或后续的加工者识别产品可能存在的危害，便于考虑易感人群是否接受该产品。

四、确定产品预定用途以及销售对象

HACCP 小组应在产品描述的基础上，还应确定产品预定用途以及销售对象。

①顾客对产品的消费或使用期望；②产品的预期用途和储藏条件（常温、冷链等），以及保质期；③产品预期的食用或使用方式（如该产品是直接食用、还是加热后食用或者再加工后才能食用等）；④产品预期的顾客对象；⑤直接消费产品对易受伤害群体的适用性；⑥产品非预期（但极可能出现）的使用或使用方法；⑦其他必要的信息。

使用说明书要说明适合哪一类消费人群、食用目的、食用方法等。不同用途和不同消费者对食品安全的要求不同，对过敏的反应也不同。有五种敏感或易受伤害的人群：老人、婴儿、孕妇、患者及免疫缺陷者。如：单冻虾仁：消费前充分加热后食用，一般公众食用。同时，将有关内容填入 HACCP 计划表表头的相应位置，如表 9-2 所示。

表 9-2 HACCP 计划表

<table>
<tr><td colspan="4">公司名称：
公司地址：
计划用途和消费者：</td><td colspan="6">产品名称：
储存和销售方法：
日期： 年 月 日</td></tr>
<tr><td rowspan="2">（1）CCP</td><td rowspan="2">（2）
显著危害</td><td rowspan="2">（3）
关键极限值</td><td colspan="4">监控</td><td rowspan="2">（8）
纠偏
措施</td><td rowspan="2">（9）
记录</td><td rowspan="2">（10）
验证</td></tr>
<tr><td>（4）
什么</td><td>（5）
如何</td><td>（6）
频率</td><td>（7）
人员</td></tr>
<tr><td></td><td></td><td></td><td></td><td></td><td></td><td></td><td></td><td></td><td></td></tr>
<tr><td></td><td></td><td></td><td></td><td></td><td></td><td></td><td></td><td></td><td></td></tr>
</table>

五、绘制生产流程图

生产流程图由 HACCP 计划实施小组制定，要清晰、准确、扼要地列出所有加工步骤，其范围应包括整个加工过程中在企业直接控制下的所有工序，还可以包括食品链中加工前或加工后的步骤。它概括了从原辅料采购贮存、产品生产、产品贮存过程的所有要素和细节，准确地反映了生产制作过程中的每一个步骤。流程图是危害分析的基础，表明了产品形成过程的起点、加工步骤、终点，确定了危害分析和制定 HACCP 计划的范围，是建立和实施 HACCP 体系计划的起点和焦点。

每个加工步骤的操作要求和工艺参数都应在工艺描述中列出。适用时，应提供工厂位置图、厂区平面图、车间平面图、人流物流图、供排水网络图、防虫害分布图等。

以单冻生虾仁为例。

（一）工艺叙述

1. 鲜虾接收 公司采购员直接从渔民渔船上收购或在码头直接收购；渔民在海上有时使用亚硫酸盐防腐剂对鲜虾进行处理，以防止虾体黑变。经检验合格后接收（应符合 GB 2733 食品安全国家标准 鲜、冻动物性水产品）。原料虾运至公司原料接收区，在接收区清洗后，用4℃以下的冰水降温，然后用清洁的鱼盘（筐）一层冰一层虾做保鲜处理后，存放于预冷库。

2. 片冰保鲜 原料虾接收后存放在清洁的鱼盘（筐）中，用片冰保鲜，层冰层虾片冰压顶。预冷库的温度低于7.2℃，虾体几何中心温度低于4℃。若连续2小时库温超过7.2℃，虾体温度高于4℃，该批原料虾必须在2小时内处理完成（整个生产流程不超过4小时，特殊情况不超过6小时；实验室应检测金黄色葡萄球菌）。

3. 冻虾原料 直接从有国家质量监督检验检疫总局注册的加工冷冻厂收购，产品是否含有亚硫酸盐（以 SO_2计），供应商必须提供证明及标签；经检验合格后验收。

4. 解冻 将冻虾原料放在粗加工车间操作台上空气自然解冻或流动水解冻，室温不超过20℃，解冻至半化冻状态。

5. 去头、去壳 保鲜加冰的鲜虾从预冷库进入粗加工车间；分送到操作台上，用手工去头、去壳。冻虾原料解冻后直接在操作台上进行。然后用清水清洗后送到精加工车间进行分级。粗加工车间环境温度控制在20℃以下。

6. 清洗 虾仁清洗用水的水温尽量不高于10℃；清洗时不断搅动，洗去泥沙及杂质；清洗用水应及时更换，避免交叉污染。虾仁清洗后用4℃以下冰水浸泡降温。

7. 分级 剥好的虾仁清洗后应用冰水浸洗作降温处理，然后在一张不锈钢桌面上，人多虾少的情况下迅速分好规格。分规格的同时应拣出鲜度差、断裂的虾及杂质；要求分选的规格比标定规格只数少几只，由班组长检测只数。并存放在各自的塑料筛中。每档规格放标记指示。

虾仁分级规格要求：只/磅（也可根据客户的要求进行调整）。分级实例见表9－3。

表9－3　单冻生虾仁分级规格

规格（只/磅）	100%净重	50%净重	70%净重	75%净重	80%净重	85%净重	90%净重
20/40	38	80	57	52	50	46	44
30/50	48	100	70	65	62	58	55
40/60	58	120	85	80	75	70	65
50/70	68	140	100	93	87	80	75
60/80	78	160	110	105	100	93	85
70/90	88	180	128	120	110	105	100
70/100	98	200	140	130	120	115	110
80/120	115	230	170	160	145	140	130
90/110	105	210	155	145	135	130	120
100/200	180	400	280	260	230	210	210
200/300	280	600	400	400	350	350	300

8. 泡液 根据客户的要求，将清洗降温分级后的虾仁立即放入盛有多聚磷酸盐（品质改良剂，

符合 GB2760 食品添加剂使用标准）溶液的容器中；水：虾仁：多聚磷酸盐的比例一般情况下分别为 50：70：2% 左右［溶液温度控制在 7.2℃以下，半成品几何中心温度控制在 4℃以下，溶液浸泡时间根据客户的要求，但应小于 4 小时（根据进口国的法规要求）。精加工车间环境温度控制在 20℃以下］。

9. 挑选 根据泡液的效果及检验结果而定。如果有杂质或每磅只数不符合要求，就应把泡液后的虾仁进行挑选，符合规定要求后再进行清洗。

10. 清洗 用清洁的流动水洗净后放在搁架上沥水 3 分钟后进行冻结。

11. 单冻 将沥水后的虾仁摆放在单冻机上，加工人员将其均匀地放置于输送带上，随时目测挑选零星杂质。用 -30℃以下的冻结温度进行冻结。

12. 半成品冻藏 将分级单冻后的不同规格虾仁装袋（其容量为 10kg），放入周转箱，置于 -18℃以下的半成品冻藏库中按规格、生产日期或批号堆放使用。

13. 镀冰衣 从冻藏库出库的单冻虾仁镀冰衣时水温控制在 0~4℃，水质符合饮用水标准。浸水时间在 3~5 秒；镀冰衣后虾仁表面光滑美观，防止干耗。镀冰衣量按照客户要求。镀冰衣后的虾仁粘连须分开。

14. 称量 将镀冰衣后的单冻虾仁使用鉴定准确的衡器按以合同规定的产品净重和镀冰衣产品解冻后的净重为依据进行称量。

15. 包装材料接收 用清洁、密封和保养良好的车辆运输，经 HACCP 办公室会同车间检验合格后，指定批号分别存放于干燥的物料仓库内。

16. 包装材料贮藏 包装材料按内包装和外包装材料分别存放在物料包装仓库内，加盖塑料薄膜以防止包装材料受到污染。

17. 包装/贴标 把镀冰衣后的虾仁（或用不锈钢漏斗）装入清洁无毒卫生的塑料袋中，封口。如产品含有亚硫酸盐在 10~100ppm 的（以 SO_2 计）；根据进口国的法规要求和客户的要求，必须贴标签声明。

18. 金属检测 把封口后的产品放在金属探测仪的输送带上进行金属探测，经探测合格的产品才能装回纸箱。若发现有金属异物，立即捡出，单独隔离放置，查明原因并记录。

19. 装外纸箱 产品经金属探测后，按客户要求装入外纸箱内并封箱；外纸箱上标明产品生产的日期、企业代码和批号。包装完毕，成品送入成品冻藏库。

20. 冻藏 所有成品立即送入 -18℃以下冻藏库中，按规格、批号分别堆垛。

21. 出厂发运 所有货运冷冻集装箱装运前应检查车厢内是否清洁卫生。箱内温度预冷至 10℃以下放可装货；装货完毕，箱内温度制冷至 -18℃以下放可起运。

（二）工艺流程图

生产流程图无统一格式要求，以简明扼要、易懂、实用、无遗漏、清晰、准确为原则，形式可以多样化，通常见的是由简洁的文字表述配以方框图和若干的箭头按顺序组成。

企业应制定包括食品安全体系涉及的所有产品的生产实际流程图（图 9-3）。若一个企业同时生产多种产品，而不同产品的加工工序存在明显区别时，企业应分别制定流程图，分别进行危害分析和分别制定 HACCP 计划。

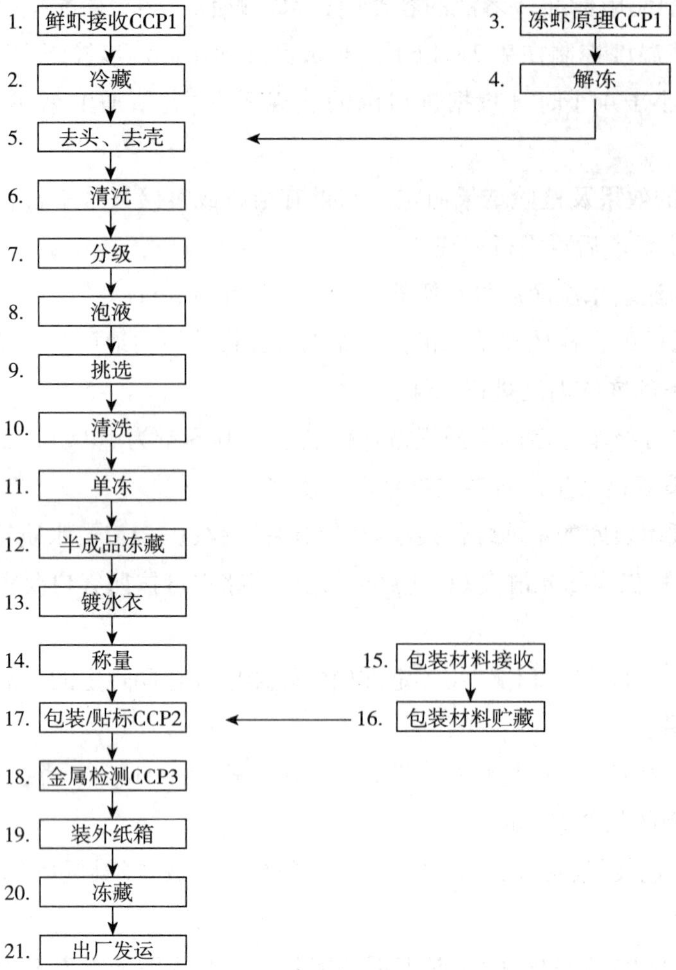

图9－3 单冻生虾仁工艺流程图

注：泡药工序根据客户要求

六、生产流程图的现场确证

HACCP计划实施小组对于已制作的流程图进行生产现场确认，以验证流程图中表达的各个步骤与实际是否一致。发现有不一致或有遗漏，就应对流程图做相应的修改和补充。

（1）对比阶段　将拟定的生产流程图与实际操作过程做对比，在不同的操作时间核对工艺过程、工艺参数及生产流程图中的有关内容，检验生产流程图对生产全过程的实效性、指导性和权威性。

（2）查证阶段　查证与实际生产不吻合部分，对生产流程图做适当修改。

（3）调整阶段　在出现配方变动或设备变换时，也要适时调整生产流程图，以确保生产流程图的准确性和完整性，使之更具可操作性和科学性。

（4）确认阶段　通过前面三个阶段的工作，对生产流程图做出客观的确认，作为生产中的执行规范下发到企业各个部门和所有人员，并监督执行。

七、危害分析和制定控制措施（原理1）

危害分析是指根据流程图，对照单冻虾仁加工工序，从生物性、化学性、物理性污染三个方面考虑并确定在每一个加工步骤上可能存在的食品危害。

危害分析的确定是 HACCP 计划实施小组广泛讨论、广泛发表科学见解、广泛听取正确观点、广泛达成共识的必然过程。

按照危害分析的顺序，完成分析过程后，形成危害分析结果。经过确定后，可以以危害分析工作单的形式记录下来。下表 9-4 是美国 FDA 推荐的一份表格式危害分析表。

表 9-4 危害分析表

公司名称： 产品名称：
公司地址： 储存和销售方法：
计划用途和消费者： 日期： 年 月 日

(1)	(2)	(3)	(4)	(5)	(6)
加工工序	识别本工序被引入、控制或增加的潜在危害	潜在食品危害是否显著（是/否）	对第（3）栏的判定依据	能用于显著危害的预防措施是什么？	该步骤是关键控制点吗？（是/否）
1	生物的				
	化学的				
	物理的				

1. 危害分析的步骤

（1）建立危害分析工作表　表 9-4，按加工流程图的每一个加工步骤，填写危害分析工作表中纵行（1）。

（2）确定潜在的危害　在表中纵列“(2)”对每一个加工流程步骤进行分析，确定在这一步骤操作中可能引入或增加的潜在危害，例如鲜虾产自东海海域，海洋存在大量微生物。鲜虾捕捞后需充分加冰保鲜，控制不当有可能引起微生物扩增，如放线菌的物质代谢的产物氯霉素、克拉维酸等。

（3）分析潜在危害是否显著　对表中纵列“（2）”进行危害分析，判定其是否显著，填入纵列“(3)”。一些加工步骤中存在的危害会给消费者造成不可接受的健康风险。例如，单冻虾仁的原料来自于中国东海海域，公司采购员直接从渔民渔船上收购或在码头直接收购；渔民在海上有时使用亚硫酸盐防腐剂对鲜虾进行处理，以防止虾体黑变，虾体内可能亚硫酸超标，亚硫酸盐就是显著危害。

（4）判断是否显著危害的依据　对纵列“（3)”中判定是否显著危害提出的科学依据，填入纵列“（4)”中。例如，在虾收购时亚硫酸盐为显著危害，判断依据是消费者食用可能导致过敏性反应。

（5）显著危害的预防措施　对纵列“(3)”已判定显著危害，采取什么预防措施予以预防，填入纵列“(5)”。例如，在原料验收的时候，检测 SO_2 含量，超过 100ppm 拒收，10~100ppm 贴标声明，予以控制。

（6）确定这些步骤是否为关键点（CCP）　对纵列“(3)”已判定为显著危害的点，在这一步骤可以被控制、被预防、消除或降低到可接受水平，那么这一步骤就是关键控制点。亚硫酸盐残留问题只有在原料中存在，后面的加工过程中不会引入，因此原料验收中亚硫酸盐残留即为关键控制点。

2. 确定与单冻虾仁原料有关的潜在危害　在进行分析前，小组成员首先要查阅相关资料，并根据自己的经验，确定与单冻虾仁原料有关的潜在危害可能为化学危害、生物危害和物理危害。

单冻虾仁的原料来自于中国东海海域，海洋存在大量微生物，鲜虾原料中可能带有微生物，鲜虾捕捞后需充分加冰保鲜，控制不当有可能引起微生物扩增。

渔民在海上有时使用亚硫酸盐防腐剂对鲜虾进行处理，以防止虾体黑变，因此鲜虾体内可能残留有化学物亚硫酸盐，部分消费者食用后会引起过敏反应。

此外，由于捕捞的虾有可能带有金属异物，因此鲜虾接收时的金属危害也不容忽视。

3. 确定与单冻虾仁加工过程有关的潜在危害　根据加工流程图，对每个加工过程进行危害分析，主要从生物、化学和物理危害三个方面进行分析。如下表9－5单体冻结生虾仁危害分析表（举例）。

表9－5 单体冻结生虾仁危害分析表

公司名称： 地址：
产品描述：单体冻结生虾仁
销售贮藏方法：冷藏链销售；冷冻贮存和发运（－18℃）
包装方式：内套塑料袋，外装纸箱
预期用途：充分加热后食用
消费者：普通公众 日期：

（1）	（2）	（3）	（4）	（5）	（6）
加工工序	识别本工序被引入、控制或增加的潜在危害	潜在食品危害是否显著	对第（3）栏的判定依据	能用于显著危害的预防措施是什么？	该步骤是关键控制点吗？（是/否）
（1）鲜虾接收	生物的 致病菌、非致病菌（放线菌科—链霉菌属—委内瑞拉链丝（霉）菌产生氯霉素）	是	鲜虾产自东海海域，海洋存在大量微生物。鲜虾捕捞后需充分加冰保鲜，控制不当有可能引起微生物扩增，如放线菌物质代谢的产物氯霉素、克拉维酸等	消费前需充分加热。对由于保鲜措施不当而造成鲜虾初级腐败的原料应采取相应的措施。如拒收、退货等	否
	化学的 亚硫酸盐残留	是	可能对人体导致过敏性反应	接收时检测 SO_2 含量，超过100ppm拒收，10～100ppm贴标声明，予以控制	是
	物理的 鱼钩等	是	捕捞的鲜虾有可能带有金属异物，对消费者健康造成威胁	无	否
（3）冻虾原料	生物的 致病菌、非致病菌（放线菌科—链霉菌属—委内瑞拉链丝（霉）菌产生氯霉素）	是	鲜虾产自东海海域，海洋存在大量微生物。鲜虾捕捞后需充分加冰保鲜，控制不当有可能引起微生物扩增，如放线菌的物质代谢的产物氯霉素、克拉维酸等	消费前需充分加热。对由于保鲜措施不当而造成鲜虾初级腐败的原料应采取相应的措施。如拒收、退货等	否
	化学的 亚硫酸盐残留	是	可能对人体导致过敏性反应	供应商必须提供证明及标签；或接收时检测 SO_2 含量，超过100ppm拒收，10～100ppm贴标声明，予以控制	是
	物理的 鱼钩等	是	捕捞的鲜虾有可能带有金属异物，对消费者健康造成威胁	无	否
（18）金属检测	生物的 无				
	化学的 无				
	物理的金属异物	是	金属异物有可能进入产品	对产品进行金探仪探测，每半小时用试件检测灵敏度并记录	是

4. 判定危害是否显著

（1）原料中的微生物、化学和物理危害 鲜虾产自东海海域，海洋存在大量微生物。鲜虾捕捞后需充分加冰保鲜，控制不当有可能引起微生物扩增，如放线菌的物质代谢的产物氯霉素、克拉维酸等；因此原料中的微生物危害为显著危害。原料中的化学物质亚硫酸盐残留在后续加工过程中不能有效控制降低到可接受程度，可能对人体导致过敏性反应，为显著危害。捕捞的鲜虾有可能带有金属异物，对消费者健康造成威胁，因此鲜虾原料中的物理危害是显著危害。

（2）加工过程温度或时间控制不当会造成致病菌的生长繁殖，由于采用鲜虾作为原料，活体动物有抑制致病菌生长的自卫机制，同时在采购时对不新鲜具有初级腐烂的原料拒收。采用冻虾作为原料时，选择在中国检验检疫局注册的加工冷冻厂，并要求其提供批检报告。因此在后续的加工过程中多为低温条件下连续操作，因此致病菌生长危害不是显著的。

（3）成品中的亚硫酸盐残留可能对部分消费者造成过敏反应，因此在包装/贴标时必须贴标签声明，为显著危害。

（4）原料及加工过程中可能有金属碎片，在前面的加工过程中都没有进行控制，因此金属检测中物理危害为显著危害。

八、关键控制点（CCP）的确定（原理2）

经危害分析表明，原料验收工序中的致病菌危害、亚硫酸盐和物理危害为显著危害。

小组成员应用CCP判断树对上述显著危害进行分析，确定关键控制点（CCP）。单冻虾仁的关键控制点（CCP）如下。

（1）鲜虾接收、冻虾接收作为亚硫酸盐（以SO_2计）危害的关键控制点（CCP1）。理由是，假如该工序不控制亚硫酸盐的残留量，以后的工序均无法消除该危害，将其降低到可接受水平。

（2）鲜虾接收、冻虾接收不作为控制原料所带致病菌危害的关键控制点。理由是：由于采用鲜虾作为原料，活体动物有抑制致病菌生长的自卫机制，同时在采购时对不新鲜具有初级腐烂的原料拒收。采用冻虾作为原料时，选择在中国检验检疫局注册的加工冷冻厂，并要求其提供批检报告，在后续的加工过程中多为低温条件下连续操作。

（3）包装/贴标作为亚硫酸盐（以SO_2计）危害的关键控制点（CCP2）。理由是，亚硫酸盐的存在可能引起部分人群的过敏反应。所有含有亚硫酸盐的产品，必须有亚硫酸盐标签的存在（CCP2的控制：是指在遵循进口国的法律法规要求的前提下满足客户的要求）。

（4）金属异物检测作为控制金属危害控制的关键控制点（CCP3）。理由是，由于捕捞的虾有可能带有金属异物及生产过程中有可能带入金属异物，并且前面步骤对此项均没有相关的预防措施。另外，根据进口国的法律法规及中国官方机构的规定，必须对产品进行金属异物检测。

特别是要引起我们足够注意的是以下潜在的产品显著危害可能对产品带来的不良影响。

鲜虾接收工序：微生物在自然界里广泛地分布，如空气、土壤、水。特别是微生物类群之一放线菌（大部分是腐生菌，而且是非致病菌，少数是寄生菌）。其中放线菌科下的链霉菌属在物质代谢的过程中会产生抗菌素如氯霉素、土霉素、金霉素等等。而让我们关注的氯霉素是由委内瑞拉链丝（霉）菌产生的。所以，加强对鲜虾的保鲜控制显得极为重要。另外需注意的是鲜虾原料的腐败大部分是由非致病菌引起的。

九、确定各CCP的关键限值（原理3）

完成CCP的判定后，将CCP和对应的显著危害分别填写到HACCP计划表中，并对每个CCP设定关键限值。

（1）鲜虾、冻虾接收亚硫酸盐（以SO_2计）残留（CCP1）。亚硫酸盐（以SO_2计）残留；SO_2超过100ppm的拒收，不得作为原料进入生产线。

（2）包装/贴标作为亚硫酸盐（以SO_2计）危害的关键控制点（CCP2）。亚硫酸盐（以SO_2计）残留在10ppm～100ppm需要贴标声明。

（3）金属异物检测作为控制金属危害控制的关键控制点（CCP3）。对产品进行金探仪探测，每半小时用试件检测灵敏度并记录，金属探测器灵敏度应至少能检出直径为1.5mm的铁。

十、建立监控程序（原理4）

确定好每一个关键控制点（CCP）的关键限值后，应对每一个关键控制点建立监控程序，以确保达到关键限值的要求，是HACCP的重点之一，是保证质量安全的关键措施。监控能够及时提供检测信息，以便快速做出调整，防止关键限值出现偏离。单冻虾仁加工过程的监控程序如下。

（1）监控原料的亚硫酸盐残留　①监测什么：鲜虾的亚硫酸盐残留；冻虾的亚硫酸盐残留报告。②如何监测：检验；审阅。③监测频率：验收的每批原料。④谁来监测：原料验收员；检验员。

（2）监控包装/贴标上亚硫酸盐残留声明　①监测什么：包装/贴标上亚硫酸盐残留声明。②如何监测：审阅。③监测频率：包装的每批成品。④谁来监测：包装负责人。

（3）金属探测　①监测什么：金属探测器灵敏度。②如何监测：定时使用直径为1.5mm的铁片测试金属探测器的灵敏度。③监测频率：生产班长每天开机前检查；生产期间每半小时一次；每天生产结束后检查金属探测器。④谁来监测：生产班长。

十一、纠偏措施的建立（原理5）

纠偏措施是当发现CCP出现失控（CL发生偏离）时，找到原因并为了让CCP重新恢复到控制状态所采取的行动。纠偏措施包括：确定引起偏离的原因；确定偏离期采取的处理方法；记录纠偏措施。

冻虾仁产品纠偏计划。实施纠偏计划是为了防止产品出现偏差时，能及时纠正，以最大限度地保证产品的食品安全卫生和消费者的健康。冻虾仁的纠偏计划包括原料接收、包装贴标和金属检测三部分。

1. 原料接收

（1）若已接收的原料经检测亚硫酸盐（以SO_2计）超过100ppm的，必须隔离这批原料并作销毁或退货［或企业生产时经脱硫（蒸煮）工序处理制成冻熟虾仁产品］处理，已上生产线的马上从生产线上撤回并销毁或退货。

（2）若接收的原料未经亚硫酸盐检测的（以SO_2计），必须隔离这批原料，已上线从生产线上撤回，重新检测，SO_2值小于100ppm，重新进入生产线，SO_2值大于100ppm，则作销毁或退货处理。

2. 包装贴标

（1）如果发现（可能含有作为防腐剂的亚硫酸盐，英文“MAY CONTAIN CULFITES AS A PRESERTIV标签数比实际使用数少，必须全部开箱检查，补贴标签。

（2）如未核对亚硫酸盐标签使用数，那么重新核对，核对后其使用数与包装袋相符，则不作返工处理，否则全部开箱检查，全部返工补贴标签。

（3）经核对《包装贴标纠正记录表》和《包装贴标检查记录表》在某一时间段不一致，则对该时间表的包装数量重新开箱检查，找出未贴标的予以补贴。

3. 金属检测　对于金属探测器工作异常造成的产品全部扣留，机子恢复正常后重新用金属探测器校准，并对扣留产品重新检测。

纠偏计划实施后，必须对偏差原因进行分析、纠正。

必要时可根据偏差产生的原因和偏差发生频率对HACCP作重新验证，避免以后发生类似偏差，从而保证产品的安全和卫生。

十二、建立验证程序（原理 6）

企业应建立并实施对 HACCP 计划的确认和验证程序，用来确定 HACCP 体系是否按 HACCP 计划运作或计划是否需要修改及再确认、生效，以证实 HACCP 计划的完整性、适宜性、有效性。验证程序包括对 CCP 的验证和对 HACCP 体系的验证。

冻虾仁产品 HACCP 计划验证程序如下。

（1）目的　为使产品的 HACCP 计划符合进口国的法律法规（如美国 FDA 海产品 HACCP 法规），有效地运行适应各种条件变化的需要，特制定本验证程序。

（2）HACCP 计划的验证每年至少一次，当下述因素之一发生变动时，则需对 HACCP 计划体系进行验证：①原料来源发生变化，危害需要重新分析、评估时；②工艺配方发生变动时；③产品的消费对象发生变动时；④纠偏行动发生频繁，CCP 点控制失效或消费者有投诉时；⑤产品召回计划启动时。

（3）验证须由企业的主管领导和取得 HACCP 资格认证的人员组成验证小组，并对下列逐项进行验证：①对危害进行重新分析、评估；②对 CCP 点的设定和 CL 值的确定进行再确认；③对 HACCP 计划体系的所有记录进行审核、审查，尤其是 CCP 点监控和纠偏的所有记录进行审核、审查；④对实施 HACCP 计划相关人员能力的考核、确证；⑤对控制 CL 值的测试方法和测试仪器进行再确认，以保证所控制的 CL 值确证在范围之内；⑥征求客户和检验检疫部门对产品质量和安全卫生方面的意见。

（4）验证报告　当 HACCP 计划验证实施后，须由验证小组提出并发布书面的验证报告，若需修改 HACCP 计划，则重新修改并制订，经企业主管签署后重新发布。

（5）年度验证　年度验证工作在当年 12 月 20 日前完成，12 月 25 日发布下年度 HACCP 计划执行令，下年度 HACCP 计划从当年 1 月 1 日起开始实施。

十三、建立记录和文件的有效管理程序（原理 7）

企业是否有效执行了 HACCP 体系计划，HACCP 体系计划的实施对食品安全性是否有效，最具有说服力的就是 HACCP 体系计划的记录和文件等书面证据。所以 HACCP 体系计划的每一个步骤和与 HACCP 体系计划相关的每一个行为都要求有详尽翔实的记录，并有效地保存下来（表 9 -6）。

表 9 -6　单冻虾仁 HACCP 计划表

企业名称：　　　　　　　企业地址：

产品描述：单体冻结生虾仁　　　　　　销售贮藏方法：冷藏链销售，冷冻贮存和发运（-18℃）

包装方式：内套塑料袋，外装纸箱　　　预期用途：消费前充分加热后食用

消费者：普通公众　　　　　　　　日期：

(1) CCP	(2) 显著危害	(3) 关键限值	监控				(8) 纠偏措施	(9) 记录	(10) 验证
			(4) 什么	(5) 如何	(6) 频率	(7) 是谁			
鲜虾接收、冻虾原料	亚硫酸盐残留会引起过敏性反应	SO_2 含量超过 100ppm 拒收	鲜虾接收时逐船取样检测是否有亚硫酸盐存在。冻虾原料每批次检测是否有亚硫酸盐存在	使用 SO_2 专用试纸（MERCK）检测 SO_2 是否超过 100ppm	每船次、每批次检查三个样品，有怀疑时扩大取样检测	鲜虾、冻虾原料收购管理员、质检员	如 SO_2 含量超过 100ppm 拒收；未经检测原料不准进入车间	原料 SO_2 检测结果单冻虾仁 CCP1 监控记录	·每日审查 SO_2 检测结果单 ·每季度实验室至少做一次原料 SO_2 的化学检测，并向 HACCP 办公室报告（或抽样送官方机构进行化学检测）

续表

(1) CCP	(2) 显著危害	(3) 关键限值	监控				(8) 纠偏措施	(9) 记录	(10) 验证
			(4) 什么	(5) 如何	(6) 频率	(7) 是谁			
包装/贴标	未声明含亚硫酸盐会引起过敏性反应	所有含有亚硫酸盐的产品，必须有亚硫酸盐存在的标签	在包装时检查有无加贴含有亚硫酸盐的标签	检查装箱的产品是否贴上亚硫酸盐标签	连续监控，每小时记录一次	包装负责人	若产品贴标错误或遗漏则重新贴标	每小时产品装箱监控记录，冻虾仁CCP2监控记录	每天对记录进行审查
金属检测	金属碎片	金属探测器灵敏度应至少能检出1.5mm的铁	金属探测器的灵敏度	每半个小时用直径1.5mm铁片测试金属探测器的灵敏度	每天开机前检查；生产期间每半个小时一次；每天生产结束后检查金属探测器；失灵时检查调试	生产班长；品管员	如偏离；停止检测，对金属探测器进行校准；对于因金属探测器工作不正常造成的产品应全部扣留，探测器恢复正常后对该批产品予以重新检测	每天在生产前至少检查一次测铁情况；每周至少一次复查监控纠偏措施记录	金属探测记录

知识链接

HACCP 管理体系建立实施后的验证内容如下。

1. 公司内部的验证　确定 HACCP 计划首次实施的工作时间表。对 HACCP 体系的运行应定期进行验证，HACCP 计划应根据需要予以更新和修改，确保持续改进与完善，HACCP 计划的验证每年至少一次。

2. 外部机构的验证

(1) 管理机构验证　政府管理部门定期进行验证的重点是：①企业建立和实施 HACCP 管理体系的证明文件或认证机构的 HACCP 认证文件；②企业 HACCP 计划的合理性，即对所有潜在的显著危害进行全面、合理的分析，提出适当的控制措施；③企业 HACCP 计划实施的有效性，即企业已经实施 HACCP 计划，以及实施后企业安全卫生管理及产品安全卫生质量得到保证的有效性。

(2) 第二方验证　食品的消费者或用户对企业的 HACCP 体系进行的验证。

(3) 第三方验证　由被认可的、公正的、中立的机构定期地对企业的 HACCP 体系进行全面验证，包括对危害分析和计划中的各个要素做技术评价，现场审查流程图和相应的操作记录等。

【同步训练】

·重点概念

1. 危害　2. 显著危害　3. 危害分析　4. 关键控制点　5. 关键限值　6. 操作限值　7. 纠偏措施　8. 验证

·课后讨论

1. 假如一个公司的 HACCP 小组成员中只包括质量管理部门人员，而没有其他部门的人员是否合理？

2. 食品加工过程中的巴氏杀菌环节一定是关键控制点吗？

3. 当产品的配方发生改变时，原产品的 HACCP 体系需要重新评估吗？

答案解析

练习题

一、选择题（单选题）

1.（　）是食品安全危害能被控制的，能预防、消除或降低到可以接受水平的一个点、步骤或过程。

A. 关键控制点　　B. 控制点　　C. 操作限值　　D. 以上都不是

2. 下列哪项验证活动属于 CCP 的验证（　）。

A. HACCP 计划的重新审核　　B. 运行 HACCP 计划的效果确认

C. 关键控制点监控用具/设备的定期校准　　D. 卫生监控计划的实施情况检查

3. 关键限值是为（　）确定的。

A. 关键控制点　　B. 控制点　　C. 显著危害　　D. 加工步骤

4.（　）是常用的关键限值。

A. 温和时间　　B. 细菌数量　　C. 水活度　　D. 蛋白质含量

5. 关于 HACCP 小组的构成，下列哪一项是不正确的（　）。

A. HACCP 小组是由一个具备多种知识和多种经验的人员组成的团队

B. HACCP 小组成员应该接受有关 HACCP 的培训

C. HACCP 小组成员必须是本企业的员工

D. HACCP 体系建立以后，该小组的工作可以包括体系的评审或改进等

二、判断题

1. 微生物实验通常用于 CCP 的监控以及产品的验证和判定。（　）

2. 记录是质量管理体系文件中的一类，需要按照文件要求进行管控。（　）

3. HACCP 不是一个零风险体系，它的设计是为了尽量减少食品安全危害。（　）

4. HACCP 计划应得到食品安全小组的批准，只能每年评审一次。（　）

5. 对已识别出的危害，要用 HACCP 计划将其风险控制到可接受水平。（　）

三、简答题

1. 简述 HACCP 七项基本原理。

2. 食品企业要建立 HACCP 体系需要具备哪些前提条件？

3. 什么是 CCP 点？确定的原则和方法是什么？

4. 监控程序包括哪些内容？

5. 建立和保存体系记录的作用？

四、案例分析题

某企业为糖果制造厂，此前已经建立并实施了 ISO9000 体系，目前又在策划 HACCP 并申请认证。审核员在第一阶段的现场审核中，发现生产流程中需添加色素等化合物。根据资料，人工合成色素使用不当会造成危害，如致畸、突变等。审核员考虑：①后道工序无法控制这些化学残留物质；②我国有关食品添加剂卫生标准等法规有此要求。所以判定配料添加工序为 CCP，查企业的 HACCP 计划，并没有

把此过程识别为 CCP——HACCP 小组的解释是：在 ISO9000 体系中已将其作为关键工序，所以没必要作为 CCP。审核员参考 ISO9000 体系程序文件，发现对该工序的要求是：检验物料品种，注意使用正确性和称量准确性，但缺少 CCP 所要求的：①色素添加步骤，CCP 及建立 CL（依据我国以及各进口国的标准要求）；②确定 CCP 的监控程序；③偏离该 CL 时的纠偏行动。可以看出，虽为同一工序，但两个体系所强调的重点和控制的深度却不同。审核员认为，目前仅仅以 ISO 9000 的程序对这一点进行控制是不充分和不严格的，建议将该工序列入 HACCP 计划中的 CCP，并实现与原有体系的融合运行。

问：何谓 CCP？你对 CCP 怎样理解？结合本案例谈谈体会。

书网融合……

本章小结　　微课　　题库

项目十

ISO 9000 质量管理体系

学习目标

知识目标

1. **掌握** ISO 9001 质量管理体系建立、实施流程。
2. **熟悉** ISO 9001 标准的基本要求。
3. **了解** ISO 9001 认证的工作流程。

能力目标

1. 能够建立食品企业质量管理体系。
2. 会编写食品企业质量管理体系成文信息。
3. 能够完成食品企业质量管理体系的保持和改进工作。

素质目标

通过本项目的学习，帮助学生树立正确的食品安全质量意识，自觉执行质量管理体系标准要求，为社会提供始终如一的合格的食品。

任务一　概述 ISO 9001 质量管理体系

PPT

情境导入

1995 年 9 月，元旲在赫尔辛基机场遇到一家芬兰公司董事长，聊到对实施质量管理体系的体验。这家公司主要生产和销售残疾人用具产品，在实施 ISO 9001 质量管理体系之前，产品没有很好考虑到顾客的要求，缺乏产品设计开发活动的有效性，产品缺乏竞争力，经常滞销，公司的经济效益低下。在实施 ISO 9001 质量管理体系之后，进行了积极主动的市场调查，详细了解顾客的特殊要求，制定了有效控制过程和程序以支持其产品设计和开发活动，按照顾客的特殊要求，有效实施了产品设计和开发的评审、验证和确认活动，使其产品特别适合于顾客的特殊需求，市场占有率大大提高，取得了良好的经济效益。这位董事长深有感触地说道：ISO 9001 质量管理体系对于企业经营管理实现良好经济效益绝对是一个很好的方法，我们公司会持续保持质量管理体系……

【任务描述】

请找出这家芬兰公司实施 ISO 9001 质量管理体系的具体好处。

【相关知识】

ISO 9001：2015 标准是关于质量管理体系的国际标准。质量管理体系是指在公司质量管理体系范围内建立起来的，以公司最高管理者发挥领导作用的，遵循 PDCA 循环的一系列相互联系相互作用的活动所组成的有机整体。

一、ISO 9000 族标准

“ISO 9000 族标准”是 ISO（国际标准化组织）在 1994 年提出的概念。是指“由 ISO/TC176（国际标准化组织质量管理和质量保证技术委员会）制定的所有国际标准”。该标准族可帮助组织实施并有效运行质量管理体系，是质量管理体系通用的要求或指南。它不受具体的行业或经济部门的限制，可广泛适用于各种类型和规模的组织，并在国内和国际贸易中促进相互理解和信任。

二、质量管理体系标准的产生

第二次世界大战期间，军事工业得到了迅猛的发展，各国政府在采购军品时，不但提出产品特性要求，还对供应厂商提出了质量保证的要求。20 世纪 50 年代末，美国发布了 MI－Q－9858A《质量大纲要求》，成为世界上最早的有关质量保证方面的标准。而后，美国国防部制订和发布了一系列的生产武器和承包商评定的质量保证标准。

20 世纪 70 年代初，借鉴了军用质量保证标准的成功经验，美国标准化协会（ANSI）和机械工程师协会（ASME）分别发布一系列有关原子能发电和压力容器生产的质量保证标准。

美国军品生产方面的质量保证活动的成功经验，在世界范围内产生了很大的影响，一些西方国家，如英国、美国、法国、加拿大等，在 70 年代末先后制定和发布了用于民品生产的质量管理和质量保证标准。随着各国经济的相互合作和交流，对外部供方质量管理体系审核已逐渐成为国际贸易和国际合作的前提。世界各国先后发布了许多关于质量体系及审核的标准。由于各国标准的不一致，给国际贸易带来了障碍，质量管理和质量保证的国际化成为当时世界各国的迫切需要。

随着地区化、集团化、全球化经济的发展，市场竞争日趋激烈，顾客对质量的期望越来越高，每个组织为了竞争和保持良好的经济效益，努力设法提高自身的竞争能力以适应市场竞争的需要。为了成功地领导和运作一个组织，需要采用一种系统的和透明的方式进行管理。针对所有顾客和相关方的需求，必须建立、实施并保持持续改进其业绩的质量管理体系，从而使组织获得成功。

顾客要求产品和服务具有满足其需求和期望的特性，这些需求和期望会在产品和服务规范中表述。如果提供产品和服务的组织质量管理体系不完善，那么规范本身就不能始终满足顾客的需要。因此，这方面的关注导致了质量管理体系标准的产生，并以其作为对技术规范中有关产品和服务要求的补充。

国际标准化组织（ISO）于 1979 年成立了质量管理和质量保证技术委员会（ISO/TC 176），负责制定质量管理和质量保证标准。1986 年发布了 ISO 8402《质量——术语》标准，1987 年发布了 ISO 9000《质量管理和质量保证标准——选择和使用指南》、ISO 9001《质量体系——设计开发、生产、安装和服务的质量保证模式》、ISO 9002《质量体系——生产和安装的质量保证模式》、ISO 9003《质量体系——最终检验和试验的质量保证模式》、ISO 9004《质量管理和质量体系要素——指南》等 6 项标准，通称为 ISO 9000 系列标准。

ISO 9000 系列标准的颁布，使各国的质量管理和质量保证活动统一在 ISO 9000 系列标准的基础之上。该系列标准总结了工业发达国家先进组织的质量管理的实践经验，统一了质量管理和质量保证的术语和概念，并对推动组织的质量管理，实现组织的质量目标，消除贸易壁垒，提高产品和服务质量以及增强顾客的满意程度等产生了积极的影响，受到了世界各国的普遍关注和采用，并广泛用于工业、经济和政府的管理领域，世界各国质量管理体系审核员注册的互认和质量管理体系认证的互认制度也在广泛范围内得以建立和实施。

三、质量管理体系标准的修订和发展

为了使 1987 版的 ISO 9000 系列标准更加协调和完善，ISO/TC 176 质量管理和质量保证技术委员会于 1990 年决定对标准进行修订，提出了《90 年代国际质量标准的实施策略》（国际通称为《2000 年展望》），其目标是："要让全世界都接受和使用 ISO 9000 族标准；为了提高组织的运作能力，提供有效的方法；增进国际贸易、促进全球的繁荣和发展；使任何机构和个人可以有信心从世界各地得到任何期望的产品以及将自己的产品顺利销到世界各地。"按《2000 年展望》提出的目标，标准分两阶段修改。第一阶段修改称为："有限修改"，即为 1994 年版本的 ISO 9000 族标准。第二阶段修改是在总体结构和技术内容上作较大的改动，即 2000 版 ISO 9000 族标准。

2000 年 12 月 15 日，ISO/TC 176 正式发布了新版本的 ISO 9000 族标准，即 2000 版 ISO 9000 族标准。该标准的修订充分考虑了 1987 年版和 1994 年版标准，以及其他管理体系标准的使用经验，目的是使质量管理体系标准更加适合组织的需要。

2004 年，ISO 9001：2000 在各成员国中进行了系统评审，评审结果表明，需要修正 ISO 9001：2000，并决定成立项目组（ISO/TC 176/SC2/WG 18/TG 1. 19），对 ISO 9001：2000 进行有限修正。

修正 ISO 9001 的目的是更加明确地表述 2000 版 ISO 9001 标准的内容，并加强与 ISO 14001：2004 的兼容性。2008 年 11 月 15 日 ISO 组织发布了 ISO 9001：2008 标准《质量管理体系——要求》。

其后 ISO/TC176 第二分委会着手下一版较大修改的准备。在一系列调查、研究、工作组会议和与 ISO 其它管理体系标准协调工作基础上，于 2012 年 6 月拟定了新版 ISO 9001：2015 标准的修订目标和设计规范。

2015 年 9 月 23 日，ISO/TC176 发布了 2015 版 ISO 9001 标准。

四、2015 版 ISO 9001 标准修订的主要变化

根据修订目标，历经 CD、DIS、FDIS 等各阶段，ISO9001：2015 标准较前各版标准的主要变化有：

1. 完全按照 ISO 指令附件 SL 的格式重新进行了编排。附件 SL 为新 ISO 管理体系标准制定和原有标准的修订提供了一个统一的结构和模式，同时也提供了一个统一的文本。附件 SL 文本的统一体现了管理活动的一些通用理念，也构成了本版 ISO9001 标准变更的一些主要内容。但这并不意味组织要调整自己质量管理体系成文信息的编排格式，新版 ISO9001 的引言和附件 SL 均说明不要求组织按此结构编写自己的成文信息。

2. 新版标准用"产品和服务"替代了 2008 版中的"产品"。变更原因是有很多服务业的组织还没能对"产品"真正理解，现行标准里面每当提到产品的时候，实际上也隐含了服务。特别是谈到监视、测量的时候，人们立刻就会想到有形产品，而没有想到还有无形的服务。所以，新标准决定用"产品和服务"替代原版标准里面的"产品"。在 ISO 9000 标准中，"产品"和"服务"已经是两个定义，但在多数场合下，定义"产品"和"服务"是一起使用的。

3. 对最高管理者提出了更多的要求。新版标准提出的要求更加具体，使本条款的可审核性更好。无论如何，最高领导者的领导作用对于体系有效性是非常重要的。

4. 新版标准用"外部提供的过程、产品和服务"替代 2008 版中的"采购"，包括外包过程。新版标准条款 8. 4. 1 列举了所有的外部提供形式。

5. 用“成文信息”替代了“文件化的程序和记录”。

6. 新的条款4.1“理解组织及其环境”。每一个组织所处的环境都是不一样的，当每个组织在设计质量管理体系的时候，要考虑外部和内部的因素，以及这些因素是否对组织要实现的目标和结果有影响。组织所处的环境是其建立质量管理体系的出发点，组织和组织之间有很大的不同，组织可结合识别和评价这些因素，评价自己组织的质量管理体系是否适合。

7. 新的条款4.2“理解相关方的需求和期望”。顾客还是首要相关方，但不是唯一的相关方。为满足顾客要求，要理解相关方的要求和影响。

8. 强调“基于风险的思维”这一核心概念。新版标准中，识别风险并采取相应措施来消除风险、降低风险或者减缓风险的思想，贯穿在整个标准里。因此，预防措施贯穿于整个标准。风险管理体现了因果关系、关键少数等概念，要求我们从受不确定性影响的事物中，使有显著影响的风险可见可控，也使可能的机遇可见可用。基于风险的思维方法应用到什么程度取决于这个组织所处的环境，基于风险的分析应在两个层面上运行，一个层面就是组织层面，另外一个层面就是组织内部的过程。

9. 新版要求中还有一个子条款是关于组织的知识。这是一个特别重要的要求，对转型升级时期的我国的组织，本条款的要求确有长远意义。

10. 还有一个新要求值得关注，即“改进产品和服务，以满足要求并关注未来的需求和期望”（条款10.1），扩充了改进方式，加大了改进力度。

11. 2008版标准中的一些要求已被删除：（1）2015版标准去掉了“预防措施”这个术语。但是这个概念不仅依然存在，而且通过应对“风险”得到了加强；（2）2015版标准去掉了针对“质量手册”和“管理者代表”的具体（规定性的）要求。ISO9001：2015标准给予组织更多的灵活性。有很多种方法可以做到质量手册过去所做的事情。管理者代表也是一样，因为新版标准里面还是有要求，要求对质量管理体系的实施和绩效进行报告，确定质量管理体系的职责和权限，至于是否非得专人或是大家一起来做这件事，要取决于组织自己的决定，只要符合管理科学的要求，只要管理职责能落实就行。

五、实施ISO 9000族标准的意义

ISO9000族标准的诞生是世界上许多经济发达国家质量管理实践经验的科学总结，具有通用性和指导性。我国实施ISO9000族标准，可以促进组织质量管理体系向国际标准靠拢，对参与国际经济活动，消除贸易技术壁垒，提高组织的管理水平都能起到良好的作用。概括起来，可以有以下几方面的主要的作用和意义。

1. 实施ISO 9000族标准有利于保护消费者利益 现代科学技术的飞速发展，使产品向高科技、多功能、精细化和复杂化发展。但是，消费者在采购或使用这些产品时，一般都很难在技术上对产品加以鉴别。即使产品是按照技术规范生产的，但当技术规范本身不完善或组织质量管理体系不健全时，无法达到提供持续满足要求的产品。按ISO 9000族标准建立质量管理体系，通过体系的有效运行，能够促进组织持续地改进产品、服务和过程，也是对消费者利益的一种最有效的保护。

2. 为提高组织的运作能力提供了有效的方法 ISO 9000族标准鼓励组织在制定、实施质量管理体系时，采用过程方法，通过识别和管理众多相互关联的活动，以及对这些活动进行系统的管理和连续的监视和控制，以实现顾客能接受的产品和服务。此外，质量管理体系提供了持续改进的框架，并增加顾客和其他相关方满意的机会。因此，ISO 9000族标准为有效提高组织的运作能力和增强市场竞争能力提供了有效的方法。

3. 有利于增进国际贸易，消除技术壁垒 在国际经济技术合作中，ISO 9000族标准被作为相互认可的技术基础，ISO 9000的质量管理体系认证制度也在国际范围中得到互认，并纳入合格评定的程序之

中。世界贸易组织/技术壁垒协定（WTO/TBT）是 WTO 达成的一系列协定之一，它涉及技术法规、标准和合格评定程序。ISO 9000 族标准为国际经济技术合作提供了国际通用的共同语言和准则；取得质量管理体系认证，已成为参与国内和国际贸易，增强竞争能力有力的武器。因此贯彻 ISO 9000 族标准对消除技术壁垒，排除贸易障碍起到了十分积极的作用。

4. 有利于组织的持续改进和持续满足顾客的需求和期望 顾客要求产品和服务具有满足其需求和期望的特性，是在产品和服务的技术要求或规范中表述。因为顾客的需求和期望是不断变化的，这就促使组织持续地改进产品、服务和过程。而质量管理体系要求恰恰为组织改进其产品、服务和过程提供了一条有效途径。因而，ISO 9000 族标准将质量管理体系要求、产品和服务要求区分开来，它不是取代产品和服务要求而是把质量管理体系要求作为对产品和服务要求的补充。这样有利于组织的持续改进和持续满足顾客的需求和期望。

六、ISO 9000 族标准在中国

我国对口 ISO/TC 176 技术委员会的全国质量管理和质量保证标准化技术委员会（以下简称 SCA/TC 151），是国际标准化组织（ISO）的正式成员，参与了有关国际标准和国际指南的制定工作，在国际标准化组织中发挥了十分积极的作用。

1987 年 3 月 ISO 9000 系列标准正式发布以后，我国在原国家标准局部署下组成了“全国质量保证标准化特别工作组”，于 1988 年 12 月正式发布了等效采用 ISO 9000 标准的 GB/T10300《质量管理和质量保证》系列国家标准，并于 1989 年 8 月 1 日起在全国实施。

1992 年 5 月，我国决定等同采用 ISO 9000 系列标准，制订并发布了 GB/T 19000—1992（idt ISO 9000：1987）系列标准，1994 年又发布了 1994 版的 GB/T 19000 idt ISO 9000 族标准。

2000 年底，我国等同采用了 2000 版 ISO 9000 族标准，制订并发布了 2000 版的 GB/T 19000 idt ISO 9000 族标准。

2007 年 4 月，从 2008 版 ISO 9001 标准草稿开始，跟踪研究 ISO 9001 标准修订情况，并及时提交中国意见。

2008 年 6 月，通过中国标准化研究院、中国认证认可协会网站，向社会征集起草专家，2008 年 8 月 29 日，成立了国家标准的起草组。

2008 年 11 月底，根据正式的 2008 版 ISO 9001 标准形成国家标准的送审稿，2008 年 12 月 23 日召开国家标准的审查会，完成报批稿，2008 年 12 月 30 日，2008 版 GB/T 19001 标准正式发布，实施日期为 2009 年 3 月 1 日。

GB/T 19000—2016《质量管理体系 基础和术语》、GB/T 19001－2016《质量管理体系 要求》已于 2016 年 12 月 30 日发布，2017 年 7 月 1 日起实施。

七、ISO 9000 族的三个核心标准及其联系

ISO 9000 族的三个核心标准是 ISO 9000、ISO 9001 和 ISO 9004。

ISO 9000/GB/T 19000《质量管理体系 基础和术语》为正确理解和实施 ISO9000 族标准提供必要的基础。在制定 ISO9000 族标准过程中考虑到了 ISO9000 详细描述的质量管理原则。这些原则本身并不等同于要求，但构成 ISO9000 族标准所规定要求的基础。ISO9000 还定义了应用于 ISO9000 族标准的术语、定义和概念。

ISO9001/GB/T 19001《质量管理体系 要求》，规定的要求旨在为组织的产品和服务提供信任，从而增强顾客满意。正确实施本标准也能为组织带来其他预期利益，例如：改进内部沟通，更好地理解和控

制组织的过程。

ISO9004/GB/T 19004《质量管理 组织的质量 实现持续成功指南》，在质量管理体系更宽范围的目标下，组织应该把重点放在关注和满足其相关方的需求和期望上，以实现持续成功。ISO 9004 包括自我评估工具，以便组织能够对其质量管理体系的成熟度进行评价。

ISO 9000，术语，基础（C 类）；ISO 9001，要求，标准（A 类）；ISO 9004，指南，提高（B 类）。

ISO 9000 标准为 ISO 9001 的引用标准，ISO 9000 界定的术语和定义以及质量管理原则也适用于 ISO 9004 标准。

ISO 9001/GB/T 19001 规定了质量管理体系要求，可供组织内部使用，也可用于认证或合同目的。ISO 9001/GB/T 19001 所关注的是质量管理体系在满足顾客要求方面的有效性，而 ISO 9004：2018 标准则关注于为组织所具有的持续成功能力提供信任；ISO 9004：2018 标准与 ISO 9001：2015 标准彻底分离开来！不再为 ISO 9001 标准符合性要求提供条款对条款的指南。

ISO 9004：2018 标准所有内容都是针对组织的质量！ISO 9004：2018 标准初心就是关注于组织的持续成功！为提高组织与 ISO 9000：2015 标准中所规定的质量管理原则相一致的实现持续成功的能力提供了指南。

在 ISO 9004：2018 标准框架下可以将多个管理体系按照 ISO 指令整合为一体来应用；ISO 9004：2018 标准通过提高组织在战略、领导作用、资源和流程方面的成熟度水平，为提高组织的整体质量提供了指导。

ISO 9004：2018 标准帮助组织在复杂而不断变化环境下识别和平衡相关方的需求和期望；ISO 9004：2018 标准不是用于认证目的，却包含一个自我评价工具，以帮助组织评价管理体系各组成部分的成熟度水平，并确定需要改进的潜在领域及其优先次序。

ISO 9004：2018 标准将帮助各组织在通过 ISO 9001 认证之后更上一层楼，在更广泛的组织使命、愿景、价值观和文化环境下探讨战略、方针和目标的协调和部署等议题。

八、ISO 9000 族的其他相关标准

在组织实施或寻求改进其质量管理体系、过程或相关活动的过程中，以下的标准可以为其提供帮助。

1. ISO 10001/GB/T 19010《质量管理 顾客满意 组织行为规范指南》，为组织确定其在满足顾客需求和期望方面的满意程度提供指南。实施该标准可以增强顾客对组织的信心，使组织对顾客的预期更加准确，从而降低误解和抱怨的可能性。

2. ISO 10002/GB/T 19012《质量管理 顾客满意 组织处理投诉指南》，通过确认和理解投诉方需求和期望，解决接到的投诉，为组织提供投诉处理过程的指南。该标准提供一个包括人员培训的开放有效和易于使用的投诉过程，并且也为小型组织提供指南。

3. ISO 10003/GB/T 19013《质量管理 顾客满意 组织外部争议解决指南》，为组织有效解决有关产品投诉的外部争议提供指南。若组织不能在内部对投诉进行补救或纠正，争议指南可为其提供解决途径。大多数投诉可以在不形成对抗的条件下在组织内部成功解决。

4. ISO 10004/GB/Z 27907《质量管理 顾客满意 监视和测量指南》，为组织采取增强顾客满意的措施，并识别顾客所关注的产品、过程和属性的改进机遇。这些措施能够增强顾客忠诚，避免顾客流失。

5. ISO 10005/GB/T 19015《质量管理体系 质量计划指南》，为组织制定和实施质量计划，作为满足相关过程、产品、项目或合同要求的手段，形成支持产品实现的方法和惯例提供指南。制定质量计划的益处在于能使相关人员增加可以满足质量要求并有效控制相应过程的信心，推动其积极参与。

6. ISO 10006/GB/T 19016《质量管理体系 项目质量管理指南》，可适用于从小到大、从简单到复杂、从单独的项目以及作为项目组合之组成部分的各种项目。既可供项目管理人员使用，亦可供需要确保其组织应用 ISO 质量管理体系相关标准所包含惯例的人员使用。

7. ISO 10007/GB/T 19017《质量管理体系 技术状态管理指南》，帮助组织在整个产品生命周期内技术和行政方面的状态管理。技术状态管理可用于满足 ISO9001 国际标准规定的产品标识和可追溯要求。

8. ISO 10008《质量管理 顾客满意 B2C 电子商务交易指南》，指导组织如何有效实施 B2C 电子商务交易系统（B2C ECT），从而为增加顾客对 B2C 电子商务交易系统的信心奠定基础，提高组织满足顾客要求的能力，以减少投诉和纠纷。

9. ISO 10012/GB/T 19022《测量管理体系 测量过程和测量设备要求》，为测量过程管理以及支持和证明符合计量要求的测量设备的计量确认提供指南。规定测量管理系统的质量管理要求，以确保满足计量要求。

10. ISO 10013/GB/T 19023《质量管理体系文件指南》，为编制和保持质量管理体系所需的文件提供指南。可应用于 ISO 质量管理体系相关标准以外的文件管理体系，例如：环境管理体系和安全管理体系。

11. ISO 10014/GB/T 19024《质量管理 实现财务和经济效益的指南》，专门为最高管理者制定。为通过应用质量管理原则实现财务和经济效益提供指南。有利于促进组织应用管理原则以及选择持续成功的方法和工具。

12. ISO 10015/GB/T 19025《质量管理 培训指南》，为组织解决相关培训问题提供帮助和指南。可适用于 ISO 质量管理体系相关标准涉及“教育”与“培训”事宜时所需要的指南。所描述的“培训”包括所有类型的教育和培训。

13. ISO 10017/GB/Z 19027《ISO9001：2000 的统计技术指南》，依据即使在明显稳定条件下亦可观察到的过程状态和结果变量解释 ISO9001：2000 所涉及的统计技术。采用统计技术可以更好地利用获得的数据进行决策，从而有助于持续改进产品和过程质量，实现顾客满意。

14. ISO 10018《质量管理——人员参与和能力指南》，提供影响人员参与和能力方面的指南。质量管理体系取决于胜任人员的积极主动参与，以及这些人员的组织管理方式。对所需知识、技能、行为、工作环境的识别、发展和评价至关重要。

15. ISO 10019/GB/T 19029《质量管理体系咨询师的选择及其服务使用的指南》，指导如何选择质量管理体系咨询师以及使用其服务。对质量管理体系咨询师的能力评价过程提供指南，帮助组织获得满足其需求和期望的咨询服务。

16. ISO 19011/GB/T 19011《管理体系审核指南》，就审核方案管理，管理体系审核的策划和实施，以及审核员和审核组能力评价提供指南。适用于审核员、实施管理体系的组织以及实施管理体系审核的组织。

任务二 遵循 ISO 9000 质量管理原则

微课

PPT

情境导入

某组织的质量方针是用户至上、用心服务。

【任务描述】

请分析一下用户至上的含义。

【相关知识】

七项质量管理原则是质量管理实践经验和理论的总结，是质量管理的最基本、最通用的一般性规律，适用于所有类型的产品、服务和组织，成为质量管理的理论基础。七项质量管理原则实质上也是组织管理遵循的普遍原则，充分体现了管理科学的原则和思想，因此使用这七项原则还可以对组织的其他管理活动，如环境管理、职业健康安全管理、成本管理等有所帮助和借鉴，真正促进组织建立一个改进其全面业绩的管理体系。七项质量管理原则是组织有效实施质量管理工作必须遵循的原则，是所有从事质量管理工作的人员学习、理解、掌握 ISO 9000 族标准必须掌握的理论基础。

ISO 9000 标准包含七个质量管理原则以支持该标准所述基本概念，并针对每一个质量管理原则，通过“概述”介绍每一个原则；通过“依据”解释组织应该重视它的原因，也就是这项原则的根据；通过“主要益处”告知应用这一原则的结果，也就是贯彻落实这项原则的输出；通过“可开展的活动”给出组织应用这一原则能够采取的措施，也就是贯彻落实这项原则可以系统开展的一系列活动，这些活动又通过一系列标准条款来体现。

一、以顾客为关注焦点

1. 概述 质量管理的首要关注点是满足顾客要求并且努力超越顾客期望。产品和服务要同时满足两个要求—顾客要求及适用法律法规要求。

ISO9001 标准第 1 章：“本标准为下列组织规定了质量管理体系要求：需要证实其具有稳定提供满足顾客要求及适用法律法规要求的产品和服务的能力”中说明：产品和服务要同时满足两个要求——顾客要求及适用法律法规要求，这是理解“以顾客为关注焦点”这项原则的基础，如图 10－1 所示。

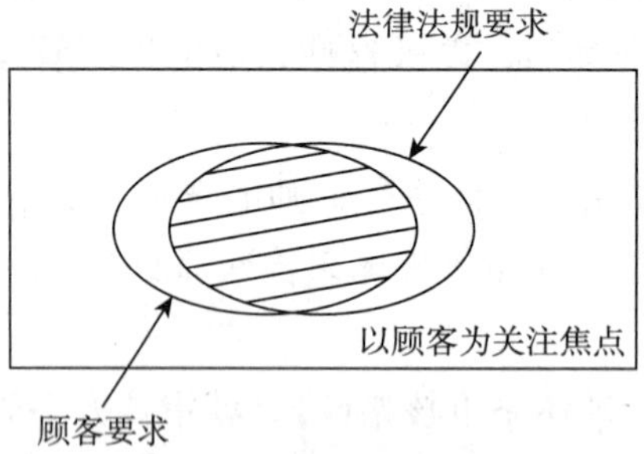

图 10－1　以顾客为关注焦点

从图 10－1 中可以看出，顾客要求包括两个部分：符合法律法规要求的和不符合法律法规要求的。我们只能关注顾客的符合法律法规要求的这部分正当要求，而不符合法律法规要求的那部分是不能满足的。“顾客至上”“顾客是上帝”和“以顾客为中心”是带有片面性的，是不能真正做到的，最好不要正式使用。

2. 依据 组织只有赢得和保持顾客和其他有关相关方的信任才能获得持续成功。与顾客相互作用的每个方面，都提供了为顾客创造更多价值的机会。理解顾客和其他相关方当前和未来的需求，有助于组织的持续成功。

3. 主要益处 可能有：提升顾客价值、增强顾客满意、增进顾客忠诚、增加重复性业务、提高组织的声誉、扩展顾客群、增加收入和市场份额。

4. 可开展的活动 可开展的活动包括如下内容。

（1）识别从组织获得价值的直接顾客和间接顾客，如条款 4.2。

（2）理解顾客当前和未来的要求，如条款 8.2；4.2；7.1.6。

（3）将组织的目标与顾客的要求联系起来，如条款 6.2.1。

（4）在整个组织内沟通顾客的要求，如条款 7.4；5.1.2；5.3；4.3；ISO9001 标准条款 5.1.2，表明最高管理者要在其组织内贯彻落实“以顾客为关注焦点”这项原则；再看 ISO9001 标准条款 5.3d)，除了最高管理者之外，其他岗位也有贯彻执行“以顾客为关注焦点”这项原则的职责，这 2 个条款都要执行，也就是说，整个组织都要认真贯彻好“以顾客为关注焦点”这项原则，可见，“以顾客为关注焦点”这项原则是最重要的原则。

（5）为满足顾客的要求，对产品和服务进行策划、设计开发、外购外协、生产、交付和支持，如条款 8.1；8.3；8.4；8.5；8.5.5；8.6；8.7。

（6）监视、测量、分析和评价顾客满意情况，并采取适当的措施，如条款 9.1.2；9.1.3；9.3.2；10.1。

（7）在有可能影响到顾客满意度的有关相关方的需求和适宜的期望方面，确定并采取措施，如条款 6.1。

（8）主动管理与顾客的关系，以实现持续成功，如条款 8.2.1。

二、领导作用

1. 概述 各级领导建立统一的宗旨和方向，并创造全员积极参与实现组织的质量目标的条件。

2. 依据 统一的宗旨和方向的建立，以及全员的积极参与，能够使组织将战略、方针、过程和资源协调一致，以实现组织质量目标。

3. 主要益处 主要益处可能有：提高实现组织质量目标的有效性和效率；组织的过程更加协调；改善组织各层级、各职能间的沟通；开发和提高组织及其人员的能力，以获得期望的结果。

4. 可开展的活动 可开展的活动包括：在整个组织内，就组织使命、愿景、战略、方针和过程进行沟通；在组织的所有层级创建并保持共同的价值观，以及公平和道德的行为模式；培育诚信和正直的文化；鼓励在整个组织范围内履行对质量的承诺；确保各级领导者成为组织中的榜样；为员工提供履行职责所需的资源、培训和权限；激发、鼓励和表彰员工的贡献。

三、全员积极参与

1. 概述 整个组织内的各级胜任、经授权并积极参与的人员，是提高组织创造和提供价值能力的必要条件。

2. 依据 为了有效和高效的管理组织，各级人员得到尊重并参与其中是极其重要的。通过表彰、授权和提高能力，促进在实现组织的质量目标过程中的全员积极参与。

3. 主要益处 主要益处可能有：组织内人员对质量目标有更深入的理解，以及更强的加以实现的动力；在改进活动中，提高人员的参与程度；促进个人发展、主动性和创造力；提高人员的满意程度；增强整个组织内的相互信任和协作；促进整个组织对共同价值观和文化的关注。

4. 可开展的活动 与员工沟通，以增进他们对个人贡献的重要性的认识；促进整个组织内部的协作；提倡公开讨论，分享知识和经验；让员工确定影响执行力的制约因素，并且毫无顾虑地主动参与；赞赏和表彰员工的贡献、学识和进步；针对个人目标进行绩效的自我评价；进行调查以评估人员的满意程度，沟通结果，并采取适当的措施。

四、过程方法

1. 概述 将活动作为相互关联、功能连贯的过程组成的体系来理解和管理时，可更加有效和高效地得到一致的、可预知的结果。

2. 依据 质量管理体系是由相互关联的过程所组成。理解体系是如何产生结果的，能够使组织尽可能地完善其体系并优化绩效。

3. 主要益处 主要益处可能有：提高关注关键过程的结果和改进的机会的能力；通过由协调一致的过程所构成的体系，得到一致的、可预知的结果；通过过程的有效管理、资源的高效利用及跨职能壁垒的减少，尽可能提升其绩效；使组织能够向相关方提供关于其一致性、有效性和效率方面的信任。

4. 可开展的活动 可开展的活动包括：确定体系的目标和实现这些目标所需的过程；为管理过程确定职责、权限和义务；了解组织的能力，预先确定资源约束条件；确定过程相互依赖的关系，分析个别过程的变更对整个体系的影响；将过程及其相互关系作为一个体系进行管理，以有效和高效地实现组织的质量目标；确保获得必要信息，以运行和改进过程并监视、分析和评价整个体系的绩效；管理可能影响过程输出和质量管理体系整个结果的风险。

五、改进

1. 概述 成功的组织持续关注改进。

2. 依据 改进对于组织保持当前的绩效水平，对其内、外部条件的变化做出反应，并创造新的机会，都是非常必要的。

3. 主要益处 主要益处可能有：提高过程绩效、组织能力和顾客满意；增强对调查和确定根本原因及后续的纠正措施的关注；提高对内外部风险和机遇的预测和反应能力；增加对渐进性和突破性改进的考虑；更好地利用学习来改进；增强创新的动力。

4. 可开展的活动 可开展的活动包括：促进在组织的所有层级建立改进目标；对各层级人员进行教育和培训，使其懂得如何应用基本工具和方法实现改进目标；确保员工有能力成功地促进和完成改进项目；开发和展开过程，以在整个组织内实施改进项目；跟踪、评审和审核改进项目的策划、实施、完成和结果；将改进与新的或变更的产品、服务和过程的开发结合在一起予以考虑；赞赏和表彰改进。

六、循证决策

1. 概述 基于数据和信息的分析和评价的决策，更有可能产生期望的结果。

2. 依据 决策是一个复杂的过程，并且总是包含一些不确定性。它经常涉及多种类型和来源的输入及其理解，而这些理解可能是主观的。重要的是理解因果关系和潜在的非预期后果。对事实、证据和数据的分析可导致决策更加客观、可信。

3. 主要益处 主要益处可能有：改进决策过程；改进对过程绩效和实现目标的能力的评估；改进运行的有效性和效率；提高评审、挑战、改变观点和决策的能力；提高证实以往决策有效性的能力。

4. 可开展的活动 包括：确定、测量和监视关键指标，以证实组织的绩效；使相关人员能够获得所需的全部数据；确保数据和信息足够准确、可靠和安全；使用适宜的方法对数据和信息进行分析和评价；确保人员有能力分析和评价所需的数据；权衡经验和直觉，基于证据进行决策并采取措施。

七、关系管理

1. 概述 为了持续成功，组织需要管理与有关相关方（如外部供方）的关系。

2. 依据 有关相关方影响组织的绩效。当组织管理与所有相关方的关系，以尽可能有效地发挥其在组织绩效方面的作用时，持续成功更有可能实现。对外部供方及合作伙伴网络的关系管理是尤为重要的。

3. 主要益处 主要益处可能有：通过对每一个与相关方有关的机会和限制的响应，提高组织及其有关相关方的绩效；对目标和价值观，与相关方有共同的理解；通过共享资源和人员能力，以及管理与质量有关的风险，增强为相关方创造价值的能力；具有管理良好、可稳定提供产品和服务供应链。

4. 可开展的活动 可开展的活动包括：确定有关相关方（如：外部供方、合作伙伴、顾客、投资者、雇员或整个社会）及其与组织的关系；确定和排序需要管理的相关方的关系；建立平衡短期利益与长期考虑的关系；与有关相关方共同收集和共享信息、专业知识和资源；适当时，测量绩效并向相关方报告，以增加改进的主动性；与外部供方、合作伙伴及其他相关方合作开展开发和改进活动；鼓励和表彰外部供方及合作伙伴的改进和成绩。

七项质量管理原则结合在一起，就像一只飞翔的鸟，指引着 ISO9000 族标准展翅高飞。如图 10－2 所示。

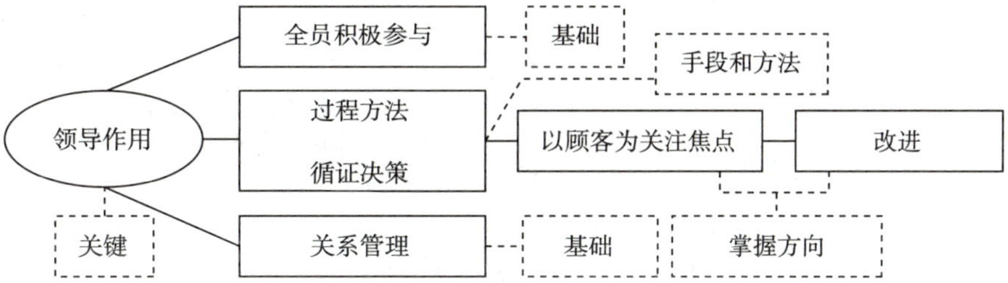

图 10－2　七项质量管理原则像一只飞翔的鸟

任务三　理解 ISO 9001 质量管理体系标准

PPT

情境导入

在某饮料厂，评审组看到以下情景：管理评审报告中的改进事项与上一年的高度雷同，只是对时间和个别文字进行了修改……

【任务描述】

请找出管理评审报告中的改进事项的标准要求，并描述如何理解。

【相关知识】

GB/T 19001—2016 标准提出了质量管理体系的要求，只有理解了标准要求，才能实施到位。

在本任务对标准难点的理解内容中，请对照 GB/T 19001—2016《质量管理体系 要求》（ISO 9001：

2015 IDT）标准中的相应条款（见章节数字，如：从本行开始往后数，第5行，相应的标准条款号就是4.1）原文来反复学习。标准第1章至第3章是一般性解释说明，本任务未做讲解，重点讲解标准正文中第4章至第10章部分，即质量管理体系的具体要求。

一、组织环境

（一）理解组织及其环境（4.1）

1. 正面和负面要素或条件 正面和负面要素或条件，如图10－3所示。

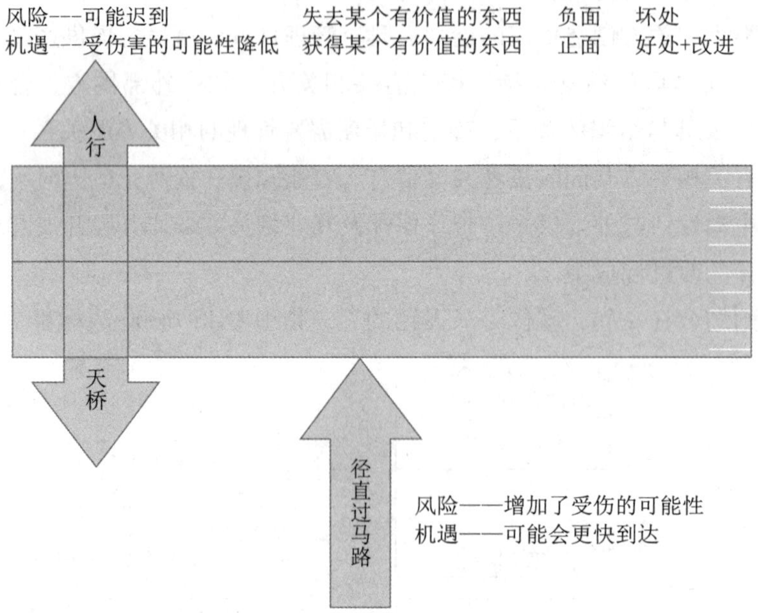

图10－3 过马路的风险和机遇

2. 考虑与组织的有关的外部因素 法律法规、技术、竞争、市场、文化、社会和经济环境因素。

政策法律法规因素，如影响工作环境的工会规章和行业规章、环境保护、社会保障、反不正当竞争、税收，以及国家相关产业政策等。

技术因素，如高新技术、新兴行业技术、工艺技术、基础研究、材料和设备、专利期限、职业道德规范等。

市场因素，如竞争，包括组织的市场份额、类似产品或服务、市场领导者动向、顾客增长趋势、市场稳定性、供应链关系等。

社会与文化因素，如就业观念、当地失业率、安全感知、教育水平、公共假期和工作日、公民意识、消费文化、收入水平、人口年龄和文化差别情况等。

经济因素，如地区GDP、经济形势、通胀预期、信贷可获得性、货币汇率、利率、失业率（或劳动力供给率）、能源供给及成本等。

政治因素，如政治稳定性、公共投资、当地基础设施、国际贸易协议等。

产业环境因素，如产业内竞争对手、潜在进入者、替代产品、外部供方、顾客和其他相关方等方面的威胁。

3. 考虑与组织的价值观、文化、知识和绩效等有关的因素 资源因素，如基础设施、过程运行环境、组织的知识等，组织控制的资产、过程、技能、知识，包括有形资产和无形资产。

人员因素，如人员的能力、组织行为和文化、与工会的关系等。

运行因素，如过程或生产和服务提供能力、质量管理体系绩效、顾客满意的监视等。

组织治理因素，如决策或组织结构方面的规则和程序等。

能力和核心竞争力因素，即有价值的、稀有的、不可替代的、难以模仿的竞争能力。

（二）理解相关方的需求和期望（4.2）

1. 与质量管理体系有关的相关方 相关方是可影响决策或活动、受决策或活动所影响、或自认为受决策或活动影响的个人或组织。与实现质量管理体系预期结果有影响的相关方及其要求，参见表10－1。

表 10－1 质量管理体系相关方及其要求

相关方	要求
顾客	节能降耗、无污染的环保型产品
所有者和（或）股东	①持续改进环境要求能力；②透明地改进成本控制，满足投资者准则，拓展资金来源
组织的员工	①良好的工作环境；②职业安全；③得到承认和奖励
外部供方和合作伙伴	互利和连续性
社会	①环境保护；②道德行为；③遵守环境合规义务

标准中“4.1 理解组织及其环境”和“4.2 理解相关方的需求和期望”识别的是一般质量风险，标准未规定风险识别的具体方法，由本组织根据各种识别方法的特点和组织的具体实际选用。SWOT 分析法是简单实用的方法之一，即集中本组织相关人员，分析本组织的优势 S、劣势 W、机会 O 和威胁 T，按照条款 4.1 的三个备注的具体指引去分析，识别出本组织的所有质量风险，比如有 300 个风险。“4.1”和“4.2”的输出是“6.1 应对风险和机遇的措施”的输入。

（三）确定质量管理体系的范围（4.3）

1. 组织应确定质量管理体系的边界和适用性，以确定其范围 如某资源再生公司的四种范围为：①经营范围为废弃资源综合利用业；②体系范围为一般工业固体废弃物的回收、加工和销售；③认证范围为铁屑、有色金属、包装材料等固体废弃物（危险废弃物除外）的回收、筛选、简单加工和销售；④审核范围为审核的内容和界限，内审一年内都要覆盖到认证范围。如果一年内只有一次内审，则审核范围等于认证范围；如果一年内有二次或以上内审时，则具体某次审核范围可以小于认证范围。

以上这四种范围是越来越小。

本条款考虑的是体系范围，主要考虑体系的输入和输出。

2. 不适用的要求不影响组织实现质量管理体系预期结果的能力或责任 只有当所确定的不适用的要求不影响组织确保其产品和服务合格的能力或责任，对增强顾客满意也不会产生影响时，方可声称符合本标准的要求。

这是适用性的判断原则，即不适用不能影响到实现质量管理体系预期结果的能力或责任。

（四）质量管理体系及其过程（4.4）

1. 组织应确定质量管理体系所需的过程 标准中“4.4 质量管理体系及其过程”要求使用过程方法识别出质量管理体系的所有过程，如表 10－2，质量管理体系有 28 个小小过程。

表 10-2 质量管理体系过程

质量管理体系过程					
大过程	中过程	小过程	小小过程	——	最小过程
质量管理体系	策划	组织环境	4		活动
		领导作用	3		
		策划	3		
	实施	支持	5		
		运行	7		
	检查	绩效评价	3		
	改进	改进	3		
1	4	7	28		

2. 过程及其相互作用 标准"4.4"是过程方法的典型应用，是采用过程方法所需考虑的具体要求，即过程7要素（输入、输出、顺序、相互作用、准则和方法、资源及职责和权限等），输入和输出是过程的基本要素。如要确定（服装公司）质量管理体系所有的28个小小过程的这7个要素，即28 *（6个要素 +1个资源）。也可以简单地理解为：您所在组织按照2015版ISO9001标准建立了质量管理体系，有28件工作要做，每件工作有7个要点，这样就把标准的抽象要求变成了通俗的语言理解。也可以通俗地比喻成一件衣服。

3. 变更管理 标准"4.4 质量管理体系及其过程"中g）实施所需的变更等。

先讲解"6.1 应对风险和机遇的措施"，"6.1"与"4.4"这2个过程发生相互作用相互联系。标准使用基于风险思维的方法，更加关注变更管理，从4.4.1g）处"变更"开始，标准中共有11处变更或更改的条款，可以放在一起熟悉与辨识。

4. 理解要点 必要的范围和程度是二重限定，即在质量管理体系所有的28个小小过程中的一部分必要过程，再对要求的该部分具体过程的成文信息的程度又是必要的程度，对成文信息的灵活性更大了。

"4.4.2 在必要的范围和程度上，组织应：保持成文信息以支持过程运行；保留成文信息以确保其过程按策划进行"是"4.4"的输出，过程方法在本标准中使用得淋漓尽致。"4.4"是对质量管理体系所有过程的总要求，所有的过程都要符合这8项要求。

二、领导作用

（一）领导作用和承诺（5.1）

1. 最高管理者对质量管理体系的有效性负责 最高管理者是指在最高层指挥和控制组织的一个人或一组人。"最高层"指副总以上的公司级管理者。

有效性是指完成策划的活动并得到策划结果的程度。质量管理体系的有效性参见"9.3.2c"的1、2、3点。

2. 最高管理者的其他职责 "确保"意味着职责可以被授予，而责任不能转移。"组织环境"是指"第4章"，而不能凭字面理解。"确保质量管理体系要求融入与组织的业务过程"中"业务过程"就是指第8章"运行"，第8章是重点章节，第8章实际做的要符合ISO 9001标准提出的要求，不能是"管理体系文件""实际行动"二张皮，如图10-4所示。图中"平直皮"是"实际应该做到"的"理想皮"，是努力的方向，目前"成文信息写的"另外一张皮还与"理想皮"有一段差距，比如今年是在咨询老师辅导下建立起来的质量管理体系，咨询老师在有限的辅导期间内，也难以全面了解该公司的实际情况，留下的“二张皮”之间还有“最后一公里”未予以解决，标准把解决这个问题的责任交给了最高管理者，要督促体系主管部门持续改进，逐渐把二张皮变成一张皮，那时体系就水到渠成了。

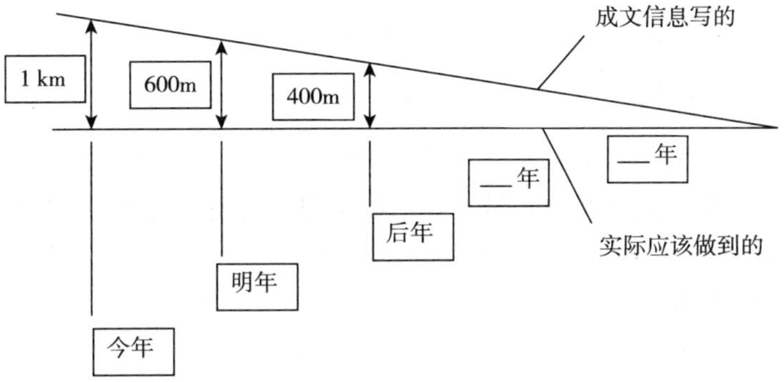

图 10－4　质量管理体系二张皮

3. 以顾客为关注焦点　以顾客为关注焦点是最高管理者的重要职责之一。

（二）方针（5.2）

1. 制定质量方针　“5.2.1 制定质量方针”这个条款是对质量方针内容方面的要求，要适应本组织环境即第 4 章的实际情况，要包括满足实现质量管理体系预期结果的承诺。建议编写质量方针时，就用一段话直述，而不要采用放到不同类型组织都可以使用的四个字或七个字一句的一段话。如：经营支柱在于质量，准确地把握顾客需求和期望，开发与生产顾客满意和信赖的××产品；坚持持续改进，预防质量异常和投诉，为社会提供卓越的××产品。

2. 沟通质量方针　“5.2.2 沟通质量方针”这个条款是对质量方针的管理性要求，像环境、职业健康安全方针一样，也可以使相关方获取质量方针。

（三）组织的岗位、职责和权限（5.3）

“5.3 组织的岗位、职责和权限”中的 5 条职责和权限分解到除了最高管理者以外其他岗位。通过“职能分配表”把“本标准的要求”的主要责任分配到各部门，“职能分配表”的输出是“部门职责”的输入，“部门职责”的输出是“岗位职责”的输入，如此这样分配，以保证各个岗位所做的工作符合质量管理体系的要求。c）分解到体系主管领导，即按照科学的领导管理原则，结合本组织实际，分解到主管质量管理体系的最高管理者。本标准中，不再设置“管理者代表”这个岗位，不需要有一个专门的管理者的代表。对“管理者代表”的正确理解是这样的：管理者代表是代表最高管理者来管理体系的，是最高管理者的代表，是体系主管领导。

三、策划

（一）应对风险和机遇的措施（6.1）

1. 高风险　“需要应对的风险和机遇”俗称高风险，“确定需要应对的风险和机遇”就是确定高风险，如表 10－3 所示，“6.1 应对风险和机遇的措施”的输入是“4.1 理解组织及其环境”和“4.2 理解相关方的需求和期望”识别出来的一般质量风险，比如 300 个，输出是高风险，比如 30 个。

表 10－3　ISO9001：2015 风险管理

过程要素	过程事项	举例
输入	4.1 内外部因素 +4.2 相关方要求	300
	风险评价	
输出	确定需要应对的风险和机遇	30

2. 需要应对的风险和机遇

6.1.1 在策划质量管理体系时，确定需要应对的风险和机遇，a－d 是风险评价准则，a）对实现质量管理体系预期结果有严重影响的就是高风险，d）对实现改进有好处的就是机遇。本标准中，只要是“产生成文信息”的过程，就是高风险所在，控制措施要么是“保持”要么是“保留”成文信息，即或者是文件控制，或者是记录控制。

3. 组织应策划的内容

“6.1.2 组织应策划”英文语句，变成中文就是 3 句话，连着 6.1.1 的 1 句话，6.1 共 4 句话，这 4 句话就是：

（1）确定需要应对的风险和机遇；

（2）组织应策划应对这些风险和机遇的措施；

（3）组织应策划如何在质量管理体系过程中整合并实施这些措施（见 4.4）；

（4）组织应策划如何评价这些措施的有效性。

从 4 句话中提炼出 4 组关键词，作为表格中的 4 栏就是表 10－4。

表 10－4　应对风险和机遇措施一览表

过程	1. 需要应对的风险和机遇	2. 应对措施	3. 实施措施的过程	成文信息	4. 评价有效性
径直过马路	增加了受伤的可能性	在附近没有车辆通过的时段穿过马路；选择在能见度很好的且安全的地方穿行马路；停在马路中间安全岛，再次评估来往车辆穿行马路	运行过程	交通安全管理办法	1 次/年；安全地穿过马路，及时到达会场，这个策划有效，并避免了不期望的结果
体系管理	质量管理体系范围不明确，影响体系执行的充分性	明确质量管理体系的地理范围、产品和服务范围和部门范围	质量管理体系范围确定	质量管理体系范围	1 次/年

（二）质量目标及其实现的策划（6.2）

1. 质量目标及其实现的策划

“6.2 质量目标及其实现的策划”是针对质量管理体系这个大过程提出来的奋斗目标，质量目标的要求很具体，a～d 是内容方面的要求，e～g 以及 6.2.2 是管理方面的要求。

2. 如何实现质量目标　质量目标提出来了，就要努力去实现，就要在“6.2.2 策划如何实现质量目标”a～e 等 5 个方面去落地实现。

（三）变更的策划（6.3）

“6.3 变更的策划”是针对质量管理体系的变更提出来的要求，大大小小的管理体系变更都会影响到其下一个过程，基于风险思维的方法要控制变更带来的风险。

四、支持

（一）资源（7.1）

1. 组织应确定并提供所需的资源　资源是重要的过程要素，适宜的资源是过程工作质量的基本保证，是实现质量管理体系预期结果的前提。这一句话不是空话，学习“8.5.1 生产和服务提供的控制”后就明白资源的实际重要性了。

2. 组织应确定并配备所需的人员 “7.1.2 人员”“7.1.6 组织的知识”“7.2 能力”“7.3 意识”通常以“人力资源管理程序”来落实标准的要求，即编写“人力资源管理程序”要依据这四个体系过程，“人力资源管理程序”是这4个质量管理体系过程的输出。

3. 基础设施和过程运行环境 环境包括2个部分——辅助环境和实现产品及服务符合性环境。比如到机场坐飞机所需的2个环境分别是：为实现登机服务符合性所需的环境包括取登机牌+过安检+检票+过廊桥登机，这是必须的“工作环境”，但飞机场还有很大的室内环境是用来供登机人等候的辅助环境，为了实现登机服务符合性，必须有大量的候机环境，这是登机服务质量管理实践中充实的环境。

4. 监视和测量资源 监视和测量资源就是检查的手段，培训效果的检查手段有笔试、口试、检查表作答，也可以是督导者坐在教室的最后一排督查，应思考这些手段叫作“监视和测量设备”合适，还是叫作“监视和测量资源”更合适。

5. 测量溯源确定其状态 确定的状态包括：校准状态或工作状态或封存状态等，测量设备可以是校准状态，也可以是工作状态，也可以是封存停用状态等。

6. 组织的知识 组织不进则退，要关注本行业的“四新技术”，即新技术、新设备、新工艺和新材料，要收集和整理本组织的组织知识，并形成组织知识清单。

（二）能力（7.2）

确定在其控制下工作的人员所需具备的能力，这些人员从事的工作影响质量管理体系绩效和有效性；基于适当的教育、培训或经验，确保这些人员是胜任的；适用时，采取措施（包括培训、辅导、重新分配工作、招聘、外包胜任的人员）以获得所需的能力，并评价所采取的这五种措施的有效性；保留适当的成文信息，作为人员能力的证据。

（三）意识（7.3）

意识是指人员对组织质量风险及其控制要求的察觉、认知和关注度。意识能够指导人的行为。“7.3 意识”过程是体系对各部门全员积极参与的要求，各个部门不断按照“7.3”的要求做好本部门质量管理体系工作，那么全公司的质量管理体系就能不断地实现其预期结果。

（四）沟通（7.4）

沟通其他标准条款不管的内容，尤其是条款之间的“相互作用”，是质量管理体系的“相互作用”要素的收集“器”，是体系的沟通，应由质量管理体系主管部门来负责“收集”的主要责任，而不是组织的负责内外部大沟通的部门来统管这个过程。

（五）成文信息（7.5）

1. 所需的成文信息 这是对“成文信息”的要求，包括对文件的要求，也包括对记录的要求，可以把7.5条款中的“成文信息”替换成“文件”，领会一下对“文件”的要求，再把“成文信息”替换成“记录”，体会一下对“记录”的要求。

2. 成文信息创建和更新 创建和更新了成文信息，才有了成文信息控制的必要，才成为后续成文信息控制的输入。

五、运行

（一）运行的策划和控制（8.1）

本条款8.1与4.4和6.1、6.2相互作用，本条款“8.1 运行的策划和控制”中的“在必要的范围和程度上”与4.4.2的“在必要的范围和程度上”字面相同但范围大不相同，均要看其上一级标题，4.4.2的“在必要的范围和程度上”是指“全部体系过程28个小小过程”范围，而8.1中的“在必要的范围和程度上”仅指“运行过程”范围而然。

（二）产品和服务的要求（8.2）

1. 顾客沟通 顾客沟通过程的最终预期结果是得到顾客的产品和服务的要求，顾客沟通的基础信息是到目前为止本组织能为社会提供哪些产品和服务？这是本组织的能力底线，尤其是与潜在顾客沟通时不能突破能力底线，必须满足所声明的要求。

2. 产品和服务要求的确定与评审 “8.2.3.1 组织应确保有能力向顾客提供满足要求的产品和服务”的a~d四条要求就是产品和服务的具体要求，在开始与顾客沟通后直到签订合同前，供需双方存在的不同差异应该已经得到解决。

（三）产品和服务的设计和开发（8.3）

1. 设计和开发 设计和开发是指将对客体的要求转换为对其更详细的要求可以作为生产或服务的工作语言的一组过程。输入要求与输出要求相比，可以更概括性地表达为更一般的含义。客体是指可感知或可想象到的任何事物，如产品、服务、过程、体系等。

2. 设计和开发策划 如夏装设计90天后上市，设计和开发策划的结果，见表10-5。

表10-5 夏装设计的设计和开发策划结果

输入	草图	打版	样衣试穿	小批量散发试销	输出
舒适、凉爽、遮体（功能），世界流行风，排除某些不适合的图案（法律）	评审	评审	验证	确认，收集改进意见	正式图纸、技术文件

3. 设计和开发输入 “8.3.3 设计和开发输入”条款中a）功能和性能要求就是8.2.3.2b），e）就是汽车行业16949标准中的设计FMEA（失效模式与影响分析）。五种输入就是设计和开发的依据，可能产生矛盾，是否需要评审，在策划时确定。

4. 设计和开发控制 这是设计和开发的过程控制，按照夏装设计和开发策划的四个阶段逐一进行，第一第二阶段要做评审，第三阶段要做验证，第四阶段要做确认。注：第一阶段输出最重要，后续的过程和活动都是完善第一阶段输出。

（四）外部提供的过程、产品和服务的控制（8.4）

1. 外部供方代表组织直接将产品和服务提供给顾客 “8.4.1 总则”中b条款的外部供方是指关联组织，泛指现代社会新的商业模式；一切形式的外部提供都在“8.4 外部提供的过程、产品和服务的控制”的控制之下。

2. 人员资格 能力是对人员的本质要求，人员资格是人员能力的门槛，有了资格不等于就有了能力。

（五）生产和服务提供（8.5）

1. 生产和服务提供的控制（8.5.1） 尺寸链闭环的误差来自于各组成尺寸的误差。我们服装公司建立的质量管理体系的预期结果是向社会提供始终如一的合格的服装，服装生产过程要经过多个车间多道工序的生产小过程，做出合格的服装，就得有赖于所有这些生产小过程的误差严格控制在许可范围之内，所以，这些工序都必须处于受控状态。

2. 受控条件 如何受控？通过国内外大量的质量管理经验教训总结出来了下面八条可能对你所在行业有效的一般受控条件，当然，具体到你们公司的每一具体产品和服务时，不一定每一条都同时适用。

人、机、料、法、环、测六项是最常见的质量管理理论内容之一，在我们中国常称之为影响产品质量的六大因素，也称为过程能力影响因素（即工作质量的决定因素）。也就是说，这“6 个字”具体表述成了标准条款 8. 5. 1 的 a ~ e 的 5 句话，我们来看看，她们之间是如何具体对应的。

3. 可获得成文信息 可以获得成文信息，在这些成文信息里规定的要求包括：

（1）假如说某服装公司共有员工 200 人，每一个人的工作都只看成一个过程，今天上班正准备生产的产品或工序半成品的人员有 130 人，正准备生产的产品或工序半成品的特性有哪些？就是说，产品名称、规格型号、数量与要求分别是哪些？

与此同时，我们服装公司今天上班的服务岗位人员有 20 人，他们正准备提供的服务的特性有哪些？提供的具体服务内容与要求有哪些？

今天上班除了生产和服务岗位人员之外，其他管理岗位的人员有 50 人，他们正准备进行的人力资源管理等各项支持活动的特性有哪些？工作进展要求有哪些？——这些就是输入要求。

（2）该服装公司所有 200 个员工请回来了，今天上班都要为公司分别做出哪些贡献？——这些就是输出要求。

就是说，该服装公司所有 200 个员工即 200 个过程，今天上班来，每一个过程的基本要素——输入和输出——都要规定清楚，请翻看 ISO 9001：2015 标准条款 4. 4. 1a。也就是说，过程的 2 个基本要素要首先规定清楚。

本条款不仅是对生产员工有要求，也是对公司所有员工都应该有这个要求，所以说，本条款是对各岗位过程全员积极参与要求的条款。目前，各组织更多的只是狭义地把本条款理解为对生产员工的要求，生产一线有大量的作业指导成文信息，而其他岗位的作业文件就很少，应该加强对生产员工以外的其他岗位员工的质量管理要求，这就是当前很多组织质量管理的薄弱环节。

ISO 9001：2015 标准条款 4. 4. 1 要求，不仅只对所有过程的 2 个基本要素要规定清楚，还应对所有过程的所有 7 个要素都要规定清楚，即 200 × 7 个要素，形成质量管理体系网络。但我们目前做的较好的也就是生产过程的 2 个基本要素，即 150 × 2 个要素，还差多少？200 × 7 − 150 × 2 = 1100，也就是说，质量管理工作还有很多细节没有做好。

该服装公司 200 个员工 200 个过程的 2 个基本要素的规定，以哪些形式表述？是否有生产指令？派工单？生产线上 LED 指示牌？工艺文件？图纸？作业指导书？——这些成文信息就是“6 个字”中的“法”。

该服装公司采取哪几种具体形式？什么情况下使用什么形式？都要规定清楚。先规定清楚生产过程的，再来规范服务过程和管理过程人员的要求。

4. 监视和测量资源、活动 监视和测量资源就是每个生产小过程是否合格的检验手段，该服装公司请回来 200 个员工，都是希望他们能够对公司做出合格的产品质量或工作质量，所以，必须规定合格与否的检验手段，要获得，要得到，要去使用。合格与否的检验手段要是适宜的，要符合 ISO 9001：2015 标准条款“7. 1. 5”的要求。

每个生产小过程的输出是否合格？要使用适宜的检验手段按照规定的要求实施检验。

这 2 款就是“6 个字”中的“测”。

5. 适宜的基础设施和环境 有的生产小过程可能要使用基础设施，就是“6 个字”中的“机”。使用的基础设施要是适宜的，要符合 ISO 9001：2015 标准条款“7. 1. 3”的要求。

每个生产小过程要保持适宜的过程运行环境，就是“6 个字”中的“环”。过程运行环境要保持适宜的，就要符合 ISO 9001：2015 标准条款“7. 1. 4”的要求。

6. 配备胜任的人员 每个生产小过程都要配备胜任的人员，就是“6 个字”中的“人”。配备的人员是否胜任，就要符合 ISO 9001：2015 标准条款“7. 1. 2”的要求。

“6个字”中的“料”在ISO 9001：2015标准条款8.4中有详细要求。

每个生产小过程乃至质量管理体系所有小过程实际上就是要配备好ISO 9001：2015标准条款7.1所对应的人员、基础设施、组织知识、过程运行环境及监视和测量资源这五种资源，每种资源要符合7.1提出的要求，每种资源又有确定、提供和维护这三个小过程，也就是说，要规定清楚过程的所有要求，即：200×7个要素=200×［6要素+1资源×5种×3个小过程×（6要素+1资源）］，把这些要求都做到位了，那么质量管理体系这个大过程中的所有过程就受控了。

7. 需要确认的过程 这种过程就是特殊过程，比如焊接过程，把两件不同物品焊接在一起，焊缝与母材要求等强度，但直到产品交付给顾客之前，也不能知道是否能够等强度，不知道输出的焊接质量是否合格。

对于特殊过程，当然要求其输出是合格的，但不能预先知道输出是否合格，那就必须控制其输入，确保输入是合格的，那么输出也就能是合格的，因此，在特殊过程开始之前，要对其输入进行确认，确保前面a~e“人机料法环测”全部是合格的，然后才开始该特殊过程的实施，这时候的输出也就是合格的了。

特殊过程就是对其六种过程能力影响因素控制得更严格更全面。前面a~e条款提到的是对非特殊过程的一般要求，不一定要确认全部合格。

8. 采取措施防止人为错误 什么是人为错误？比如，火车道下面有一个涵洞，宽度和高度尺寸都是3m，尺寸标识牌挂在了进入涵洞的洞壁上，如果货车司机看到了这个标识牌，评估自己的货车尺寸超过了，就不通过这个涵洞，就是正确的，就没有犯错误。如果该货车司机，马马虎虎，得过且过，不准确判断尺寸是否超标就通过涵洞，就会犯人为错误，就会把涵洞拉垮，火车道可能就会受到严重影响，造成很大的损失，这是人们都不愿意看到的。

在车辆进入涵洞之前的道路上，做个防撞支架，防撞支架的宽度和高度尺寸与涵洞尺寸一样，如果马虎司机开车撞了防撞支架，损失不大，但可以避免撞火车道而造成更大的损失，这个防撞支架就是防止人为错误的措施。

这就是汽车行业的防呆装置，这条要求是从汽车行业提上来的。ISO 9001标准是对各行各业质量管理的最低要求，说明2015版的要求，相对于2008版，是提高了。

9. 实施放行、交付和交付后的活动 对于一些复杂产品和服务，还要在放行、交付和交付后的小过程中采取措施，使其整个过程受控，至于如何做好交付后的活动，请实施ISO 9001：2015标准条款“8.5.5 交付后活动”的要求。

“8.5.1 生产和服务提供的控制”是对各个岗位员工的要求，我们就简单地把1个岗位看成1个过程，也就是质量管理体系对各个过程的要求。请想想：该岗位的要求规定清楚了没有？员工做到位了没有？清楚了这些要求没有？所以，8.5.1应该是每个岗位过程要熟练掌握的条款，每个季度您自己都要认真对照学习一遍，不断以点带面，逐步做好质量管理体系所有过程的要求。

10. 识别输出（8.5.2） 输出用词适用于所有行业，输出对于制造行业就是产品，对于服务行业就是服务。

11. 顾客或外部供方的财产（8.5.3） 造船厂建造一条大船，通常是分成多段分段建造的，这些类型的顾客财产基本都涉及到了。在质量管理实践中发现，除了顾客财产之外，还存在外部供方财产，外部供方财产的管理如同顾客财产的管理。

12. 防护（8.5.4） 防护就是在预期产品开始购买原材料到交付给顾客之前的这段时间，所需要做到的保质保量的所有工作。

（六）产品和服务的放行（8.6、8.7）

1. 授权放行人员 狭义的放行人员是指出厂检验员，广义指所有检验员以及技术人员、品质和技术部门负责人。授权形式可以多种多样，最简单的形式是签领检验章。

2. 防止非预期地使用或交付 “8.7 不合格输出的控制”中告知顾客和获得让步接收的授权这 2 种措施是对不合格输出不作处理而主动放行的措施，让顾客在下一道工序再采取措施。

六、绩效评价

（一）监视、测量、分析和评价（9.1）

1. 组织应确定需要的监视和测量（9.1.1） 确定检查对象是质量管理体系的所有过程；确定这些过程的不同的检查方法；确定这些过程的不同的检查时机。

2. 顾客满意（9.1.2） 确定顾客满意度的获取、监视和评审的方法，监视方法除了顾客调查外，还应有其他的方法。

3. 分析与评价（9.1.3） 对质量管理体系所有的过程进行监控检查后，对检查结果应用统计技术在内的数据分析方法进行分析，对照分析结果，评价质量管理体系的 7 个方面的结果，9.1.3 的输出就作为 9.3.2 管理评审的输入。

（二）内部审核（9.2）

内部审核是二级监控，内部审核的对象是质量管理体系，内部审核的时间间隔不大于 12 个月，内部审核的目的是评价质量管理体系的符合性和有效性。

内部审核除了几项要点工作外，具体细节要求参见 GB/T 19011。

（三）管理评审（9.3）

1. 管理评审策划 管理评审是三级监控，管理评审的对象是质量管理体系，管理评审的时间间隔不大于 12 个月，管理评审的目的是评价质量管理体系的适宜性、充分性和有效性。

2. 管理评审输入 9.3.2 管理评审的输入是系统性的输入，而“7.3 意识”各部门贯彻质量管理体系要求的年度总结的输出及“9.1.3 分析与评价”分析和评价结果的输出是从不同角度要求的管理评审输入。

3. 管理评审输出 管理评审过程的输出中一定要重视全新的改进机会的提出。

七、改进

（一）总则（10.1）

为了实现质量管理体系的预期结果，可以“改进产品和服务”，这个改进步伐是很大的，可以是“突破性变革、创新和重组”，这个力度之大是 ISO 9001 前面几个版本所不能企及的，是重大的纠正措施。

（二）不合格和纠正措施（10.2）

对所有的不合格都要做出应对，公司内出现的不合格，采取 8.7 的 4 种措施；交付后出现的不合格，要及时处置后果。

在对所有的不合格都做出了应对的基础上，要进行评审和分析，对于其中的严重的、批量性的和重复出现的不合格，要进一步采取纠正措施，防止其再次发生。

确定不合格的真正原因或主要原因是重要步骤，要多问几个为什么，而不能仅停留在其表面，这是目前很多组织的质量管理体系水平不高的重要原因。原因分析过程也是风险分析过程。

如果所采取的纠正措施有效，说明针对高风险所采取的措施有效，此时就应该把高风险降低为低风险，反之，就再在“低”风险里评估高风险。

如果所采取的纠正措施有效，就将其固化到质量管理体系的相应成文信息中去。

（三）持续改进（10.3）

图 10－5 是 GB/T 19001—2016 标准引言 0.3.2 中使用的图 2，图中带箭头的大圆环，就意味着 PDCA 循环，“改进”突出来了一点，这就意味着 PDCA 循环要螺旋式上升，这是 PDCA 循环的一个重要特点。质量管理体系这个大过程，一年做一次大循环，一年一次的管理评审是继往开来的转折点，上一年管理评审输出中的全新的改进机会将作为开展下一年度质量管理体系的输入，将引出更高水平的 PDCA 循环，一年更比一年强。

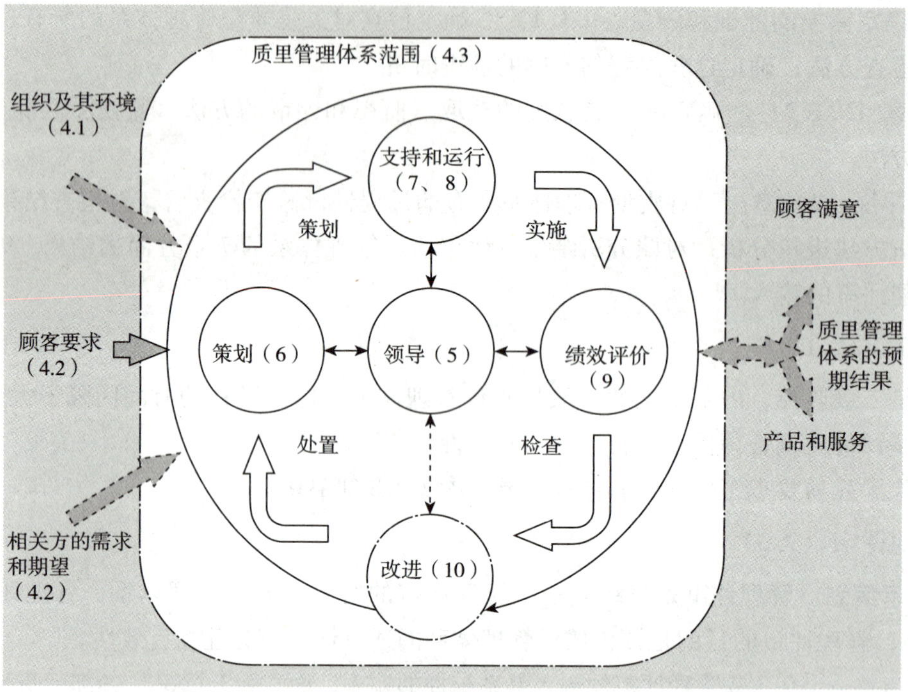

图 10－5　质量管理体系过程图

GB/T 19001—2016 标准学习，除了正文部分外，其前言、引言和附录的学习，对正文的学习也是有帮助的。本标准的前言中，给出了本标准编写的信息；本标准的引言中，指出了本标准使用的三种方法——过程方法、PDCA 循环和基于风险思维的方法；在附录 A 中指出了 2015 版相对于 2008 版标准的新的内容的说明。

任务四　建立和实施 ISO 9001 质量管理体系

PPT

情境导入

某食品公司质量管理体系获证后，质量经理与朋友聊天说：我们公司 20 天就拿到了证书，我安排一个从已经取得证书的公司来的兼职体系工程师，她把原来那家公司的体系文件简单地修改成为我们公司的，模仿那家公司的体系记录变成我们公司的记录，打印出来，送外审，就拿到了证书，……

【任务描述】

请找出建立和实施 ISO 9001 质量管理体系的不符合项并进行描述。

【相关知识】

质量管理体系是通过 PDCA 周期性改进，随着时间的推移而不断进化的动态系统。无论其是否经过正式策划，每个组织都有质量管理活动。GB/T 19001 标准为如何建立正规的体系，以管理这些活动提供了指南。确定组织中现存的活动和这些活动对组织环境的适宜性是必要的。GB/T 19001 标准和 GB/T 19000 及 GB/T 19004 一起，可用于帮助组织建立一个完善的质量管理体系。

正规的质量管理体系为策划、实施、监视和改进质量管理活动的绩效提供了框架。质量管理体系无需复杂化，而是要准确地反映组织的需求。在建设质量管理体系的过程中，GB/T19000 标准中给出的基本概念和原则可提供有价值的指南。

质量管理体系策划不是一劳永逸的，而是一个持续的过程。质量管理体系的策划随着组织的学习和环境的变化而逐渐完善。策划要考虑组织的所有质量活动，并确保覆盖 GB/T19000 标准的全部指南和 GB/T19001 的要求。该策划经批准后实施。

建立和实施质量管理体系的步骤，一般由以下四个阶段完成。

一、第一阶段：体系策划

1. 体系策划准备 ①成立贯标领导小组和工作小组；②制定贯标工作计划；③组织所处的内外部因素的识别和分析；④顾客等相关方的需求和期望的识别与分析；⑤实施质量管理业务流程分析诊断。

2. 体系策划 ①确定质量管理体系范围；②确定业务流程/体系过程；③质量方针和目标的策划；④职责/组织结构/职能分配的策划；⑤体系成文信息的策划。

二、第二阶段：体系建立

1. 基础培训 ①ISO9000 族标准理解与实施培训；②体系成文信息编制培训；③内审员培训。

2. 成文信息编制 ①体系成文信息编制；②体系成文信息审批和发布。

三、第三阶段：体系运行

①确定和提供必需的运行资源；②体系运行动员与培训；③体系运行实施保留记录。

四、第四阶段：体系评价和完善

①内部审核；②管理评审；③体系纠正及改进；④体系认证。

建立和实施质量管理体系的方法是过程方法、PDCA 循环和基于风险思维的方法。这 3 种方法在 GB/T 19001 标准中是有机结合、共同运作和贯穿始终的。

过程方法使组织能够策划过程及其相互作用。GB/T 19001 标准中 4.4 条款是过程方法的典型应用，应熟练掌握该条款。

PDCA 循环方法使组织能够确保其过程得到充分的资源和管理，确定改进机会并采取行动。GB/T 19001标准中 10.2 条款是 PDCA 循环方法的典型应用，应熟练掌握该条款。

基于风险思维的方法使得组织能够确定可能导致其过程和质量管理体系偏离策划结果的各种因素，采取预防控制，最大限度地降低不利影响，并最大限度地利用出现的机遇。GB/T 19001 标准中 6.1 条款是基于风险思维的方法的典型应用，应熟练掌握该条款。

GB/T 19001 标准中应熟练掌握的 5 个条款——4.4、6.1、7.3、8.5.1 和 10.2 等，是质量管理体系的主干过程要求。

建立和实施质量管理体系的原则是源于现实，高于现实，低于设想。组织在正式建立质量管理体系之前，客观上，已经存在一个质量管理体系，只是按照该组织自己的想法做的，有很多做法是符合GB/T 19001标准要求的，这一部分要继承下来；对于不符合 GB/T 19001 标准要求的或者原来没有做到的部分要求，就要完善补充，高于现实；但是也不能“设想”过高的实施要求，提出的实施办法，既要符合 GB/T 19001 标准要求，又要结合组织实际，是目前可行的，以后再不断提高要求。

任务五　认证 ISO 9001 质量管理体系

PPT

情境导入

某食品公司业务经理在参加某超市招投标时，看到了如果取得了质量管理体系认证就可以加分，于是就向已经认证了的朋友了解到认证的流程要求，主要包括：按照质量管理体系标准建立了体系，实施了体系，实施三个月后就可以认证；向认证机构提出申请，与认证机构签订认证合同，与咨询公司签订辅导合同，约定认证时间，审核组现场审核，审核通过了就可以获得认证证书了……

【任务描述】

请找出与外审认证机构操作主要程序并进行描述。

【相关知识】

质量管理体系认证是指由取得质量管理体系认证资格的第三方认证机构，依据正式发布的质量管理体系标准，对组织的质量管理体系实施评定，评定合格的，由第三方机构颁发质量管理体系认证证书，并给予注册公布，以证明该组织质量管理和质量保证能力符合相应标准或有能力按规定的质量管理要求提供产品和服务的活动。

质量管理体系认证的主要流程如下。

一、质量管理体系认证申请

申请认证的组织（申请方）向自己选定的、国家认可的认证机构提出质量管理体系认证申请，填写申请书，并提供如下信息：组织结构情况（名称、地址、组织机构、现场区域、活动范围、员工人数、厂区平面图等）；质量管理体系简介；质量手册、程序文件；产品和服务范围、产品和服务实现过程；适用的法律法规、标准说明；组织的法律地位证明文件；最近一次产品质量监督抽查结果；申请人聘请咨询机构及咨询人员名单；申请人对审核和认证的要求。

申请方应确保质量管理体系建立、运行已达 3 个月。

认证机构对受审核方的申请材料进行评审，判断该组织是否符合申请认证条件，并给予明确答复。

二、质量管理体系认证审核的实施

质量管理体系认证审核包括文件审核、第一阶段审核和第二阶段审核。

1. 文件审核

（1）文件审核目的 文件审核就是对受审核方质量管理体系成文信息的符合性、完整性进行审查，即成文信息是否符合质量管理体系标准的要求，适宜性是否合理，成文信息是否已发布实施，从而确定是否可以进行现场审核，并为制定第一阶级审核计划做准备。

（2）文件审核内容 包括：成文信息内容是否符合标准并覆盖了标准的所有要素；是否结合组织的产品和服务、活动特点，并提出了控制要求；各项活动的职能分配、接口是否明确、协调；同一层次成文信息或不同层次成文信息在职责、要求方面是否一致，连贯对应；主要过程、活动是否有成文信息控制。

（3）文件审核结论 包括：文件符合标准要求，可以进行现场审核；部分文件不符合，修改后进行现场审核；文件严重不符合标准的要求，不能进行现场审核，请受审核方修改后重新进行文件审核。

当然，文件审核贯穿于整个认证审核过程，在第一阶段和第二阶段现场审核中，还应继续审查成文信息的适宜性和充分性。

2. 第一阶段审核 成文信息审核通过后，进行第一阶段审核。

（1）第一阶段审核目的 包括：通过对组织的方针目标、法律法规、主要部门、场所的活动情况进行现场审核，了解组织的基本概况，判断组织的质量管理体系策划、运行的合理性和有效性；对第二阶段审核进行策划；确定第二阶段审核范围、审核方法和审核准则；决定第二阶段审核的时间和审核组的组成。

（2）第一阶段审核内容 包括：组织的基本概况；组织的生产、活动、服务特点，主要过程及运作方式；识别业务的主要风险，以及相关法律法规及其符合性；评估受审核方所确定的过程是否充分，是否满足其目标和顾客要求；确认内审、管理评审的可信度；了解顾客、社会、相关方对组织的意见；了解法律法规和许可证制度；了解近期发生质量事故的情况；结合现场情况对质量管理体系成文信息进行补充审核并提出修正意见。

第一阶段审核不需对标准的所有过程进行审核，而是有侧重点地审核，重点是各类风险因素识别、评价、运行控制和监测活动是否实施。

审核组在第一阶段审核后提出整改意见（但不开不符合项报告，以不符合汇总表形式给出），要求受审核方完成整改后再进行第二阶段审核。

3. 第二阶段审核

（1）第二阶段审核目的 包括：第二阶段审核是认证活动的核心部分，目的是验证组织的质量管理体系运行的有效性和质量方针目标的实现程度；决定是否给予认证注册。

（2）第二阶段审核内容 包括：审核范围覆盖组织的所有部门、场所和区域；质量方针及其制定的合理性；最高管理者的承诺及证据；各部门、各岗位的职责权限是否已落实；质量目标是否在各层次上建立并已量化；质量各类风险因素识别是否充分，评价是否准确，目标及其管理方案是否落实；风险因素控制及绩效监测是否到位；三级监控机制是否已经建立；内审、管理评审是否按计划实施，对发现的不符合是否采取了纠正措施并进行了有效性验证。

（3）第二阶段审核程序 包括：首次会议；按审核计划实施现场审核；确认审核发现；末次会议；审核结论。

第二阶段审核末次会议上，由审核组组长宣布审核结论，并出具审核报告。报告对组织的质量管理体系分别进行评价，然后再综合评价质量管理体系的符合性、充分性和有效性，并确定现场审核结论。审核结论在审核组讨论后，经组长作出。现场发现的问题以“不符合报告单”形式提出，限期整改，经组长验证后，交认证机构技术委员会进行审议。最终认证决定由认证机构作出。

三、认证后的监督审核

1. 监督审核的目的 受审核方获准认证后，认证机构颁发质量管理体系认证证书，有效期为三年。认证机构定期进行监督审核，其目的是验证组织的质量管理体系是否持续符合标准的要求。

2. 监督审核的要求 对受审核方的监督审核通常是一年一次，但初次认证后的第一次监督检查，则在通过认证后6 ~9 个月内进行。监督审核的程序与初次认证现场审核相同，只不过每次审核的条款较全体系审核为少，但三年必须覆盖全部条款和部门至少一次。

3. 监督审核的结果形式 保持注册；暂停认证；注销认证。

四、再认证

再认证或称复评，是指认证证书三年有效期满前，组织应重新提出申请，认证机构重新组织再认证/复评审核，其程序同于初审。

【同步训练】

· 重点概念

1. 质量管理体系 2. 以顾客为关注焦点 3. 过程方法 4. PDCA 循环 5. 基于风险思维的方法 6. 最高管理者 7. 相关方 8. 设计和开发

· 课后讨论

1. 实施 ISO 9000 族标准的意义是什么？
2. ISO 9001 标准中有哪几个条款需要熟练掌握？
3. 纠正与纠正措施的区别是什么？

答案解析

练习题

一、选择题

1. 人员能力不足时，可以有（ ）具体的获得能力的措施。（多选）

A. 培训　B. 换岗　C. 招聘　D. 其他措施

2. 质量管理体系认证审核包括（ ）阶段。（多选）

A. 第一阶段审核　B. 文件审核　C. 再认证　D. 第二阶段审核

3. 质量方针可以（ ）。

A. 可传达到相关方　B. 可为相关方获取

C. 不用传达到相关方　D. 不需相关方获取

4. 采取纠正措施的最重要的步骤是（ ）。

A. 制定纠正措施　B. 变更管理体系

C. 确定不合格的原因　D. 实施纠正措施

5. 过程要素包括（ ）。（多选）

A. 资源　B. 准则和方法　C. 相互影响　D. 输入

二、简答题

1. 什么是七项质量管理原则？它与 ISO9001 有何关系？
2. 不合格输出控制的目的是什么？如何处置已发现的不合格输出？
3. 简述建立和实施质量管理体系的方法。

三、案例分析题

以下审核情景，有无不符合标准要求？如有，请指出不符合原因。

1. 某化工企业采购两批料，无外部供方评价记录，是国际紧俏物资，无法与国外联系，只能提出品名与代理商签合同，出示两批料的采购合同。

2. 在销售科，审核员问销售科长如何评价顾客满意，销售科长犹豫了一下后回答："我们公司目前还没有规定评价顾客满意的方法，但是顾客投诉很少，这表明顾客没有什么意见。"

书网融合……

本章小结　　微课　　题库

项目十一

ISO 22000 食品安全管理体系

学习目标

知识目标

1. **掌握** ISO 22000 食品安全管理体系的策划和建立要求、体系审核和认证的流程。
2. **熟悉** ISO 22000 食品安全管理体系的目的和范围、术语和定义、前提方案。
3. **了解** ISO 22000 食品安全管理体系的发展历程和系列标准。

能力目标

1. 能制订 OPRP 控制计划和 CCP 控制计划。
2. 能运用 PDCA 循环方法制定企业改进措施。

素质目标

通过本章学习，培养学生具有公正、科学、实事求是等良好的职业素质。

任务一 认识 ISO 22000 食品安全管理体系

微课

PPT

情境导入

某乳制品生产企业组建于2020年，主要致力于活性调制乳的研发和生产。目前公司建成了标准化、智能化乳制品生产车间，配套一体化生产设备，并取得乳制品良好生产规范 GMP 认证。通过实施标准化管理，加强过程控制，预防污染，保证产品质量。为进一步提升产品的质量安全管理，保障产品的品质，公司拟建立食品安全管理体系。

【任务描述】

请了解 ISO 22000 食品安全管理体系是怎样的一个管理体系，分析该公司是否符合建立 ISO 22000 食品安全管理体系的基本条件。

【相关知识】

一、ISO 22000 食品安全管理体系简介

ISO 22000 是由国际标准化组织 TC34/SC17/WG8 小组负责制订的适用于食品链各类组织的食品安全管理标准。ISO 22000 的目标是协调全球食品安全管理的要求，有助于确保从农场到餐桌整个食品供应链的食品安全。2005 年 9 月 1 日，为保证全球食品安全，国际标准化组织正式发布了 ISO 22000：

2005《食品安全管理体系——适用于对食品链中各类组织的要求》。2006 年 3 月 1 日，我国等同转换国际版标准 GB/T 22000：2006 正式发布，并于 2006 年 7 月 1 日正式实施。ISO 22000 是国际标准化组织继 ISO 9000，ISO 14000 标准后推出的又一管理体系国际标准。它建立在 GMP、SSOP 和 HACCP 基础上，首次提出针对整个食品供应链进行全程监管的食品安全管理体系要求。同年 11 月国际标准化组织又发布了 ISO/TS 22004：2005《食品安全管理体系 ISO 22000 应用指南》。

ISO 22000 在食品危害风险识别、确认以及系统管理方面，参照了国际食品法典委员会颁布的《食品卫生通则》中有关 HACCP 体系和应用指南部分。ISO 22000 的使用范围覆盖了食品链全过程，即种植、养殖、初级加工、生产制造、分销，一直到消费者使用，其中也包括餐饮。另外，与食品生产密切相关的行业也可以采用这个标准建立食品安全管理体系，如杀虫剂、兽药、食品添加剂、储运、食品设备、食品清洁服务、食品包装材料等。它是通过对食品链中任何组织在生产（经营）过程中可能出现的危害进行分析，确定控制措施，将危害降低到消费者可接受的水平。ISO 22000 标准的核心是危害分析，并将它与国际食品法典委员会（CAC）所制定的实施步骤、HACCP 的前提条件—前提方案（PRPs）和相互沟通均衡地结合。在明确食品链中各组织的角色和作用条件下，将危害分析所识别的食品安全危害进行评价并分类，通过 HACCP 计划和操作性前提方案（OPRP）的控制措施组合来控制，能够很好地预防食品安全事件的发生。ISO 22000《食品安全管理体系要求》强调在食品链中的所有组织都必须具备能够控制食品安全危害的能力，以便能提供持续安全的产品来满足顾客的需求和符合相对应的食品安全规则。ISO 22000 标准已成为审核标准，可以单独作为认证、内审或合同的依据，也可与其他管理体系，如 ISO 9001：2015 组合实施。

ISO 22000 推行了十余年后，国际标准化组织开始着手对其修订的工作。2018 年 6 月 18 日，国际标准化组织正式发布了 ISO 22000 的第二次修订版 ISO 22000：2018《食品安全管理体系 - 适用于对食品链中各类组织的要求》。要求获得认证的组织必须在 2021 年 6 月 19 日之前过渡到 2018 版标准。ISO 22000：2018 采用了所有 ISO 标准所通用的 ISO 高阶结构（HLS），以提高与其他管理体系标准的兼容性。标准使用过程方法，并结合 PDCA 和基于风险的思维，将其食品安全管理体系要求与其他管理体系标准要求进行协调或整合。过程方法使组织能够策划组织的过程及其相互作用。PDCA 循环使组织能够确保其过程得到充分的资源和管理，并确定和实施改进机会。基于风险的思维能够使组织确定可能导致其过程和食品安全管理体系偏离所策划的结果的因素，采取预防性控制，以最小化负面影响。

ISO 22000：2018 标准包括八个方面的内容，即范围、规范性引用文件、术语和定义、组织环境、领导力、策划、支持、运行、绩效评价、改进。虽然 ISO 22000《食品安全管理体系要求》是一个自愿采用的国际标准，该标准为越来越多国家的食品生产加工企业所采用而成为国际通行的标准。

二、食品安全管理体系的发展历程

自 20 世纪 60 年代，HACCP（危害分析和关键控制点）原理第一次运用在航空食品，充分论证了 HACCP 原理的先进性。HACCP 作为一个原理，是现代世界确保食品安全的基础，其作用是预防或减少食品实现过程中食品危害的产生。HACCP 不是依赖对最终产品的检测来确保食品的安全，而是将食品安全建立在对产品实现过程的控制上，以防止食品产品中已知的食品安全危害或将其降低至可接受的水平，是一种经实践证明了的有效的风险控制措施。美国 FDA 鉴于 HACCP 原理的成功实践，先后将其推广至低酸性罐头、水产品、禽肉和果蔬汁等高风险行业，并且作为 HACCP 法规加以实施。但 HACCP 只是一个原理和方法，需要有系统的方法来管理食品安全，才能真正保证食品安全。ISO 组织在采用了 ISO 9001 系统的管理方法的基础上，结合 HACCP 原理，建立了 ISO 22000：2005 食品安全管理体系标准，以规范和协调全球食品安全管理的要求。确保从农场到餐桌整个食品供应链的食品安全。尽可能地保持标准与商业和贸易紧密联系，并确实起到帮助组织业务发展的作用。

但是作为第一个版本的食品安全管理体系，ISO 22000：2005 从公布之时，就存在着诸多问题，如某些术语和定义晦涩深奥、不易理解、容易导致混淆，标准内容存在一些不必要的重复，中小型食品企业不能对标准进行充分地运用，对风险的理解有待提高等，一定程度上影响了其在全球食品安全方面的影响力和作用。另外，ISO 22000：2005 标准是建立在 ISO 9001：2000 的基础上，体系架构不清晰，影响了该版标准在组织的有效运用。

随着当代食品安全管理和当前商业环境的变化，相关方的需求和期望让食品企业面临着新的挑战，ISO 22000：2005 在应用了近 10 年之后，国际标准组织计划对其进行改版。经过 ISO/TC34/SC17/WG8 小组的不懈努力，新版 ISO 22000 于 2018 年 6 月 18 日正式发布。

三、实施 ISO 22000 标准的目的和范围

1. 实施 ISO 22000 标准的目的 ①策划、实施、运行、保持和更新食品安全管理体系，确保提供的产品安全预期用途对消费者是安全的；②证实符合适用的食品安全法律法规要求；③评价和评估顾客要求，并证实符合双方商定的、与食品安全有关的顾客要求，以增强顾客满意；④与供方、顾客及食品链中的其他相关方在食品安全方面进行有效沟通；⑤确保组织符合其声明的食品安全方针；⑥证实符合其他相关方的要求；⑦寻求由外部组织对其食品安全管理体系的认证或注册，或进行符合性的自我评估，或自我声明符合本标准。

2. 标准的适用范围 ISO 22000 标准的所有要求都是通用的，旨在适用于在食品链中的所有组织，无论其规模大小和复杂程度如何。直接介入食品链中组织包括但不限于饲料加工者，收获者，农作物种植者，辅料生产者，食品生产者，零售商，食品服务商，配餐服务组织，提供清洁和消毒服务、运输、贮存和分销服务的组织；其他间接介入食品链的组织包括但不限于设备、清洁剂、包装材料以及其他与食品接触材料的供应商。ISO 22000 标准允许组织，如小型和/或欠发达组织（如小农场、小分包商、小零售或食品服务商）实施外部开发的食品安全管理体系的要素。

四、ISO 22000 系列标准

ISO 22000 是该标准族中的第一个文件，该标准族还包括下列文件。

（1）ISO/TS 22003：2013《食品安全管理体系审核与认证机构要求》，于 2013 年 12 月发布。我国对应的国家标准是 GB/T 22003—2017。

（2）ISO 22004：2014《食品安全管理体系—ISO 22000 应用指南》，于 2014 年 9 月发布。我国对应标准是 GB/T 22004—2007。

（3）ISO 22005《饲料和食品链的可追溯性体系设计与实施的通用原则和基本要求》，于 2007 年 7 月发布。我国对应国家标准是 GB/T 22005—2009。

五、ISO 22000 基础术语与定义

1. 食品链 从初级生产直至消费的各环节的顺序，涉及食品及其辅料的生产、加工、分销、贮存和处理。

2. 食品安全管理体系 组织建立食品安全方针和目标，以及实现这些目标的过程相关联或相互作用的一组要素。

3. 审核 系统的、独立的和文件化的过程，通过获取审核证据和评价，客观地判定审核准则实现

的程度。

4. 前提方案（prerequisite programme，PRP） 对于在组织内和食品链中保持食品安全所必须的基本条件和活动。

5. 操作性前提方案（operational prerequisite programme，OPRP） 防止显著食品安全危害或降低至可接受水平，具有规定的行动准则的控制措施或其组合，测量和观察能有效地控制过程和（或）产品。

6. 可追溯性 追溯客体经历特定生产、加工和配送阶段的历史、应用情况、移动和所处位置的能力。

7. 行动准则 设定的用于监视如操作性前提方案的控制措施的可测量的或可观察的准则。

任务二 建立和实施 ISO 22000 食品安全管理体系

PPT

情境导入

前述乳制品企业开发的一种活性调制乳（含牛初乳粉），其工艺步骤如下。

1. 原料验收：原料应选取符合国家标准的新鲜牛乳。

2. 离心：将新鲜牛乳在冷却至10℃以下，泵入离心净乳机除杂，离心转速6800r/min；净乳后，预热到50～55℃，泵入高速离心除菌机，离心转速7800r/min，得到除菌低脂乳和分离出来的高脂肪乳液。

3. 高脂肪乳液灭菌：将分离出的高脂肪乳液（含有较多的微生物和耐热芽孢）通过板式超高温瞬时杀菌技术进行灭菌，温度140℃，时间4秒；灭菌完成后液冷却至45～50℃。

4. 调配：将牛初乳粉、大豆磷脂、维生素E溶解在一定量的常温无菌水中，将该溶液加入上述除菌脱脂奶中。

5. 高压脉冲灭菌：将上述含有牛初乳粉的除菌低脂乳按照一定的流速通过高压脉冲灭菌室，灭菌室采用无菌氮气保持正压状态，该脉冲电压20～50kv/cm，脉冲数50～100个，脉冲持续时间200～400μs，其中料液温度为25℃，流速10～20L/min。

6. 调制乳配制：将上述步骤3得到的高脂肪乳液与步骤5高压脉冲灭菌的除菌低脂乳按照1∶10的比例混合后均质，均质温度为45～50℃，5000kpa/3000kpa～20000kpa/4000kpa。

7. 无菌灌装：采用无菌水根据调制乳指标进行定容，经过真空脱气装置脱掉氧气后进行无菌充氮包装，然后储存在10℃以下，保质期为45天。

【任务描述】

请根据企业的产品制订前提方案和危害控制计划。

【相关知识】

ISO 22000标准适用于食品链中所有的食品生产经营组织，它要求食品生产经营组织将食品安全进行系统管理，以确保消费者食用安全为目标，以HACCP原理及其应用体系为核心，重点强调对“从农田到餐桌”整个食品链中影响食品安全的危害进行过程化、系统化和可追溯性控制。因此，通过实施这一结构严谨且成效显著的预防性食品安全控制体系，可以对食品形成和分销全过程的安全危害依据其显著程度实施分类控制，确保食品中潜在的显著危害得到预防、消除或降低到可接受水平，从而使提供的食品满足消费者身体健康和生命安全的要求。

企业建立 ISO 22000 食品安全管理体系并推行食品安全管理体系认证制度，有利于推动各种技术法规和标准的贯彻，促使企业按照技术法规之标准实施管理或组织生产，规范自身行为，从根本上提高企业食品安全管理水平，增强员工卫生安全意识，有效控制可能发生的食品安全事故。根据食品安全危害的显著程度分别采取有效的控制措施，可以恰当地配置资源，在有效控制危害的同时降低运营成本，减少浪费，提高效益。

一、ISO 22000 体系的策划与建立

1. 运行策划和控制 组织应通过以下措施，策划、实施、控制和更新满足要求的安全产品所必需的过程：为过程建立准则；按照准则实施过程控制；保留文件化信息，其程度为证实过程已经按策划进行。

组织应控制策划的更改，评审非预期变更的后果，必要时，采取措施减少不利影响。

组织应确保外包过程得到控制。

2. 建立前提方案

（1）组织应建立、实施和保持前提方案［PRP（s）］，以助于控制污染物（包括食品安全危害）通过工作环境进入产品的可能性；产品的生物、化学和物理污染，包括产品之间的交叉污染；有助于产品和产品加工环境污染物（包括食品安全危害）的控制。

（2）前提方案应与组织和其在食品安全方面的环境相适宜；与运行的规模和类型、制造和（或）处置的产品性质相适宜；无论是普遍适用于特定产品或过程，前提方案都应在整个生产系统中实施；获得食品安全小组的批准。

PRP 应在进行危害分析前建立和设计。但更新 PRP 和食品安全管理体系其他部分时，可识别 PRP 变更和改进的需求。

（3）当选择和（或）建立前提方案时，组织应考虑适用 ISO/TS 22002 系列技术规范；客户要求；适用的法典和指南。

（4）当制定这些方案时，组织应考虑建筑物和相关设施的布局和建设；包括工作空间和员工设施在内的厂房布局；空气、水、能源和其他基础条件的提供；支持服务，包括虫害控制，废物和污水处理；设备的适宜性，及其清洁、保养和预防性维护的可实现性；供应商批准和保证过程（如原料、辅料、化学品和包装材料）；到货物料的接收、贮存、运输和产品的处置；交叉污染的预防措施；清洁和消毒；人员卫生；产品信息和消费者意识；其他适用的方面。

组织应有效地实施和更新 PRP。文件宜规定如何管理前提方案中包括的活动。

3. 建立可追溯性系统 可追溯性系统应能够识别直接供方的进料和终产品首次分销途径。组织应建立、实施和适用以下：与原料批次、中间产品和终产品的关系，包括返工；符合法律法规和顾客要求。

应在一定期间内保留作为追溯系统证据的文件化信息（包括最少的产品保质期）。组织应验证和测试追溯系统的有效性。

4. 应急准备和响应 最高管理者应建立、实施保持程序，以管理影响食品安全的潜在紧急情况和事故。该程序应与组织在食品链中的作用相适宜。组织应通过以下方式响应实际发生的紧急情况和事故：适用时，符合法律法规要求；对外沟通；对内沟通（例如，供应商、顾客、执法部门、政府机构、媒体）；采取措施减少紧急情况的后果，该措施要适于紧急情况或事故的程度及对食品安全可能的影响；可行时，对程度进行定期地测试；必要时评审和修订程序，特别是在事故、紧急情况或测试发生后。

可以影响食品安全和或生产的紧急情况是自然灾害、环境事故、生物恐怖、工作场地事故、公共卫生事件和其他事故，和其他必要服务的中断，如断水、断电或冷气供应中断。

5. 危害控制

（1）危害分析的预备步骤　食品安全小组应确保收集、更新和保持危害分析所需的全部基本信息，并形成文件化信息。这些信息包括但不限于：组织的产品、过程、设备；食品安全管理体系范围内的食品安全危害。

组织应保留所有原料、辅料和与产品接触的材料的文件化信息，其详略程度为实施危害分析所需。适用时，包括以下方面：生物、化学和物理特性，包括已知的过敏原；配制辅料的组成，包括添加剂和加工助剂；来源（例如：动物，矿物质，蔬菜）；起源；生产方法；包装和交付方式；贮存条件和保质期；使用或生产前的预处理；与采购材料和辅料预期用途相适宜的有关食品安全的接收准则或规范。

组织应确保识别与预期生产的终产品有关的适用的食品安全法律法规的要求。

组织应保留终产品特性文件化信息，其详略程度为实施危害分析所需。适用时，包括以下方面：产品名称或类似标识；成分；与食品安全有关的化学、生物和物理特性；预期的保质期和贮存条件；包装；与食品安全有关的标识和（或）处理、制备及使用的说明书；分销方法。

应考虑终产品的预期用途和合理的预期处理，以及非预期但可能发生的错误处置和误用，并应将其作文件化信息描述，其详略程度为实施危害分析所需。适用时，应识别每种产品的消费和使用群体，并应考虑对特定食品安全危害的易感消费群体。

食品安全小组应建立、保留和更新文件化信息方式的产品或产品类别和体系覆盖过程的流程图。

流程图提供过程的图示。流程图应为评价食品安全危害可能出现、增加或引入提供基础。

流程图应清晰、准确和足够详尽，其详略程度为实施危害分析所需。适当时，流程图应包括：操作中所有步骤的顺序和相互关系；源于外部的过程和分包工作；原料、辅料和中间产品投入点；过程参数的描述；返工点和循环点；终产品、中间产品和副产品放行点及废弃物的排放点。

食品安全小组应现场证实流程图的准确性，适当时更新作为文件化信息进行保留。

食品安全小组应描述和更新，其详略程度为实施危害分析所需：工厂平面图，包括食品和非食品加工区；过程设备和接触材料，加工助剂和物流；现有的 PRP，过程参数、控制措施（如果有）和（或）它们应有严格程度，或者可以影响食品安全的程序；外部的要求（例如，来自法规部门或顾客），其可能影响到控制措施的选择和严格程度。

适当时，应考虑可预料的季节变换或调班导致的变化。适当时，应更新描述。

（2）危害分析

①总则　食品安全小组基于预备信息进行危害分析，确定哪些危害需要控制，以及为确保食品安全的控制程度。应使用的适宜的控制措施组合。

②危害识别和确定可接受水平　组织应识别并记录与产品类别、过程类别和实际生产设施相关的所有合理预期发生的食品安全危害。这种识别应基于以下方面：根据危害分析预备步骤收集信息和数据；经验；外部信息，尽可能包括流行病学和其他历史数据；来自食品链中，可能与终产品、中间产品和消费食品的安全相关的食品安全危害信息；法律法规和客户要求。

流程图应为评价食品安全危害可能的出现、引入或增加提供基础。在识别危害时，组织应考虑：食品链的前后环节；流程图中的所有步骤；加工设备、实施/服务、加工环境和人员。

组织应确定终产品中食品安全危害的可接受水平。确定可接受水平时，组织应考虑：确保识别适用的法律法规要求和顾客要求；考虑终产品的预期用途；考虑其他相关信息。

组织应保留确定的可接受水平的文件化信息和接受水平的依据。

③危害评估　组织应对每种已识别的食品安全危害进行危害评估，以确定消除危害或将危害降至可接受水平是否是生产安全食品所必需的；以及是否需要控制危害以达到规定的可接受水平。

组织应根据食品安全危害造成不良健康后果的严重性及其发生的可能性，对每种食品安全危害进行评价。组织应识别显著的食品安全危害。

④控制措施的选择和分类　基于危害评估，组织应选择适宜的控制措施或控制措施组合，以预防、消除或减少食品安全危害至规定的可接受水平。组织应对所选择的控制措施进行分类，以决定其是否需要通过操作性前提方案或 HACCP 计划进行管理。应使用系统方法对控制措施进行分类，其包括下面可行性的评估：建立可测量的关键限值和或可测量/观察的行动准则；监视可发现不符合关键限值和或可测量/观察的行动准则的任何失效；一旦不符合及时采取纠正。

⑤其他　对于每个控制措施，系统方法应包括以下的评估　对于识别的显著食品安全危害的效果；相对于其他控制措施，该控制措施的位置；控制措施功能失效或工艺发生显著变化的可能性；控制措施功能失效后果的严重性；控制措施是否有针对性建立，并用于消除或显著降低危害水平；控制措施是否单项措施或控制措施组合的一部分（例如，组合的控制措施是否相互作用，产生协同效应）。

做决定的过程和分类的结果应保持文件化的信息。对选择控制措施及其严格程度有影响的外部要求（例如，法律法规和顾客要求）也应作为文件化信息加以保留。当健康程序基于主观信息，例如，对产品和（或）过程的感官检验，其应有负责监控活动人员的指导书、规范和（或）教育及培训的支持。

（3）控制措施和控制措施组合的确认　在实施包括在危害控制计划里的控制措施之前和任何的变更后，组织应确认：所选择的控制措施能使其针对的食品安全危害实现预期控制，和控制措施和（或）其组合是有效的，能确保控制已确定的食品安全危害，并获得满足规定可接受水平的终产品。

当确认结果表明不能满足上述要素时，应对控制措施和（或）其组合进行修改和重新评价。组织应保留确认的方法和控制措施能够达到预期结果的文件化信息。

（4）危害控制计划（HACCP/OPRP 计划）

①总则　组织应建立、实施和维护作为 OPRP 或 CCP 的危害控制计划。危害控制计划应作为文件化信息加以保留，并且每个 CCP 和 OPRP 应包括以下信息：CCP 或 OPRP 控制的食品安全危害；CCP 的关键限值或 OPRP 的行动准则；监控程序；如果关键限值或行动准则不满足时的纠正；职责和权限；监控记录。

②关键限值和行动准则的确定　为了可以监控，应规定 CCP 的关键限值和 OPRP 的行动准则。其确定的理由应作为文件化的信息加以保留。

CCP 的关键限值应是可以测量的。OPRP 的行动准则应是可以测量的或观察的。

符合关键限值应确保食品安全危害的可接受水平不会超出。符合行动准则应能够保证食品安全危害的可接受水平不会超出。

③CCP 和 OPRP 监控系统　对于 CCP，应建立每个控制措施的监控系统，以发现任何的不能满足关键限值。系统应包括与关键限值有关的所有的计划的措施。对于 OPRP，应建立每个控制措施或控制措施组合的监控系统，以证明是符合行动准则的。每个 CCP 和 OPRP 的监控体系，应由包括文件化信息的程序、指导书和记录，并应包括但不限于：在适宜的时间框架内提供结果的测量或观察；使用的监控方法和设备；适用的校准方法，对于 OPRP，可靠的测量或观测的验证的等效方法；监控频率；监控结果；与监视有关的职责和权限；与评价监视结果有关的职责和权限。

对于 CCP，监控方法和频次应能及时地发现不满足关键限值，以防止产品的使用和消费。对于 OPRP，监控方法和频次应与失效和后果的严重性的可能性相匹配。

当 OPRP 的监控是基于观察的主观信息时，应有指导书和规范和（或）负责监控活动人员的教育和培训的支持。

④关键限值和行动准则不符合的纠正　组织应在危害控制计划中规定关键限值和行动准则不满足时所采取的策划的纠正和纠正措施。这些行动应确保：潜在不安全产品不能放行；查明不符合的原因；CCP 或 OPRP 控制的参数重新回到关键限值或行动准则内和；防止再次发生。

⑤危害控制计划的实施　危害控制计划应实施、保留和更新，相关的证据应作为文件化信息加以保留。

6. 更新前提方案和危害控制计划　制定前提方案和危害控制计划后，必要时，组织应更新如下信息：原料、辅料和产品接触材料的特性；终产品特性；预期用途；流程图、过程和过程环境描述。

7. 监视和测量的控制　组织应提供证据表明采用的监视和测量方法以及设备，对于 PRP 和危害控制计划的监视和测量活动是适宜的。所使用的测量设备和方法应：使用前以规定的时间间隔校准或验证；进行调整或必要时再调整；得到识别，以确定其校准状态；防止可能使测量结果失效的调整；防止损坏和失效。

校准和验证结果应作为形成文件化的信息加以保留。所有设备应使用可追溯到国际或国家测量标准进行校准。当不存在上述标准时，标准或验证的依据应加以保留。

当发现设备或过程不符合要求时，组织应评估和记录以往测量结果的有效性。组织应对该设备以及任何受影响的产品采取适当的措施。

当计算机软件用于规定要求的监视和测量时，应确认其满足预期用途的能力，且确认应在初次使用前进行，必要时再确认。

8. 验证前提方案和危害控制计划

（1）验证　组织应建立、实施和保持验证的策划，其规定了验证活动的目的、方法、频次和职责。验证活动应证实：已实施且有效；危害分析的输入持续更新；危害控制计划已实施且有效；危害水平在确定的可接受水平之内；组织确定的其他措施得以实施且有效。

验证结果应作为形成文件的信息加以保留和沟通。

（2）验证活动结果的分析　食品安全小组必须实施验证结果的分析，并将结果分析作为食品安全管理体系的绩效评价的输入。

9. 产品和过程的不符合控制

（1）通过监视 OPRP 和 CCP 获得的数据　应由具有能力的指定人员进行评估，该人员具备足够的知识和权限，以启动纠正措施。

（2）纠正　组织应确保当 CCP 的关键限值和（或）OPRP 的行为准则未满足时，根据产品的用途和履行要求，受影响的产品得到识别和控制。组织应建立、保持和更新文件化的信息，包括：受影响终产品的识别、评估、纠正和纠正措施，以确保对其正确的处置；所实施的纠正评审的安排。

在关键限值超出条件下生产的产品应得到识别并作为潜在不安全产品进行处置。

当 OPRP 的行动准则未满足时，以下活动应执行：确定失效原因；确定与食品安全有关的失效后果；评估潜在不安全产品。

文件化信息应保留，描述对不安全产品采取的措施，包括：不符合的性质；不符合的原因；不符合的后果；与不符合产品批号和批次有关的追溯信息。

（3）纠正措施　当 CCP 的关键限值超出或 OPRP 的行动准则不满足时，应评估是否需要采取纠正措施。

组织应建立和保留文件化的信息，以规定适宜的措施以识别和消除已发现的不符合的原因，防止其再次发生，并在不符合发生后，使相应的过程恢复控制。这些措施包括：评审不符合（包括顾客投诉和执行检查报告）；评审监视结果可能和失效发展的趋势；确定不符合的原因；评价采取措施的需求，以确保不符合不再发生；确定和实施所需的措施；记录所采取纠正措施的结果；评审采取的纠正措施，以确定其有效；全部纠正措施记录应作为文件化信息予以保留。

（4）潜在不安全产品的处置　组织应采取措施防止不符合产品进入食品链，除非有可能确保：相关的食品安全危害降至规定的可接受水平；相关的食品安全危害在进入食品链前将降至确定的可接受水平；尽管不符合，但产品仍能满足规定的相关食品安全危害的可接受水平。

作为潜在不安全的产品应在评估之前处于受控状态。当产品已离开组织的控制，并继而确定为不安全时，组织应通知相关方，并启动撤回。来自相关方的控制和呼应，以及处置潜在不安全产品的授权应作为形成文件化的信息加以保留。

根据评价，不符合 CCP 关键限值的产品应不能放行，但应进行处理。

根据评价，不符合 OPRP 行动准则的产品，只有应用以下情况时才能放行：除监视系统外的其他证据证实控制措施仍有效；证据表明，针对特定产品的控制措施的组合作用符合预期绩效（例如，确定的可接受水平）；抽样、分析和（或）其他验证活动的结果证实受影响批次/批号的产品符合确定的相关食品安全危害的可接受水平。

放行产品评估结果的记录应作为文件化信息加以保留。

不能放行的产品应按如下之一进行处理：在组织内部或组织外重新加工或进一步加工，以确保食品安全危害得到消除或降至可接受水平；只要食品链中的食品安全不受影响，可改做其他用途；不符合产品的处理记录，包括指定的批准权限，应作为形成文件化的信息加以保留。

（5）撤回　组织应能够确保完整、及时地撤回已被识别为潜在不安全的批次/批号的终产品，通过：授予人员启动撤回和执行撤回的权限；建立和保留形成文件化的信息，通知相关方［如立法和执法部门、顾客和（或）消费者］；处置撤回产品及库存中受影响的批次/批号产品，和按照顺序实施采取的措施。

撤回/召回的产品和库存中的产品应在组织的控制之下进行监控和扣留，直到按照不合格品处理的要求进行管理。撤回的原因、范围和结果应作为形成文件化的信息加以保留，作为管理评审的输入之一向最高管理者汇报。组织应通过应用适宜技术（如模拟撤回或实际撤回）验证撤回的实施和有效性，并保留文件化的信息。

10. 绩效评价

（1）监视、测量、分析和评价　组织应确定监视和测量的对象；适用时，监视、测量、分析和评价方法，确保有效结果；实施监视和测量的时机；分析和评价监视和测量结果的时机；谁负责分析和评价监视和测量结果。

组织应保留适当的形成文件化的信息，作为结果的证据。组织应评估食品安全绩效和食品安全管理体系的有效性。

组织应分析绩效评价的结果，包括与 PRP、危害控制措施、内审和外审有关的验证活动的结果。应进行分析以实现：证实体系的整体运行满足策划的安排和本组织建立食品安全管理体系的要求；识别食品安全管理体系改进或更新的需求；识别表示潜在不安全产品或过程失效高风险的趋势；确定信息，用于策划与受审核区域状况和重要性有关的内部审核方案；提供证据已采取纠正和纠正措施的有效性。

分析的结果和由此产生的活动应作为形成文件化的信息予以保留，并向最高管理者报告，作为管理评审和食品安全管理体系更新输入。

（2）内部审核　组织应按照策划的时间间隔进行内部审核，以提供有关食品安全管理体系的信息，是否符合：组织自身的食品安全管理体系的要求；ISO 22000 标准的要求；得到有效地实施和保持。

组织应：依据过程的重要性和食品安全控制关注点，对组织和食品安全管理体系产生影响的变化和以往的审核结果，策划、制定、实施和保持一个审核方案，审核方案包括频次、方法、职责、策划要求和报告；根据拟审核区域的状况和重要性，规定审核方案的频次；规定每次审核准则和范围；选择有能力的审核员进行审核，并确保审核过程的客观性和公正性；确保相关的管理部门获得审核结果报告；保留作为实施审核方案以及审核结果的证据的文件化信息；在协商一致的时间内采取必要的纠正和纠正措施；确保食品安全管理体系在规定的时间间隔进行了审核；确定是否食品安全管理体系满足食品安全方针的意图和食品安全目标。

（3）管理评审　最高管理者应按照策划的时间间隔对组织的食品安全管理体系进行评审，以确保其持续的适宜性、充分性和有效性。

管理评审应考虑下列内容：以往管理评审采取措施的实施情况；有关食品安全管理体系的内外部因素；包括组织和其环境的变更；资源的充分性；任何发生的紧急情况、事故或撤回和召回；通过内外部沟通得到的相关信息，包括相关方的要求和投诉；持续改进的机会。

食品安全绩效和食品安全管理体系有效性的信息，包括以下趋势：体系更新活动的结果；监视和测量结果；与 PRP 和危害控制计划有关的验证活动结果的分析；不符合和纠正措施；审核结果（内部和外部）包括执法检查结果；外部供方绩效；评审风险和机遇以及其对措施的有效性；食品安全管理体系目标的实现程度。

数据应以能使最高管理者将信息与食品安全管理体系所声明的目标相联系的方式提交。

管理评审的输出应包括：与持续改进的机会有关的决定和措施；食品安全管理体系更新和变更的需求，包括资源需求额食品安全方针和目标的修订。

组织应保留作为管理评审结果证据的文件化的信息。

11. 改进

（1）不符合和纠正措施　若出现与 ISO 22000 标准要求的不符合，组织应：对不符合做出应对，适用时，采取措施予以控制和纠正；处置产生的后果。

通过以下活动，评价是否需要采取措施，以消除产生不符合的原因，避免其再次发生：评审不符合；确定不符合的原因；确定是否存在或可能发生类似的不符合。

实施所需的措施：评审所采取的纠正措施的有效性；需要时，变更食品安全管理体系。

组织应保留作为证据的文件化的信息：不合格的性质以及随后所采取的措施；纠正措施的结果。

（2）持续改进　组织应持续改进食品安全管理体系的适宜性、充分性和有效性，以加强组织的运营。

最高管理者应确保组织通过以下活动，持续改进食品安全管理体系的有效性：沟通、管理评审、内部审核、验证活动结果的分析、控制措施组织的确认、纠正措施和食品安全管理体系的更新。

（3）更新食品安全管理体系　最高管理者应确保食品安全管理体系持续更新。为此，食品安全小组应按策划的时间间隔评价食品安全管理体系。小组应考虑评审危害分析和已建立的危害控制计划的必要性。评价和更新活动应基于：内部和外部沟通的输入；与食品安全管理体系适应性、充分性和有效性有关的其他信息的输入；验证活动结果分析的输入；管理评审的输出。

体系更新活动应以文件化信息予以保留，并作为管理评审的输入。

知识链接

PRP、OPRP和CCP之间的区别与联系如表11－1所示。

表11－1 PRP、OPRP和CCP之间的区别与联系

序号	区别和联系	PRP	OPRP	CCP
1	定义	生产安全食品所需的基本条件和活动	防止显著食品安全危害或降低至可接受水平，具有规定的行动准则的控制措施或其组合，测量和观察能有效地控制过程和或产品	过程中的步骤，通过应用控制措施，来防止或降低显著的食品安全危害到可接受水平，并有规定的关键限值，通过测量能够运用纠正
2	控制对象	不控制具体的食品安全危害	控制具体的显著食品安全危害	控制具体的显著食品安全危害
3	控制标准	需求、规范、程序	行动准则（可观察或可测量）	关键限值（可测量）
4	控制标准的依据	根据产品的特性确定控制措施，根据产品特性确定是否需要确认	以理论和实践为依据，必须确认	以理论和实践为依据，必须确认
5	不符合时的处理	根据产品特性，采取相应的纠正和纠正措施（可能存在食品安全危害，具体情况要具体分析）	1. 可能接受（合格产品） 2. 可能不接受（潜在不安全产品）	一定是不可接受（潜在不安全产品）
6	结果验证	需要验证	需要验证	需要验证
7	举例	工厂发生虫害，车间清洁，设备保养	包装、灌装、无菌环境、无菌空气	金属检测、杀菌、UHT

二、食品安全管理体系的认证

1. 认证申请与受理申请

（1）认证申请 ①企业向认证机构提出认证申请；②向认证机构提交食品安全管理手册及有关文件和资料。

（2）受理申请 认证机构对企业（受审核方）的申请资料进行初步检查，确定是否受理申请。如果发现不符合的地方，认证机构通知企业进行修正或补充。

2. 第一阶段审核

（1）文件审核 认证机构对企业提供的食品安全管理手册等体系文件进行审查，如果发现不符合的地方，认证机构通知企业进行修改或补充。

（2）第一阶段现场审核准备 确定现场审核日期；编制第一阶段现场审核计划；编制检查表。

（3）第一阶段现场审核

①见面会 审核组与组织的管理者，食品安全小组组长及有关人员会面，说明第一阶段审核的目的、范围、内容、程序和方法，并陈述保密声明。

②现场检查 了解组织情况；对体系文件进行补充审核；收集评审有关信息；评审自我完善和持续改进机制；现场调查。

③开不符合报告。

④交流会 现场审核结束前，召开交流会，审核组长向受审企业通报第一阶段审核结论，指出存在的不符合项，提出纠正要求，并确定第二阶段审核的条件和具体事宜。

（4）编制第一阶段审核报告 第一阶段审核完成后，审核组应编制审核报告，报告内容包括审核的实施情况与审核结论、发现的问题及下一步工作的重点。

3. 第二阶段审核

（1）第二阶段审核准备　①确定现场审核日期；②编制第二阶段现场审核计划；③编制检查表。

（2）第二阶段现场审核　①首次会议；②现场检查，收集审核证据；③内部评定；④末次会议。

（3）编制审核报告　现场审核后，审核组应编制审核报告，作出审核结论。审核组将审核报告提交认证机构、申请方等。

4. 企业对审核中的不符合项采取纠正措施　①受审核企业制定纠正措施计划并实施；②审核组验证纠正措施的有效性并给出结论。

5. 审批与注册发证　认证机构对审核组提出的审核报告进行全面审查。经审查，若批准通过认证，由认证机构颁发体系认证证书并予以注册。

任务三　编写 ISO 22000 食品安全管理体系文件

PPT

情境导入

前述乳制品企业已初步建立和试运行了 ISO 22000 食品安全管理体系，为进一步规范食品安全危害的识别、控制和管理，证实公司有能力稳定地提供满足顾客和相关法律法规要求的食品安全，并体系的持续改进以及保证符合食品安全的法律法规要求，完善公司的食品安全管理体系，需要编制修订 ISO 22000 食品安全管理体系文件。

【任务描述】

请根据企业的产品编写整套 ISO 22000 食品安全管理体系文件。

【相关知识】

食品安全管理体系文件是食品企业开展食品质量管理和安全保证的基础，是食品安全管理体系审核和体系认证的主要依据。因此食品安全管理体系文件必须切合食品企业实际情况，具有系统性、协调性、科学性、针对性和可操作性。

一、食品安全管理体系文件的种类和层次

1. 食品安全管理体系所需的文件　根据 ISO 22000 标准中规定食品安全管理体系文件应由 5 部分组成：①食品安全方针和相关目标的声明；②食品安全管理手册；③ISO 22000 标准要求的形成文件的程序；④组织为确保食品安全管理体系有效建立、实施和更新所需的文件；⑤ISO 22000 标准所要求的记录。

2. 食品安全管理体系文件的层次　组织在建立食品安全管理体系时，需确定体系的文件层次。各组织的食品安全管理体系一般包括 4 个层次。

（1）第一层：管理手册　简述企业的食品安全方针、目标与指标，概括性、原则性、纲领性地描述食品安全管理体系过程及其相互作用。

（2）第二层：程序文件　程序文件是管理手册的展开和具体化，使得管理手册中原则性和纲领性的要求得到展开和落实。

程序文件规定了执行食品安全活动的具体办法。内容包括活动的目的和范围；做什么和谁来做；何

时、何地和如何做；如何对活动进行控制和记录。

（3）第三层：作业指导书　在没有文件化的规定就不能保证管理体系有效运行的前提下，组织应使用作业指导书，详述如何完成具体的作业和任务。

管理规定、操作规程、食品配方、技术文件、HACCP 计划、工艺文件、PRP、OPRP 都属于作业指导书的范畴。

（4）第四层：记录　用表格、报告记录活动的状态和所达到的结果，为体系运行提供查询和追踪依据。

二、食品安全管理体系文件的编写

（一）食品安全方针和相关目标的编制

食品安全方针是由组织的最高管理者正式发布的组织总的食品安全宗旨和方向，是实施、改进与更新食品安全管理体系的推动力。它与质量方针一样，应是其总方针的组成部分，并与其保持一致；它既可以与组织的质量方针合二为一，也可以不同于质量方针。

1. 食品安全方针的编写要求

（1）在内容上应满足的要求　①与组织相适宜，应识别组织在食品链中的地位与作用，还应考虑组织的产品、性质、规模等，确保食品安全方针与组织的特点相适应；不同的组织在食品链中的作用不同，产品不同，其经营的宗旨也各不同，所以食品安全方针也有所不同。

②符合相关的食品安全法律法规要求及与顾客商定的食品安全要求，组织可根据政府有关食品安全的方针和目标制定自己的食品安全方针。

③为确保沟通的有效进行，应在方针中阐述沟通。

（2）在管理上应满足的要求

①方针通常使用容易理解的语言来表达，确保组织的各层次进行宣贯，宣贯方式通常是培训、研讨、文件传阅等方式，确保组织的所有员工均能理解方针的含义，了解方针与其活动的关联性，以便大家明确努力的方向，行动协调一致，有效的实施并保持方针。

②对方针的适宜性进行评审，根据组织的实际情况以及持续改进的要求决定是否需要发生重大变更，如组织性质、产品等发生变化时也需对方针进行评审。

③应形成文件，按文件进行控制和管理。

2. 食品安全方针的示例

（1）“全员品管 安全优质 持续改进 客户放心”

（2）“以诚为本，以质取胜”

（3）“以规范管理，顾客至上持续提升服务品质”

（4）“质量求精，开拓市场；完善服务，忠诚守信”

（5）“优秀的品质让顾客放心，良好的服务让顾客满意”

（6）“提供绿色食品，不断推出品质高级化、价格合理化、口味大众化的新饮料”

3. 食品安全目标的编写要求　食品安全方针为食品安全目标的制定提供基本框架。制定的食品安全目标应不仅可测量（定量或定性），而且应支持食品安全方针，应注意目标与方针之间的关联性，并保持一致，通过目标实现方针。目标除了可以直接体现食品安全的要求外，还可以是与食品安全相关的质量和环境等方面的内容（如污水处理系统），但以支持食品安全方针为宗旨。为了实现目标，组织应当规定相应的职责和权限、时间安排、具体方法，并配备适应的资源。

示例：①产品质量投诉每年不超过一次；顾客满意度 85%，并逐年提高 1%；成品检验合格率：

100%；食品安全客户投诉件数：0 件。②出厂产品 100% 符合食品安全卫生要求；无食品安全事故发生。

（二）食品安全管理手册的编写

食品安全管理手册是食品企业开展食品安全管理活动的基础，是食品企业应长期遵循的文件。组织的管理手册是根据 ISO22000 标准及有关法律法规和其他要求编制的。手册主要包括以下内容：食品安全管理体系范围的说明；引用的程序文件和管理体系中各过程的相互作用的描述。

食品安全管理手册具体包括前言、正文及附录三部分。

1. 前言

（1）手册批准令应概括说明食品安全管理手册的重要性，手册发布及执行时间，本企业最高管理者签字等事项。

示例

某食品公司的发布令

本手册是依据 ISO 22000：2018《食品安全管理体系——食品链中各组织的要求》标准编制的食品安全管理体系大纲，阐述了公司的食品安全方针以及食品安全目标，并对食品安全管理体系的过程顺序和相互作用进行了描述。

本手册是公司食品安全管理体系运行的基本原则，也是公司对遵守国家法律法规、保证顾客权益的承诺。遵守本手册是公司每个员工应尽的责任。

总经理：XXX

XXXX 年 XX 月 XX 日

（2）手册的管理及使用说明为保证食品安全管理手册管理的严肃性和有效性，本章应规定食品安全管理手册的编制、发放、修订等程序，保证手册的受控。具体包括手册管理的目的、适用范围、职责、编制和审批、手册发放、手册控制、手册修订、手册的再版、手册的宣贯、相关记录及文件等内容。

（3）食品安全方针目标发布令主要包括本公司的食品安全方针及内涵、食品安全目标、食品安全承诺等内容，最后由总经理签字发布。

示例

食品安全方针目标发布令

食品安全方针：

以诚为本，以质取胜。

食品安全目标：

（1）出厂产品 100% 符合食品安全卫生要求。

（2）无食品安全事故发生。

总经理：XXX

XXXX 年 XX 月 XX 日

（4）企业概况主要介绍本企业或公司的规模、性质、地址、产品种类、联系方式等内容。

（5）食品安全小组组长任命书主要说明任命食品安全小组组长的依据及其主要职责和权限。并且由本组织的最高管理者签字。

示例

食品安全小组组长任命书

为了贯彻执行 ISO 22000：2018《食品安全管理体系——食品链中各组织的要求》，加强对食品安全管理体系运作的领导，特任命 XXX 为公司食品安全管理体系的食品安全小组组长（可简称“食安组长”），除其原职位的职责外，作为食安组长赋予其主要职责如下。

· 负责按 ISO 22000：2018 标准的要求建立、实施、保持，改进食品安全管理体系。

· 向总经理报告食品安全管理体系的运行情况和改进的需求。

· 在整个公司内促进食品安全意识的形成。

· 领导食品安全小组开展工作，并为其成员安排相关的培训和教育。

· 做好内部审核的组织工作，协助总经理做好管理评审。

· 就食品安全管理体系的有关事宜与外部联络。

总经理：XXX

日　期：XXXX 年 XX 月 XX 日

（6）组织机构图用图表的方式把本公司的组织机构表述出来。示例：某企业的组织机构图如图 11－1 所示。

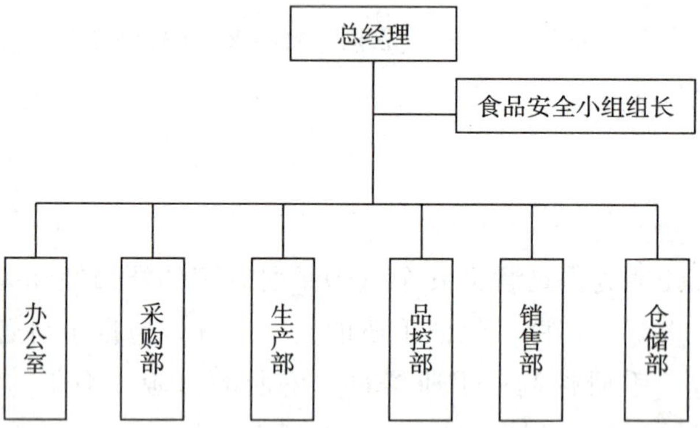

图 11－1　某企业的组织机构图

（7）食品安全管理体系职能分配见表 11－2。

表 11－2　食品安全管理体系职能分配表

ISO 22000：2018 标准要素	总经理	食安组长	食安小组	办公室	销售部	生产部	品控部	采购部	仓储部
4 组织的环境									
4.1 了解组织及其环境	▲	▲	△	△	△	△	△	△	△
4.2 了解相关方的需求和期望	▲	▲	△	△	△	△	△	△	△
4.3 确定 FSMS 的范围	▲	▲	△	△	△	△	△	△	△
4.4 食品安全管理体系	▲	▲	△	△	△	△	△	△	△
5 领导									
5.1 领导和承诺	▲	▲	△	△	△	△	△	△	△
5.2 方针	▲	▲	△	△	△	△	△	△	△
5.3 组织的作用、职责和权限	▲	▲	▲	△	△	△	△	△	△
6 策划									
6.1 应对风险和机遇	▲	▲	△	△	△	△	△	△	△

续表

ISO 22000：2018 标准要素	总经理	食安组长	食安小组	办公室	销售部	生产部	品控部	采购部	仓储部
6.2 食品安全管理体系目标及实现目标的措施	▲	▲	△	△	△	△	△	△	△
6.3 变更策划	▲	▲	△	△	△	△	△	△	△
7 支持									
7.1 资源	▲	▲	△	▲	△	△	△	△	△
7.2 能力	△	△	△	▲	△	△	△	△	△
7.3 意识	△	△	△	▲	△	△	△	△	△
7.4 沟通	▲	▲	△	△	▲	△	△	△	△
7.5 成文信息	▲	▲	△	▲	△	△	△	△	△
8 运行									
8.1 运行策划和控制	△	△	▲	△	△	▲	△	△	△
8.2 前提方案 PRP（s）	△	△	▲	▲	△	▲	▲	△	▲
8.3 可追溯系统	△	△	△	△	△	▲	△	△	▲
8.4 应急准备和响应	▲	▲	△	▲	△	△	△	△	△
8.5 危害控制	△	△	▲	△	△	▲	▲	△	△
8.6 前提方案[PRP(s)]和危害控制计划信息的更新	△	△	▲	△	△	△	△	△	△
8.7 监视和测量的控制	△	△	△	△	△	△	▲	△	△
8.8 与 PRP 和危害控制计划有关的验证	△	△	▲	△	△	△	▲	△	△
8.9 产品和过程不符合控制	△	△	△	△	▲	▲	▲	△	△
9 绩效评估									
9.1 监视、测量、分析和改进	▲	▲	△	△	△	△	△	△	△
9.1.1 总则	▲	▲	△	△	▲	△	△	△	△
9.1.2 分析和评价	△	△	△	△	△	△	▲	△	△
9.2 内部审核	▲	▲	△	△	△	△	△	△	△
9.3 管理评审									
9.3.1 总则	▲	▲	△	△	△	△	△	△	△
9.3.2 管理评审输入	▲	▲	△	△	△	△	△	△	△
9.3.2 管理评审输出	▲	▲	△	△	△	△	△	△	△
10 改进									
10.1 不符合和纠正措施	▲	▲	△	△	△	△	▲	△	△
10.2 持续改进	▲	▲	△	△	△	△	△	△	△
10.3 食品安全管理体系更新	▲	▲	▲	△	△	△	△	△	△

注：▲为主控部门；△为协助部门。

2. 手册正文 食品安全管理手册正文部分应按照 ISO 22000 标准框架结合自己的企业情况进行编写。具体包括如下 8 个方面内容：①范围；②引用标准；③术语和定义；④组织的环境；⑤领导；⑥策划；⑦支持；⑧运行；⑨绩效评估；⑩改进。

3. 附录 附录可以包括程序文件清单，HACCP 计划表等。

（三）食品安全管理体系程序文件的编写

1. ISO 22000 标准要求的形成文件的程序 ISO 22000 标准要求的形成文件的程序共 9 个，分别是文件控制程序、记录控制程序、操作性前提方案程序、处置不安全产品程序、应急准备与相应程序、纠正程序、纠正措施程序、撤回程序、内部审核程序。

2. 程序文件的编制 每个程序文件应包括下列内容：活动目的和适用范围，应做什么，由谁来做；何时、何地以及如何去做；应使用什么材料，涉及的文件以及相关记录。

3. 示例 文件控制程序

示例

文件控制程序

1. 目的

对与食品安全管理体系有关的文件及资料进行控制，确保各有关场所使用文件的有效版本。

2. 适用范围

适用于本公司与食品安全管理体系有关的文件和资料的控制。

3. 职责

3.1 总经理负责食品安全管理手册和食品安全管理体系程序文件的批准，发布以各职能部门管理和技术文件的批准。

3.2 食品安全小组组长负责组织编写和审核食品安全管理手册和食品安全程序文件，批准工作文件。

3.3 各职能部门负责本部门工作范围内与食品安全管理体系有关的文件的编写、审核、存档和管理。

3.4 办公室是文件的归口管理门，负责文件的标识、发放与回收，存档与管理。

4. 工作程序

4.1 文件的分类、编号及标识

4.1.1 文件及资料分为如下归类

A. 食品安全管理手册

B. 食品安全管理体系程序文件

C. 作业文件（包括检验标准、管理规定、外部文件和资料等）

D. 表格记录

4.1.2 本公司与食品安全管理体系有关各部门的文件分发编号如下

总经理	01
食品安全小组组长	02
办公室	03
生产部	04
品控部	05
销售部	06
采购部	07
仓储部	08

为确保分发号唯一，如同单位内发放多份同样文件，则分发号表示为：文件编号/部门分发编号—序号，如：向品控部发放管理手册2本，则分发号记为 FSM/05－01；FSM/05－02。

4.1.3 体系文件的编号方法：

A. 食品安全管理手册　　XXXX / FSM — □□

↓ ↓ ↓

公司代号 手册代号 序号

B. 食品安全管理体系程序文件　XX / SP — □□

↓ ↓ ↓

公司代号　程序文件代号　序号

C. 作业文件

a. 公司内部发行文件　XX — WI — □□

↓ ↓ ↓

公司代号　作业文件代号　序号

b. 公司外来文件　XX / WI — Y □□

↓ ↓ ↓

公司代号　作业文件代号　序号

D. 记录表单　R — □□

↓ ↓

记录代号　序号

4.1.4 修改状态：修改次数/版本号，其中：版本号用：“A、B、C”表示；修改次数用“0—9”表示，修改到第10次时换版（有重大修改时可提前换版）。

4.1.5 文件和资料的控制状态分为“受控”和“非受控”文件两大类。受控文件的目录由办公室编制，食品安全小组组长批准。受控文件分发时加盖“受控文件”印章并注明分发号，质量记录表格也盖“受控文件”印章。

4.2 文件的编号

4.2.1 方针、目标和食品安全管理手册由食品安全小组组长负责编制并审核，总经理批准颁布实施。

4.2.2 食品安全管理体系程序文件由该程序的归口部门负责组织编写，食品安全小组组长审核，总经理批准。

4.2.3 技术文件由需求部门负责人组织编制、审核，并由食品安全小组组长批准。

4.2.4 各类文件的格式参照本公司管理手册和程序文件的格式制度。

4.3 文件正本的审批与识别

4.3.1 管理手册由食品安全小组组长审核，总经理批准。程序文件由各职能单位主管会审，食品安全小组组长审核，总经理批准。

4.3.2 技术文件由职能部门负责编写、审核，报总经理批准文件。

4.3.3 记录表格由职能部门负责设置，食品安全小组组长审核批准，经办公室编号登记后印发使用。

4.4 文件分发

4.4.1 办公室对受控文件制定《文件领用审批表》，管理性文件发放由食品安全小组组长批准。

4.4.2 办公室对照《文件领用审批表》制作相应份数的文件本。

4.4.3 文件领用人在《文件领用审批表》上签名，领取注有分发号和加盖“受控文件”印章的文件。各单位使用固定的分发号，每份文件都有不同的分发号，以便于追溯。

4.4.4 当需使用文件的部门人员因故未列入文件发放范围时，不得随意借用其他人的文件复印，而应填写《文件领用审批表》，经办公室确认，相应的分发范围批准人批准后，到办公室领用。公司内不得使用未加盖“受控文件”印章的受控文件复印件，一经发现立即由办公室收回销毁。

4.4.5 当文件使用人的文件严重破损影响使用时，应到办公室办理更换手续，交回破损文件，补发新文件。新文件的分发号仍沿用原文件分发号，办公室负责将破损文件销毁。

4.4.6 文件领用人应妥善保管好所领用的文件，为防止文件丢失，办公室定期（每年一次）对各单位所领文件的版本的正确性进行检查。当文件使用人将文件丢失后，应办理申请补领手续（申请时应对文件丢失的原因做出注明，必要时应作出检讨），经原文件发放审批人批准后，给予重新发放。办公室在补发文件时应给予新的分发号，并将原分发号作废，同时通知各单位，防止误用。

4.5 文件的更改

4.5.1 文件的更改由要求更改人填写《文件制/修/废申请书》，经批准、确认后更改。

4.5.2 对文件重要的更改（如技术参数）还应附有充分的证据。

4.5.3 文件的更改的批准应由原批准人批准，当原审批人不在职时可由接替其岗位的人员审批。

4.5.4 文件更改批准后，由办公室实施更改，并按《文件领用审批表》的名单发放修改后的文件；同时收回作废的旧文件并销毁。办公室可将正本中的作废页盖“作废”章后留底保存，以备后续更改参考。

4.6 文件的换版与作废

4.6.1 文件经多次更改或文件需进行大幅度修改时应进行换版。原版次文件作废，换发新版本。

4.6.2 作废的文件由办公室按《文件领用审批表》收回并记录后统一销毁。需作资料保留的作废文件，由文件留用人提出申请经食品安全小组组长批准后，由办公室注明“保留资料”字样后方可留用。

4.7 文件的日常管理

4.7.1 文件经拟制审核批准后，原版文件交由办公室存档管理。存入软盘的重要文件也由办公室进行归档登记，为防止原文件的丢失，所有存入软盘的文件均应有备份并予保护。

4.7.2 需借阅文件的人员，经办公室负责人批准交管理员登记后方可借阅文件。凡有保密要求的文件借阅，一律需经总经理批准。借阅者应在指定日期归还文件，到期不归还，由办公室收回。内部原版文件一律不外借，以防文件丢失或损坏。

4.7.3 办公室在每次内部质量审核前全面检查各类在用文件的有效性，发现问题及时处理，必要时食品安全小组组长应给予适当的人力支援。

4.8 外来文件的管理

4.8.1 需直接引用的各类外来文件，根据文件内容由文件相应主管人员批准后方可使用。对外来文件须建立并保持《外来受控文件控制清单》。外来文件的借阅管理参照4.7.2和4.7.3条执行。

4.8.2 食品安全小组组长负责定期（每年初）到有关部门核查公司所使用的国际标准、国家标准、部颁标准、行业标准等外来文件是否为有效版本，及时更换过期文件。

4.9 外部文件的管理

4.9.1 发放到企业外部的管理性受控文件，经食品安全小组组长批准后，由办公室登录发行。

4.9.2 发到企业外部的技术文件，由食品安全小组组长批准后，由办公室进行发放。

4.9.3 发放到企业外部的文件加盖“非受控文件”章，本公司不予跟踪、控制和更改。

5 相关文件

（无）

6 相关记录

6.1《受控文件一览表》

6.2《文件领用审批表》

6.3《外来受控文件清单》

6.4《文件/记录借阅登记表》

6.5《文件制/修/废申请表》

（四）组织为确保食品安全管理体系有效建立、实施和更新所需的文件

通常包括产品规范、HACCP 计划、操作性前提方案和前提方案，以及要求的其他运行程序，如特定产品、过程或任何源于外部的有关合同（如虫害控制、产品检测），规定由谁、何时使用哪些程序，为某项活动或过程所规定的作业指导书或操作规程等。作业指导书在组织中大量使用，它主要针对具体操作者的具体活动而制定。如乳品厂使用的杀菌机作业指导书、无菌灌装机作业指导书等。规范是哪些阐明要求的文件，其中可包括与活动有关的规范（如过程规范、实验规范）和与产品有关的规范（如产品规范、图样、性能规范）。

ISO 22000 的文件要求有很大的灵活性，组织能够根据需要考虑是否编制各类文件。此外，组织还可能存在其他类型的文件，如流程图、组织结构图、厂区平面图、车间平面图、人流物流图、水流气（汽）图等。

1. 作业指导书 作业指导书一般包括作业目的、适用范围、职责、定义、作业程序、支持性文件、记录等内容。

示例

烘烤作业指导书

1. 目的

通过对烘烤工序的温度和时间的控制，达到控制曲奇饼干的感官质量以及控制微生物危害的目的。

2. 范围

本作业指导书适用于烘烤的温度和时间的控制。

3. 职责

3.1 车间主任负责贯彻该作业指导书。

3.2 烘烤设备操作人员负责该作业指导书的实施。

3.3 质检员负责该作业指导书的监督检查。

4. 工作程序

4.1 进入包装车间的人员必须按《生产人员个人卫生要求》做好个人卫生工作。

4.2 车间必须按《车间卫生管理制度》要求做好卫生工作。

4.3 将钢丝切割法成型好的曲奇饼坯放入烤盘，烤盘需涂抹一层薄薄的油以防粘底。

4.4 开启钢带式烤炉进行预热，将成型好的曲奇饼坯送入钢带式烤炉烘烤 15 分钟，烤炉进口、中央、出口处均保持底火 150℃，面火 230℃。

4.5 各岗位班长对本部门的工作质量进行检查，发现问题及时纠正。

4.6 质检人员进行监督检查，并将监督情况及时报质检部。

5. 支持性文件

5.1《食品安全管理手册》

6. 相关记录

6.1《烘烤温度和时间控制记录》

2. HACCP 计划 HACCP 计划一般包括如下内容。

（1）描述

①产品描述 一般包括产品名称、产品执行标准、包装方式、净含量、食用方式、产品特性、保存期限、加工方式、保存条件、销售对象等内容。

②原料描述　一般包括原料名称、执行标准、制定依据、感官要求、理化指标等内容。

③配料描述　一般包括配料名称、执行标准、制定依据等内容。

（2）工艺流程图是危害分析的依据，从原辅料验收、加工直到储存，建立清楚、完整的流程图，覆盖所有的步骤。流程图的精确性对危害分析是关键，因此流程图列出的步骤必须在现场进行验证，以免疏忽某一步骤而疏漏了安全危害。

（3）工艺步骤描述主要对工艺各步骤进行详细描述。

（4）建立危害分析工作单。

（5）HACCP 计划表 HACCP 计划表中包括需要制定关键控制点的关键限值、监控程序、纠正措施、记录及验证。

（6）验证报告当 HACCP 计划制定完毕，并进行运行后，由 HACCP 小组成员，按照 HACCP 原理七进行验证，并以书面报告的形式附在 HACCP 计划的后面。

验证报告包括　①确认，获取制定 HACCP 计划的科学依据；②CCP 验证活动，监控设备校正记录复查、针对性取样检测、CCP 记录等复查；③HACCP 系统的验证，审核 HACCP 计划是否有效实施及对最终样品的微生物检测。

（五）ISO 22000 标准所要求的记录

记录是一种特殊的文件。其特殊性表现在记录的表格是文件，一旦填写内容作为提供所完成活动的证据，从而成为记录，记录是不允许更改的。

记录可提供产品、过程和体系符合要求及体系有效运行的证据，具有追溯、证实和依据记录采取纠正措施和预防措施的作用。在规定的时限和受控条件下，保持适当的记录是组织的一项关键活动。在已考虑产品预期用途和在食品链中期望的保质期的情况下，组织应基于保持的记录做出决策。记录格式可结合企业实际进行设计。

示例：①办公室，受控文件一览表、外来受控文件控制清单、文件领用审批表、文件借阅登记表、文件制修废申请书、年度管理评审计划、年度管理评审通知、管理评审报告、会议签到表、会议记录、员工花名册、员工档案表、员工健康档案、年度培训工作计划、新入职员工培训记录表、员工培训记录表、年度食品安全目标统计一览表、食品安全小组名单、内部审核计划、审核检查表、内部审核报告、内审不符合项报告。②生产部，配料/调味记录表、添加剂使用台账、检验状态标识卡、包装工序监控记录表、每日卫生检查记录表、温湿度记录表、车间班前班后清洁消毒记录表、内包装材料消毒记录表、防虫灭鼠记录表、紫外线灯/臭氧杀菌记录、工序监控记录、灭菌工序监控记录、退料单、返工返修记录表、生产设备一览表、主要生产设备清洁消毒记录表、机器设备定期维修保养记录表。③品控部，出厂检验报告、来料验收记录、净含量检验原始记录表、不合格品处理单、微生物检验原始记录表、感官理化检验原始记录表、检验设备一览表、检测设备校准计划、紧急放行审批表、产品召回计划、产品召回记录、半成品检验记录表、留样记录、水微生物检测报告、水理化检测报告、水质检测报告、卫生监测报告。④仓储部，物料申购单、领料单、入库单、出库单、化学品物质一览表、化学品领用记录表、原材料出入库台账。⑤销售部，合同评审记录表、合同更改通知单、供方评审报告、合格供方名录、顾客投诉处理单、客户满意度调查表、全年顾客满意度调查分析统计表。

【同步训练】

· 重点概念

1. 食品链　2. 食品安全管理体系　3. 前提方案　4. 操作性前提方案　5. 可追溯性　6. 行动准则

· 课后讨论

食品安全关系到全人类的生命健康问题，而食品安全需要“从农田到餐桌”都得以保证。你怎样理解“从农田到餐桌”的说法？请以学过的知识论述怎样保证食品从原料到终产品生产过程的安全性。

答案解析

练习题

一、选择题

1. ISO 22000 体系适应于（　）。

A. 食品加工企业　　B. 果蔬种植企业

C. 水产品养殖企业　　D. 以上都是

2. 不安全产品的处置方法不包括（　）。

A. 销毁　　B. 返工

C. 让步使用、放行或接受　　D. 与正常产品一样销售

3. 巴氏杀菌乳 HACCP 体系中，作为关键控制点的是（　）。

A. 均质　　B. 冷却、灌装

C. 巴氏杀菌　　D. 离心净乳和降温贮存

4. 下列属于 ISO 22000 体系文件的是（　）。

A. 食品安全管理手册　　B. 程序文件

C. 记录　　D. 以上都是

5. 制订前提方案，组织应考虑（　）。

A. 建筑物和相关设施的布局和建设

B. 支持服务，包括虫害控制，废物和污水处理

C. 供应商批准和保证过程（如原料、辅料、化学品和包装材料）

D. 交叉污染的预防措施

E. 以上都是

二、简答题

1. 什么是食品链、食品安全管理体系？
2. 简述 ISO 22000 策划和建立的步骤。
3. 危害控制计划包括哪些内容？
4. 如何确定关键限值和行动准则？
5. 简述食品安全管理体系文件类型及层次。

三、案例分析题

广东省市场监督管理局关于 20 批次食品不合格情况的通告（2023 年第 47 期）：近期，广东省市场监督管理局组织抽检肉制品、乳制品、饮料、饼干、水果制品、豆制品、保健食品、餐饮食品和食用农产品等 9 类食品 1397 批次样品。根据食品安全标准检验和判定，其中抽检项目合格样品 1377 批次、不合格样品 20 批次，检出微生物污染、农兽药残留、重金属污染、食品添加剂超限量使用及其他指标问题。其中部分桶装饮用水的不合格情况如下表所示。

序号	标称生产企业名称	食品名称	规格型号	生产日期	不合格项目‖检验结果‖标准值
1	广东 XX 饮品股份有限公司	天然泉水	17.5L/桶	2023－08－22	溴酸盐‖0.0178mg/L‖≤0.01mg/L
2	连平县 XXXX 山泉有限公司	XXXX 山泉（饮用天然水）	18L/桶	2023－09－10	铜绿假单胞菌‖①10；②8；③未检出；④未检出；⑤未检出 CFU/250mL‖n＝5，c＝0，m＝0 CFU/250mL
3	惠州市惠阳区 XX 山泉水厂	XX 泉包装饮用水	16.8L/桶	2023－09－17	铜绿假单胞菌‖①1；②未检出；③未检出；④未检出；⑤未检出 CFU/250mL‖n＝5，c＝0，m＝0
4	广东省信宜市 XX 天然泉水有限公司	大仁山 XX 泉包装饮用水	18.9L/桶	2023－09－11	铜绿假单胞菌‖①8；②16；③未检出；④未检出；⑤未检出 CFU/250mL‖n＝5，c＝0，m＝0

试分析：1. 桶装饮用水生产过程存在哪些显著危害？

2. 桶装饮用水生产企业如何制订前提方案和危害控制计划？

书网融合……

本章小结　　微课　　题库

项目十二

食品质量管理体系的审核

PPT

学习目标

知识目标

1. 掌握 管理体系审核基础知识容。

2. 熟悉 审核的启动与准备相关要求；现场审核活动的实施过程；审核报告和审核完成程序；审核后续活动与认证后监督管理。

3. 了解 食品安全国家法规标准。

能力目标

1. 能够应用食品安全管理体系审核指导实际生产和生活中相关工作。

2. 具有能够应用审核的启动与准备相关、控制现场审核活动的实施过程、完成审核报告和审核程序、完成审核后续活动与认证后监督管理过程的能力。

素质目标

通过本章的学习，帮助学生树立食品安全管理体系审核严谨态度，始终坚持食品安全信仰与准则，严格遵循食品卫生标准操作程序，做一个执法守法的食品人。

任务一 管理体系审核基础知识

情境导入

通过对质量管理体系内部审核的基本概念与实施过程有关知识的学习，使学生加深对 GB/T 19001 标准的理解，了解对质量管理体系评价、报告的方法。本项目以虚拟公司名义对同学进行分组，组成审核组，对另一组的“质量保证体系”进行模拟内部审核，各小组收集资料进行报告，并在教师组织下进行综合评价。

【任务描述】

使学生能熟知管理体系审核基础知识，具备质量管理体系内部审核员的初步能力。

【相关知识】

食品安全管理体系审核是以 HACCP 为核心的食品安全管理体系建立与实施过程的组成部分，同时也是 HACCP 原理的必然要求，食品安全管理体系审核实施的成效直接关系到体系与标准的符合性和有效性判定，以及食品安全管理体系的持续改进。

一、审核相关术语

根据《食品安全管理体系审核指南》（SN/T 1443. 2—2004）以及CNAB、CNAT的有关文件的规定，与审核有关的术语和定义如下。

1. 审核（andit） 为获得审核证据，对其进行客观的评价，以确定满足审核准则的程度所进行的系统的。独立的并形成文件的过程。

2. 审核准则（audit criteria） 一组方针、程序或要求。审核准则是用于与审核证据进行比较的依据。

3. 审核证据（audit evidence） 与审核准则有关的并且能够证实的记录。事实陈述或其他信息。审核证据是定性的或定量的。

4. 审核发现（audit findings） 将收集到的审核证据对照审核准则进行评价的结果。审核发现能表明符合或不符合审核准则，或指出改进的机会。

5. 审核结论（audit conclusion） 审核组考虑了审核目的和所有审核发现后得出的审核结果。

6. 审核委托方（audit client） 要求审核的组织或人员。审核委托方可以是受审核方，也可以是依据法律或合同有权要求审核的任何其他组织。

7. 受审核方（auditee） 被审核的组织。

8. 审核员（auditor） 有能力实施审核的人员。

9. 审核组（audit team） 实施审核的一名或多名审核员。审核组中的一名审核员为审核组长，审核组必须具备一名专业审核员，审核组可包括实习审核员。

10. 审核方案（audit programme） 针对特定时间段所策划，并具有特定目的的一组（一次或多次）审核。审核方案包括策划、组织和实施审核的所有必要的活动。

11. 审核计划（audit plan） 对一次审核活动和安排的描述。

12. 审核范围（audit scope） 审核的内容和界限。审核范围通常包括对实际位置、组织单元、活动和过程以及所覆盖的时期的描述。

13. 能力（competence） 经证实的个人素质以及经证实的应用知识和技能的本领。

证实过程由中国认证人员与培训机构国家认可委员会（CNAT）实施，并注册。

14. 跟踪审核（followup audit） 审核过程中发现不符合项后对其纠正措施实施情况及效果的验证活动。

15. 监督审核（surveillance） 对获得认证发证的组织，在证书有效期内进行周期性的审核活动。

16. 复审换证（reaudit） 认证证书有效期满，由认证机构组织复审，复审合格后，换发HACCP认证证书的活动。

二、审核类型

根据审核实施的主体不同，审核可分为第一方审核（内部审核）、第二方审核和第三方审核（外部审核）；根据审核实施的方式不同，又可分为结合审核（如食品安全管理体系和质量管理体系被一起审核）、联合审核（指两个或两个以上审核组织合作，共同审核同一个受审核方）。内部审核有时称第一方审核，主要用于管理评审和其他内部目的，由组织自身或以组织的名义进行，可用为组织自我合格声明的基础。外部审核包括通常所说的“第二方审核”和“第三方审核”。第二方审核指由组织的相关方（如顾客）或由其他人员以相关方的名义进行的审核。第三方审核由外部独立的组织进行，这类组织提供符合要求的认证或注册。

（一）第一方审核

（1）第一方审核，通常称为内部审核　其实施的主要原因或作用有：①食品安全管理体系准则的要求；②增强满足食品安全卫生要求的能力，旨在顾客满意和符合法律法规要求；③在接受外部审核前，及时采取纠正/预防措施；④推动组织食品安全管理体系持续改进。

（2）内部审核的人员　通常来自组织内部，一般是组织实施、保持、持续改进食品安全管理体系的骨干力量。他们对组织的情况比较了解，也了解应该做什么，如何做，做到何程度，因而能更清楚地感觉到应产生的结果和需要改进的地方。审核方式得当、内容明晰、针对性强，将为改进和完善食品安全管理体系提供必要的手段和方法。

在许多情况下，尤其在小型组织内，内部审核可以由与受审核活动无责任关系的人员进行，以证实独立性。

内部审核过程也是验证过程，验证过程应客观评价体系的运行状况，是否符合策划及审核准则的要求，积极提供纠正。预防和改进措施的建议。内部审核的结果是管理评审活动输入的一部分，它可为改进食品安全管理体系提供更多的信息和机会。

（二）第二方审核

第二方审核是由组织的顾客或由其他人以顾客的名义进行的审核。审核依据更注重双方签订的合同要求。审核的结果通常作为顾客决定购买的因素。

实施第二方审核的主要原因和作用有：①食品安全管理体系准则要求；②为确保产品符合规定的采购要求和相关国家的法律法规要求；③为了“供应链”的协调一致，建立互利的供方关系。

第二方审核按照不同的审核情况，又可分为正式审核、非正式审核、供方评价、预先调查和未经宣布的审核，通过审核可提供对组织的信任，建立业务关系。

在制定第二方审核方案时，应根据合同协议的需要、相关方的有关程序规定执行。

（三）第三方审核

第三方审核基于自愿申请的原则，审核依据是相关的 HACCP 标准或法律法规等经确定的审核准则。第三方审核由外部独立的组织进行，这类组织通常是经认可的，可提供符合要求的认证或注册。

第三方审核目的是获得认证或注册，以此可以为现有的、潜在的顾客提供信任，扩大影响。减少不必要的重复检查，节省贸易双方的检查费用和人员精力。由于第三方审核的独立性更强，且已走向了职业化、专业化的轨道，这无疑对推动组织改进管理工作是有益的。随着认证制度的发展，这种审核方式已被越来越多的国家和地区所采用。

实施第三方审核的主要原因和作用如下。

（1）获得第三方认证/注册机构依据相关的食品安全管理体系标准对其组织满足顾客及适用法律法规要求能力的证实。

（2）避免过多的第二方审核，减少组织和顾客双方不必要的费用。

（3）改进组织的食品安全管理体系。

（4）提高组织信誉，增强市场竞争能力。

第三方审核对受审核方不提出如何改进的建议。在第三方审核中，审核员如被要求为其提出有关建议时，应向受审核方清楚地说明，鉴于第三方审核的独立、公正地位决定了审核员不应提出如何改进的建议。

第三方审核的 HACCP 认证机构是根据 ISO/IEC 导则 62（CNAB—AC11）及其应用指南的规定，并经国家认可机构按规定的认可程序进行认可和注册，具有明确法律地位的、独立的第三方公证机构来实施。从事第三方认证审核的审核员须符合审核员注册准则规定，并经国家审核员注册机构按规定的认可程序批准/注册。

受审核方食品安全管理体系经第三方认证证实符合要求，认证机构将签发食品安全管理体系认证证书。

三、审核原则

审核的特征在于其遵循若干原则。这些原则使审核成为支持管理方针和控制的有效与可靠的工具，并为组织提供可以改进其绩效的信息。遵循这些原则是得出相应和充分的审核结论的前提，也是审核员独立工作时，在相似的情况下得出相似结论的前提。

（一）与审核员有关的原则

1. 道德行为——职业的基础 诚信、正直、保守秘密和谨慎，对审核而言，是最基本的要求，也是审核员的职业道德。

诚信即诚实、信用，正直即公正、率直。遵守审核的采信原则，是保证审核客观公正的基础，同时也是树立良好的审核员形象，实现与受审核方良好沟通的前提。

保守秘密，是审核员的基本守则。一方面，在审核过程中，审核员会接触到受审核方在生产、管理、流通等方面的商业秘密，对此应严格遵守保密承诺，未经受审核方允许，决不向任何第三方透露，以维护受审核方的合法权益。另一方面，审核是一项授权的活动，审核授权可来自管理者的决策、合同要求、审核委托方或法律要求。审核授权须以信任为基础，在审核期间，审核方应对所获得的有关受审核方的文件内容和信息予以保密。

谨慎，即本着严谨求实的态度实施审核工作。审核是基于抽样进行的，具有一定的风险和不确定性，同时审核员的知识和经验存在一定的局限性，因此审核员要树立严谨的职业态度，在充分收集审核证据和实施的基础上，综合评价得出审核结论。

2. 公正表达——真实、准确地报告的义务 审核发现、审核结论和审核报告真实和准确地反映审核活动。报告在审核过程中遇到的重大障碍以及在审核组和受审核方之间没有解决的分歧意见。

审核员在审核时，须遵守客观性原则，要求必须以客观事实为依据来判定组织管理体系的总体水平。没有客观事实、客观证据的任何信息都不能作为审核结论的依据，客观证据不充分或未经验证的也不能作为审核判断的证据。同时要注意核查客观证据的真实性，排除其不真实的信息成分。

3. 职业素养——在审核中勤奋并具有判断力 审核员珍视他们所执行的任务的重要性以及审核委托方和其他相关方对自己的信任。具有必要的能力是一个重要的因素。

审核员应具备相应的个人素质，具备教育、培训、相应专业工作经历和审核经验。对预定审核对象的范围、目的和审核标准、依据应事先明确，达成一致意见，才能真实和准确地实施审核活动。

（二）与审核有关的原则

1. 独立性 由审核的独立性产生审核的公正性和审核结论的客观性，独立性是审核原则的基础。

审核机构和审核人员保持独立性、公正性，并避免利益冲突。审核应由与被审核领域无直接责任关系的人员进行。审核员独立于受审核的活动，避免感情用事和个人偏见的影响，没有利益上的冲突。审核员在审核过程中保持客观的心态，以保证审核发现和结论仅建立在审核证据的基础上。审核的独立公正性还表现在对审核证据的收集、分析和评价是客观的、公正的，避免任何外来因素及审核员自身因素的影响。

2. 基于证据的方法 在一个系统的审核过程中，得出可信的和可重现的审核结论的合理方法。

客观证据是指“支持事物存在或其真实性的数据”。可通过观察。测量、试验或其他手段获得。审核员在审核过程中的主要精力和任务应放在收集有关客观证据上，收集到的客观证据形式有：存在的客观事实、现有的文件。记录。被访问人员本职工作范围内的陈述、组织的产品等。

审核证据是可证实的。由于审核是在有限的时间内并在有限的资源条件下进行的，因此审核证据是建立在可获得的信息样本的基础上。抽样的合理性与审核结论的可信性密切相关。

由于审核结论是建立在客观证据的基础之上的，这样就形成了审核的一致性。即由彼此独立的审核组对同一对象的审核，应得出相类似的结论。为了保持审核实施的一致性和有效性以及审核结论的可行性，审核方应对审核方案进行策划和管理，审核管理应包括：审核目的、范围和准则的确定；审核职责、资源和程序的确定；审核的实施；监督、评审和改进；记录的保存。审核过程应符合程序规定，审核结论可信。

综上所述，审核应遵循客观公正性原则、独立性原则、保密性原则，此外还应遵循系统性原则、采信原则、抽样原则。正面证实原则和认证审核的“不提建议”原则。

（三）审核的特点

概括起来，食品安全管理体系审核的特点有以下几个方面。

1. 被审核的食品安全管理体系文件化　所建立的食品安全管理体系只有文件化，才能规范运作，才有比较和评价的可能。文件化的食品安全管理体系是审核对象的必要条件。

2. 食品安全管理体系审核必须是一种正式、有序的活动　食品安全管理体系审核的“正式、有序”性，主要体现在如下 4 个方面。

（1）无论是外部审核还是内部审核，都需经过相关的管理者/委托方授权和批准，并符合合同或法律法规要求才能进行。

（2）食品安全管理体系审核有规范的程序和方法。从审核的策划和准备到审核的实施到纠正措施的跟踪验证都有规范的程序和做法。

（3）审核工作必须由经过培训且经资格认可的人员进行。不管是外部审核还是内部审核，审核人员都需经过正规的培训并取得相应的资格才能进行审核工作。

（4）审核必须形成书面的文件。审核计划、检查表、审核记录、问题报告、不符合项。审核报告等都要形成书面文件。

3. 食品安全管理体系审核必须具有系统性和独立性并形成文件　审核的客观性、独立性和系统性是开展审核的 3 个核心原则。

客观性是指审核员要以充分确凿的证据为基础，公正、客观地评价审核对象，不能偏见、主观地给出审核结论。

独立性是指审核员要与被审核的领域无直接责任关系。在外部审核中，审核员应与受审核方无任何利益关系。在内部审核中，一般来说本部门人员不能审核本部门。

系统性是指审核员要按规定的程序全面地审核和评价与审核对象有关的各项活动和结果。

4. 食品安全管理体系审核是一个抽样的过程　由于时间和人员的限制以及体系运行的连续性，审核工作要在规定的时间内完成对体系各个方面的审核工作，只能采取抽样检查的方法。抽样应做到随机抽样，要有代表性，能真实地反映受审核方食品安全管理体系的实际状况。部门和体系要素不能抽样。

四、审核方案的管理

审核方案指针对特定时间段所策划，并具有特定目的的一组（一次或多次）审核。包括策划、组织和实施审核的所有必要的活动。认证机构或实施食品安全管理体系的组织应制定审核方案。根据受审核方的规模、性质和复杂程度，审核方案可以包括一次或多次审核，包括对审核的类型和数目进行策划和组织，以及在规定的时间框架内为有效和高效地实施审核提供资源所必要的所有活动。

认证机构或组织的最高管理者应对食品安全管理体系审核方案的管理进行授权。

负责管理审核方案的人员应当建立、实施、监视、评审与改进审核方案，同时识别并确保提供必要的资源。如果受审核的组织同时运行质量管理体系和食品安全管理体系，审核方案可包括结合审核。在这种情况下，应当特别关注审核组的能力。

作为各自审核方案的一部分，两个或两个以上审核组织可以进行合作，实施联合审核。在这种情况下，应当特别注意职责分工、附加资源的提供、审核组的能力以及适当的程序，并在审核开始之前就此达成一致意见。

如审核方案可以是：①覆盖组织食品安全管理体系的当年的一系列的内部审核；②在6个月内对关键产品的潜在供方实施的第二方管理体系审核；③在认证机构和委托方之间合同规定的时间周期内，由第三方认证机构对食品安全管理体系进行的认证和监督审核。

审核方案还包括为实施审核方案中的审核进行适当的策划、提供资源和制定程序。

1. 审核方案的目的 应当确定审核方案的目的以指导审核的策划和实施。目的可考虑以下事项：①管理的优先事项；②商业意图；③管理体系要求；④法律法规和合同的要求；⑤供方评价的需要；⑥顾客要求；⑦其他相关方的需求；⑧组织的风险。

审核方案的目的，根据其应用，可以是：①满足管理体系标准认证的要求；②验证与合同要求的符合性；③获得并保持对供方能力的信任；④有助于管理体系的改进。

2. 审核方案的范围与程度 审核方案的范围与程度可以变化，并受被审核组织的规模、性质与复杂程度以及下列因素的影响：①每次审核的范围。目的和审核时间；②审核的频次；③受审核活动的数量、重要性、复杂性、相似性和地点；④标准、法律法规和合同的要求及其他审核准则；⑤认可或认证的需要；⑥以往的审核结论或以往的审核方案的评审结果；⑦语言、文化和社会因素；⑧相关方的关注点；⑨组织或其运作的重大变化。

3. 审核方案的职责 管理审核方案的职责应当由基本了解审核原则、审核员能力和审核技术应用的一人或多人承担。他们应当具有管理技能，了解与受审核活动相关的技术和业务。

负责管理审核方案的人员应当：①确定审核方案的目的和审核方案的范围与程度；②确定职责和程序，并确保资源的提供：③确保审核方案的实施；④确保保持适当的审核方案记录；⑤监视、评审和改进审核方案。

4. 审核方案的资源 识别审核方案所需资源时应当考虑：①开发、实施、管理和改进审核活动所必需的财务资源；②审核技术；③实现并保持审核员能力以及改进审核员表现的过程；④获得适合具体审核方案目的的有能力的审核员和技术专家；⑤审核方案的范围和程度；⑥路途时间、食宿和其他与审核有关的需求。

5. 审核方案的程序 审核方案的程序应当明确以下内容：①审核的策划和日程安排；②保证审核员和审核组长的能力；③选择适当的审核组并分配其任务和职责；④实施审核；⑤实施审核后续活动（适用时）；⑥保持审核方案的记录；⑦监视审核方案的业绩和有效性；⑧向最高管理者报告审核方案的总体实现情况。对于较小的组织，上述活动可在一个程序中表述。

6. 审核方案的实施 审核方案的实施应当明确以下方面：①与有关方沟通审核方案；②审核及其他与审核方案有关的活动的协调和日程安排；③建立和保持评价审核员及其持续专业发展的过程；④确保审核组的选择；⑤向审核组提供必要的资源；⑥确保按审核方案进行审核；⑦确保审核活动记录的控制；⑧确保审核报告的评审和批准，并确保分发给审核委托方和其他特定方；⑨确保审核后续活动（适用时）。

7. 审核方案的记录 应当保持记录以证实审核方案的实施，记录应当包括以下内容。

（1）与每次审核有关的记录 ①审核计划；②审核报告；③不符合报告；④纠正和预防措施的报告；⑤审核后续活动的报告（适用时）。

（2）审核方案评审的结果。

（3）与审核人员有关的记录 ①审核员能力和表现的评价；②审核组的选择；③能力的保持和提高。记录应当予以保存并以适宜的方式予以保管。

8. 审核方案的监视和评审 应当监视审核方案的实施，并按适当的时间间隔进行评审，以评定其是否已达到目的，并识别改进的机会。结果应当向最高管理者报告。

应当利用业绩指标监视诸如以下特性：①审核组实施审核计划的能力；②与审核方案和日程安排的符合性；③审核委托方、受审核方和审核员的反馈。

审核方案的评审应当考虑：①监视的结果和趋势；②与程序的符合性；③相关方变化的需求和期望；④审核方案的记录；⑤替代的或新的审核实践；⑥在相似情况下，审核组之间表现的一致性。

审核方案评审的结果可能导致采取纠正和预防措施以及改进审核方案。

根据审核方案的策划，可实施某一特定的审核活动。特定审核活动实施的方式和适用程度取决于特定审核的范围和复杂程度以及审核结论的预期用途。

任务二　审核的启动与准备

情境导入

本项目以虚拟公司名义对同学进行分组，组成审核组，对另一组的“质量保证体系”进行模拟内部审核，各小组收集资料进行报告，并在条件许可下列席参加金华某电动工具有限公司内部审核。学生作为虚拟内部审核员要求能熟悉与审核有关的术语，明确审核策划。

【任务描述】

使学生能够熟知审核的启动与准备的相关程序，具备质量管理体系内部审核员的初步启动能力。

【相关知识】

一、审核要求的确定

1. 确定食品安全管理体系审核的目的 在审核方案总体目的内，一次具体的审核应当基于形成文件的目的、范围和准则。

食品安全管理体系第三方审核提出的原因，是因为组织为了商业竞争的需要，评定其食品安全体系是否符合准则、法律法规的要求，并达到顾客满意，并寻求其持续改进，同时获得认证注册。因此食品安全管理体系第三方审核的目的，是验证组织食品安全管理体系建立的科学性和合理性，评定其实施的有效性。

具体来说，首先确定其体系的前提条件是否为体系的运行建立了良好的基础，确定危害分析是否科学，关键控制点是否合理，监控是否有效；了解食品安全管理体系的运行情况，判定其体系的实施是否符合 HACCP 原理及相关法律法规的要求，验证体系运行中是否能够不断自我完善，产品实现的全过程涉及的食品安全危害是否能够得到控制。审核准则用作确定符合性的依据，可以包括所适用的方针、程序、标准。法律法规、管理体系要求、合同要求或行业规范。审核食品安全管理体系实施的完整性、有效性，满足了国际食品法典《HACCCP 体系及其应用准则》中的要求，从而也实现了 HACCP 原理之一对体系建立验证程序的规定。国家认证认可监督管理委员会发布的《食品生产企业危害分析与关键控制点（HACCP）管理体系认证管理规定》中也明确“组织应当定期或者根据需要及时对 HACCP。计划进行内部审核和调整各检验检疫机构应对辖区内组织食品安全管理体系进行验证审核工作。”

审核目的一般由审核委托方确定，因为最终目的是拓展组织产品的市场。根据顾客要求、合同履约需要，以确定是否能满足顾客需要，达到合同要求。

2. 确定食品安全管理体系审核的范围和准则 审核范围确定时，应注意受审核方体系所覆盖的范围及具体产品的生产和食品链过程，不可对其进行随意概括性和抽象性描述。一般来说，审核范围以被认证的产品及其实现的过程、活动、部门等来表示，描述食品安全管理体系审核的内容和界限，例如：组织生产场所的实际位置，组织单元，产品的品种，受审核的活动和过程以及审核所覆盖的产品生产过程、时期等，多现场、多品种时，应分别描述名称、地址、产品名称等信息。

注意审核范围和认证范围的区别：①审核范围是为具体的审核活动界定的覆盖内容和界限，用于安排和实施审核；认证范围用于认证/注册目的，表明受审核方被评价的管理体系所覆盖的范围；②审核范围的描述对受审核的组织、位置、产品、活动、过程以及所覆盖的时间段等全面与详细的信息；认证范围通常是对审核范围的概括性描述；③审核范围是依据认证范围确定的，认证范围是根据审核范围及审核结论确定和批准的。

审核准则应明确，被审核方具有对 HACCP 审核标准的知情权。HACCP 审核的审核准则通常包括下列方面内容。

（1）标准要求　即《食品安全管理体系要求》［SN/T 1443. 1—2004］的要求。

（2）企业制定的食品安全管理体系文件的要求　可包括食品安全管理体系手册、HACCP 前提计划及 HACC 前提计划方案文件、HACCP 计划等。

（3）企业适用的相关法律法规　如：出口食品企业应符合国家质量监督检验检疫总局《出口食品生产企业卫生注册登记管理规定》（2002 年第 20 号令）；产品出口到美国的食品加工企业应符合美国 FDA《良好操作规范》（21 CFR part 110）法规要求。

（4）适用于企业产品的强制性标准。

（5）顾客要求　如顾客提出的合同要求。

审核范围和准则应当由审核委托方和审核组长根据审核方案程序确定。审核目的、范围和准则的任何变更都应当征得上述各方同意。

当实施结合审核时，重要的是审核组长确保审核目的、范围和准则适合于结合审核的性质。

3. 审核委托方、受审核方的职责

（1）在审核活动中，审核委托方的职责有：①确定审核需求，提出审核要求；②规定审核目的；③与审核组长共同确定审核范围；④评审、确认审核计划；⑤有正当理由时提出更换审核员的要求；⑥听取审核组关于审核情况及有关问题的通知；⑦评审和批准审核范围的变更；⑧审核目的不能达到时，吸取审核组的解释并商讨措施；⑨接受审核报告；⑩听取受审核方关于纠正措施实施情况的报告。

（2）在审核活动中，受审核方的职责有：①做好接受审核的准备工作；②与审核组建立联系；③评审审核组成员名单，必要时提出更换要求；④提交体系文件；⑤评审、确认审核计划；⑥参加首次会议，确认目的、范围、准则和计划；⑦派出陪同人员并提供其他审核所需的资源；⑧评审、确认不符合项；⑨参加末次会议，了解并理解审核发现和审核结论；⑩制定并实施纠正措施计划，并向审核组及审核委托方报告实施情况。

（3）受审核方的职责　①确认审核组成员；②将审核目的、范围通知有关人员；③指定陪同人员；④评审和接受审核计划，解决可能存在的异议；⑤提供审核所需的资源，包括办公条件等；⑥确定适用的现场安全规则；⑦在审核过程中与审核组沟通，及时了解审核进展情况，当发现相关问题时，协商确定解决方案；⑧参加有关的会议；⑨提供证据，配合审核员实现审核目的；⑩与审核组一起评审不符合，理解不符合，并解决可能存在分歧的问题；制定、落实、实施、验证纠正措施、预防措施等。

二、审核组的组成

当认证机构与委托方签订了食品安全管理体系认证/注册协议书之后，审核活动开始。审核方案的管理人按照《食品安全管理体系审核指南》及认可机构、本认证机构的要求确定审核资源需要，为特定的审核指定审核组长，组成审核组，确保能够满足审核的要求。

（一）选择审核组

决定审核组组成和规模的因素通常取决于受审核方的过程和产品的复杂程度、组织结构和规模等。审核组的选择须考虑实现审核目的所需的能力。当只有一名审核员时，审核员应当承担审核组长全部适用的职责。

（1）当决定审核组的规模和组成时，应当考虑下列因素：①审核目的，范围、准则以及预计的审核时间；②是否是结合审核或联合审核；③为达到审核目的，审核组所需的整体能力；④适用时，法律法规、合同和认证认可的要求；⑤确保审核组独立于受审核的活动并避免利益冲突；⑥审核组成员与受审核方的有效协作能力以及审核组成员之间共同工作的能力；⑦审核所用语言以及对受审核方社会和文化特点的理解，这些方面可以通过审核员自身的技能或技术专家的支持予以解决。

（2）保证审核组整体能力的过程应当包括下列步骤：①识别为达到审核目的所需的知识和技能；②选择审核组成员以使审核组具备所有必要的知识和技能，须具有与被审核方产品专业对应的技术专家或相应专业审核员；③若审核组中的审核员没有完全具备审核所需的知识和技能，可通过技术专家予以满足，技术专家应当在审核员的指导下进行工作；④审核组可以包括实习审核员，但实习审核员不应当在没有指导或帮助的情况下进行审核；⑤在审核原则的基础上，审核委托方和受审核方均可依据合理的理由申请更换审核组的具体成员。合理的理由包括利益冲突（例如：审核组成员是受审核方的前员工或曾经向受审核方提供过咨询服务）和以前缺乏职业道德的行为等。这些理由应当与审核组长和负责管理审核方案的人员沟通，在决定更换审核组成员之前，他们应当与审核委托方和受审核方一起解决有关问题。

（二）指定审核组长

根据受审核方情况与特点，负责管理审核方案的人员应当为特定的审核指定审核组长。审核组长应当具备领导与管理审核的知识与技能。

审核组长应承担的管理职责包括：①根据审核程序与审核委托方确定审核范围和准则；②必要时负责文件评审；③制定审核计划，分配审核任务；④指导审核员编制检查表；⑤主持审核中的各种会议；⑥进行审核过程的控制；⑦必要时向受审核方和审核委托方通报审核进展及相关情况；⑧沟通与协调审核组内部、审核组与认证机构、审核组与受审核方的联系，解决异常情况；⑨组织审核组讨论、确定不符合项与观察项，形成审核组的审核结论编写并提交审核报告；⑩组织跟踪验证，评审纠正措施的有效性；⑪向认证机构、审核方案管理人员报告审核情况。

在进行联合审核时，各审核组织在审核开始前就各自的职责特别是审核组长的权限达成一致，这一点非常重要。

（三）与受审核方建立初步联系

与受审核方就审核的事宜建立初步联系可以是正式或非正式的，但应当由负责管理审核方案的人员或审核组长进行。初步联系的目的如下。

（1）与受审核方的代表建立沟通渠道，确定联系方式、方法。

（2）确认实施审核的权限。查阅有关文件，进入有关现场，观察有关活动，调阅有关记录，与有关人员进行面谈。

（3）提供有关建议的时间安排和审核组组成的信息。向受审核方建议审核的时间、期限，确定审核组的成员和作息时间，征询受审核方的意见。

（4）要求获得相关文件，包括记录　①要求提供的证明性资料，如工商营业执照、卫生许可证等；②供文件评审的管理体系文件如包括 HACCP 计划、SSOP 文件、员工培训计划、设备维修保养计划等；③要求调阅的其他文件及其记录。

（5）确定适用的现场安全规则，包括对审核人员的健康要求，衣帽鞋等防护用品，必要的清洗消毒等防护措施。

（6）对审核做出安排　①介绍认证审核的程序；②协商审核步骤，具体的时间；③审核组的内部活动，如复印、打印、交通、食宿等。

（7）就观察员的参与和审核组向导的需求达成一致意见。

现场审核的准备工作包括编制审核计划、审核组进行工作分配、准备相应的工作文件。

三、编制审核计划

审核组长应当编制一份审核计划，为审核委托方、审核组和受审核方之间就审核的实施达成一致提供依据。审核计划是审核员实施审核活动的日程安排和指导性文件，应当便于审核活动的组织和协调。

审核计划一般由审核组长同专业人员协商编制并经审核委托方确认，并将经批准的审核计划提前交被审核方确认并通知审核组成员。审核计划的详细程度应当反映审核的范围和复杂程度。例如对于初次审核和监督审核，内容的详细程度应有所不同。如果受审核方对审核计划有任何异议，可在审核组长、受审核方和审核委托方之间予以解决，经修改的审核计划也应征得各方的同意。

审核计划是现场审核实施的安排。一方面，在现场审核中，审核组原则上应按照一计划进行，受审核方应按照审核计划进行准备。另一方面，审核计划应当有充分的灵活性，以适应变化并可更改，审核计划只能是一个预先的安排，随着现场审核活动的进展，可能进行审核范围的更改。当在现场审核过程中，遇到不得不对审核计划进行调整时，应征得有关各方的同意。

四、审核计划的内容

（一）审核计划具体内容

1. 审核设计具体内容应当包括：①审核目的；②审核准则和引用文件；③审核范围，包括确定受审核的组织单元和职能单元、产品、活动及过程；④现场审核活动的日期和地点；⑤现场审核活动预期的时间和期限，包括与受审核方管理层的会议及审核组会议；⑥审核组成员和向导的作用和职责；⑦为审核的关键区域配置适当的资源。

适当时，审核计划还应当包括：①明确受审核方的代表；②当审核工作和审核报告所用语言与审核员和（或）受审核方的语言不同时，审核工作和审核报告所用的语言；③审核报告的主题；④后勤安排（交通、现场设施等）；⑤保密事宜；⑥审核后续活动。

（二）确定审核所需的时间

审核所需的时间主要取决于以下因素：①审核目的；②审核范围；③受审核部门的产品专业及其风险程度，风险大的专业相应增加审核时间如：肉禽制品、水产品等的生产；④受审核部门或活动的数量和复杂性，如重复生产线和自动化程度，如果是轮班运作，审核计划应考虑对每一个班次的过程进行审核；⑤为取得真实、公正的结果，审核员需要收集的审核证据数量，由审核员决定对每一个过程在多大程度上做抽样和审核；⑥分组情况；⑦审核员的审核经验和能力；⑧受审核方的规模及审核的主要活动所处的位置分布情况，如果受审核方的地理位置分散，需要考虑路途时间；⑨受审核方是否是多场所生产，现场以外的活动所占的分量；⑩使用不同的语言进行交流；⑪以前的评估结果，如不合格情况。

认证机构可制定程序确定对从事各种活动的不同规模和复杂程度的组织进行初评审核所需的总时间以及监督和复评时所需的时间。

IAF 对 ISO/IEC 导则 62：1996 的应用指南中，审核员时间表为审核策划过程基于员工数量确定审核时间的基点提供了框架。

审核员时间是以用于审核的审核员日来表示的，一个审核员日通常指完整的 8 小时正常工作日，在开始策划时不能用增加每天的工作时间来减少要使用的审核员天数。

审核员时间包括审核员或审核组策划审核的时间（适当时包括非现场文件审核）与组织、人员、记录、文件和过程接触的时间，撰写报告的时间。希望审核策划加上撰写报告所用的审核员时间，通常不宜使用于现场的审核员时间减少到审核员时间表中所列时间的 90% 以下，如需要增加策划和（或）撰写报告的时间，也不能减少现场审核员时间，审核员旅途时间未计在内。

在初评周期，对一个组织的监督审核时间宜与初评时间成比例，每次监督审核的总时间约是初评时间的 1/3 ~ 1/2，必要时对策划的监督审核时间进行评审以适应组织发生的变化，体系成熟程度等。

一般情况下，可能需要增加审核员时间的因素如下：①审核的产品专业范围宽，专业风险程度大；②受审核部门或活动的数量多且复杂；③受审核方的规模大，审核活动所处的位置分散；④受审核方多场所生产，现场以外的活动所占的分量重；⑤使用不同的语言进行交流；⑥工艺复杂，体系覆盖了高度复杂的过程或相对数量大的彼此不同的活动。

可能允许减少审核员时间的因素如下：①受审核方组织规模及现场范围很小，危害明确且风险不大；②审核组已充分了解受审核方的现场及其危害与风险影响；③受审核部门或活动的数量少，复杂程度较低；④对组织体系的预先了解例如已经按照其他标准被同一机构认证；⑤相对于员工数量工作现场很小或者大量员工从事相同的简单工作。即使考虑到所有因素对某个组织初评审核员时间总量的调整减少量不能大于规定审核时间表中要求的审核时间的 30%。

（三）审核计划的拟定

在做审核计划时，通常采用过程方法（纵向审核）。这种方法是对每一个独立单位或部门是否达到标准要素的要求做纵向审核，一般来说，这是最有效、也是最有效率的一种方法。

编制审核计划时，应注意以下几点。

（1）每人每天工作时间不少于 8 小时，其中应保证有充足的时间用于收集客观证据（准备会、审核小组内部会、整理审核材料均不算作收集客观证据）。

（2）专业审核员应参与关键控制点判定的审核。

（3）应覆盖被审核方适用的部门和所有适用的要求。

（4）审核组长向审核组成员布置工作，分发必要的资料。

（5）专业审核员或技术专家在现场审核前应了解被审核方的产品的主要特点、ACCCP 计划文件中所制定的 CCP 点是否适宜、重要的法律与法规要求以及相关背景知识等，并向审核组中非相应专业项目审核员进行讲解。

（6）每个审核员根据审核计划负责编制其所负责部门及要素的《检查表》。

（四）审核计划示例

审核计划示例详见表 12－1～表 12－2。

表 12－1　审核计划（示例 1）

受审核方：AA 食品有限公司（章）			合同号：123456
地址：D 省 E 市 F 区 888 号			
审核类型：认证审核——第一阶段审核			
审核目的：审查文件的符合性和适宜性，调查对适用法律法规的识别情况，HACCP 计划的可行性，了解被审核方是否已具备事实认证审核的条件			
审核范围：冻鱼片的生产加工			
审核依据：SN/T 1443.1——2004《食品安全管理体系要求》适用法律、法规			
对食品安全管理体系运行有重大直接责任的受审核方人员： 总经理：王兴旺　　　管理者代表：钟是英			
审核组长： 组　　员：	姓名	组别	资格
审核报告的分发范围：认证中心　　　　　受审核方			

首次会议和末次会议请受审核方领导及有关部门负责人参加。

小结会请受审核方代表及陪同人员参加。

审核组长/日期：李程 yy. M. dd　　专业管理人员：许严格 yy. M. dd

授权人/日期：李认真 yy. m. dd　受审核方代表：张德竹 yy. m. dd

表 12－2　审核活动安排（示例 1）

日期/时间		组别	审核内容	涉及的部门
2005.6.2	8：30～9：00	AB	见面会	管理者及部门负责人
	9：00～9：30	AB	现场巡视（厂区、周边环境、生产车间）	HACCP 小组
	9：30～12：00	A	确认管理体系文件的充分性、适宜性 HACCP 计划的科学性和合理性	
	13：00～17：00	A		
	13：00～17：00	B		
	17：00～17：20	AB	内部会	
	17：20～17：30	AB	与管理层沟通	总经理及 HACCP 小组组长
	17：30～18：00	AB	总结会	管理者

五、审核组工作分配

审核组长应当与审核组协商，将具体的过程、职能、场所、区域或活动的审核职责分配给审核组每位成员。审核组工作的分配应当考虑审核员的独立性和能力的需要、资源的有效利用以及审核员和实习审核员的不同作用和职责。为确保实现审核目的，可随着审核的进展调整所分配的工作。

1. 确定受审核部门和活动，合理分配审核工作时间和资源　由于现场审核要在规定的时间内完成，要合理分配审核的部门和活动，有目的地调配专业审核员，以便审核组对受审核方整个食品安全管理体系的实施情况和有效性、充分性。符合性有全面的了解，从而形成正确的结论。

（1）考虑现场审核的整体时间。

（2）考虑审核人员的分配和搭配。

（3）根据审核内容的重要性和需审核的工作量。

2. 合理安排审核的顺序

（1）安排审核的途径和路线。

（2）一般采取从加工清洁严格控制区到一般清洁控制区的顺序进行现场审核。根据车间布局情况，也可采用道工艺流程方式、按照部门职责分配方式或标准条款方式进行。

（3）尽可能减少审核活动的接口，保持连贯性。

（4）关键控制点的设置和实施有效性审核由专业审核员进行。

3. 合理安排审核内容

（1）完整、准确地识别组织所生产产品应依据的法规、标准。

（2）明确组织受审核部门的职责和活动要求。

（3）与食品安全管理体系实施有关的职责和所有活动，须在有关部门和人员责任中得到评价。

六、准备审核工作文件

审核组成员应当评审与其所承担的审核工作有关的信息，并准备必要的工作文件，用于审核过程的参考和记录。这些工作文件可包括：审核计划、核查表格和审核抽样计划等；审核准则；审核作业指导书；记录信息表格（如签到表、审核报告、不符合项报告和会议记录等）。审核表格的使用不应当限制审核活动的内容，审核活动的内容可随着审核中收集信息的结果而发生变化。

工作文件，包括其使用后形成的记录，应当至少保存到审核结束。审核员在任何时候都应当妥善保管涉及保密或知识产权信息的工作文件。

1. 审核表格 需要携带的审核工作表单主要有：审核员/技术专家现场审核的表现评价表；审核员审核经历的记录；认证机构或项目管理人的审核委托书；文件审核报告；审核计划；会议记录；签到记录；检查（核查）记录表；不符合项报告；第一阶段审核报告；审核报告等。实施监督审核的，有相应的监督审核记录表和监督审核报告。实施复评换证的，有复评前体系运行状况评估记录和复评报告等。

2. 审核准则 需要携带适用的审核准则文本，如《食品安全管理体系 要求》（SN/T 1443. 1—2004）；组织制定的食品安全管理体系文件及适用的相关法律法规和强制性标准。

3. 作业指导书及有关文件 参照相应专业审核作业指导书进行审核，审核思路清晰。此外还须配备与审核有关的其他文件，如审核员/技术专家健康状况证明等。

4. 检查表 检查表是审核员审核中使用的一种指引性的工具，可帮助审核员围绕审核目的，指明审核的重点、方向、路径，将须审查的事项和要提的问题事先拟出，用于对审核员实施审核时的提示，以保持审核思路的清晰和审核工作的连续性，并作为审核记录供今后追溯，同时减轻了审核过程中的压力。因此，应根据审核的目的、要求、审核准则、受审核方和审核活动的特点，有针对性地编写检查表。

检查表编制的依据是审核的目的、范围，审核准则的要求及审核计划的安排等。

检查表编制过程中，应注意以下事项：①不要遗漏重点内容，如 HACC 原理的应用有效性；②采用 PDCA 的过程方法调查受审核活动；③注意食品安全控制所依据的产品标准，产品随特定的市场、特定的消费人群不同，其食品安全特性各异；④根据审核时间的安排，考虑调查的内容适当。

检查表可按标准的条款、过程、职能或部门等方式进行编制。

检查表的格式一般为“问题—结果”型，左边写出要审核的内容，右边留出空格填写审核的结果。

对于有经验的审核员，其检查表可能较简略，甚至仅为一些关键词。而对于经验不足的审核员，或遇到新的审核范围、领域，其检查表就应尽可能具体、充分，以保证审核的完整和有效。有些认证机构根据食品各专业的特点，编制了相应专业的检查表格，审核员应根据审核实际情况增加适应组织情况的调查条款。注意审核证据的收集过程并不仅限于检查表的内容，实际审核时应具备一定的灵活性，要根据现场审核的实际情况加以适当的调整。

检查表是审核员在审核过程中的备忘录，在审核中可以根据具体情况进行调整、补充和修改。

下面以按标准条款审核为例，介绍编制检查表内容：

依据标准的某一条款要求，逐一编写调查提纲。按标准条款调查不会遗漏标准的要求，可以系统、完整地了解标准的某项要求在管理体系中的实施情况及其有效性，特别是有利于调查某项管理活动在部门、环节传递的过程和连续性情况。

这种检查表的优点是考虑全面、不会遗漏，但不足是由于对同一个要求的审核会涉及到多个部门，对多个不同要求的审核会造成一个部门要接受数次审核，审核员也会因此而反复。多次到同一个部门调查。

表 12－3 为按 SN/T 1443.1—2004《食品安全管理体系要求》标准条款 7.5.4 编制的检查表示例。

表 12－3　检查表（示例）

<table>
<tr><td colspan="2">依据 SN/T 1443.1—2004</td><td colspan="2">审核员：</td></tr>
<tr><td colspan="2">陪同：</td><td colspan="2">审核日期：</td></tr>
<tr><td></td><td>审核内容</td><td>审核方法</td><td>审核结果</td></tr>
<tr><td>1</td><td>组织是否对每一个 CCP 都建立了监控计划</td><td></td><td></td></tr>
<tr><td>2</td><td>每一个监控计划是否都包括以下要素：监视对象、监视方法、监视频率、监视人员、评估人员</td><td rowspan="4">CCP 监视岗位验证；
与监视岗位人员面谈；
抽样审核监视记录；
查阅文件及记录档案</td><td></td></tr>
<tr><td>3</td><td>监控的科学合理性：
①监控方法是否科学、快速，能及时反馈信息
②监控频率是连续的、还是非连续的；是否能及时发现偏离，保证产品及时隔离
③监控岗位及人员配备是否合理，其岗位是否能及时发现生产中的变化和偏离</td><td></td></tr>
<tr><td>4</td><td>①监控人员的资格是否做出规定，并经过相关的培训
②是否对监控结果进行评估
③评估人员是否为组织规定有权启动纠偏措施的人员（检查相关文件和记录）</td><td></td></tr>
<tr><td>5</td><td>①是否制定文件对监控人员和评估人员的身份予以明确
②是否覆盖每个 CCP 点的监控人员及评估人员</td><td></td></tr>
</table>

除了按标准条款审核编制检查表外，还有按部门编制的检查表和按过程编制检查，其各有特点。

按部门编写的部门检查表是根据受审核方所设立的部门，按照审核的目的和准则，针对受审核部门的职责、活动、结果及其有效性所作的审核策划。

这种检查表的优点是一次就可以完成对一个部门的审核，但由于一个完整的过程是由若干个部门配合完成的，因此在一个部门的审核只能得到所审核过程的部分信息，如不注意部门之间的接口关系或者审核员之间没有进行良好的沟通，就可能造成审核的不完整。

按过程编制检查表时，应尽可能体现过程方法，依过程、活动的顺序，选择合适的审核途径（如顺流、逆流的顺序），策划收集审核证据的方法。鼓励采用 PDCA 方法，依照“目标—策划—实施—测量与监视—改进”的过程方法编制检查表。

按过程编写检查表的好处是对每一个过程均可以进行完整的审核，有利于调查每个过程策划、实施、检查/监控、处置的全部情况，对过程的实施及其有效性可做出准确的评价，有助于最终对管理体系的评价，但其不足类似于按标准条款编写的检查表。

鉴于以上形式的检查表的特点，审核员应结合组织情况、审核计划及审核组组成情况拟定检查表的编写方式。

食品安全管理体系认证审核分为两个阶段进行，检查表可以两个阶段审核内容合拟，第二阶段审核时，检查表内容可能调整大一些；也可两个阶段分拟，第二阶段检查表在第一阶段审核的基础上形成。值得注意的是，第一阶段审核检查表是审核员未到审核现场或未详细了解受审核方的过程、运作方法、控制要求及过程运行状况的情况下编写的，受审核方的食品安全管理体系文件也不一定能详尽描述运行过程的每一个细节，因此实际的管理体系运行方式、过程的运行状况可能与编写检查表时审核员的设想有较大差距，审核员在现场审核中仍然需要调查了解必要的信息，在发现检查表中未加考虑的重要线索、重要的因素、薄弱的环节等信息时，应及时调整原先的思路，不应受检查表的内容所限制。

任务三 现场审核活动的实施 微课

情境导入

本项目以虚拟公司名义对同学进行分组，组成审核组，对另一组的“质量保证体系”进行模拟内部审核，各小组收集资料进行报告，并在教师组织下进行综合评价。条件许可，列席参加金华某电动工具有限公司内部审核。学生作为虚拟内部审核员要求能熟悉与审核有关的术语，明确审核策划、审核准备、审核实施。

【任务描述】

使学生能够熟知审核的启动与准备的相关程序，具备质量管理体系内部审核员的启动与审核活动实施的能力。

【相关知识】

一、第一阶段审核

食品安全管理体系的审核可以分为第一阶段审核和第二阶段审核。

（一）第一阶段审核的目的

第一阶段审核的目的在于审核食品安全管理体系文件，了解受审核方的活动、产品或服务的全过程，判断食品安全危害的分析情况，调查 HACCP 计划的可行性，包括关键控制点及关键限值的一致性，适用的法律法规的识别情况，并对受审核方食品安全管理体系的策划及内审、管理评审情况等进行初步审查。通过第一阶段审核来判定组织是否已经建立并实施了食品安全管理体系，是否具备接受第二阶段审核的条件，并为策划第二阶段审核方案提供信息。

（二）第一阶段审核的程序

第一阶段审核的现场审核没有严格的首、末次会议等固定形式。各认证机构可自行规定采用何种形式进行第一阶段审核。

审核组进入受审核方现场后，应向受审核方的有关人员说明整个审核的程序和方法（包括第一阶段和第二阶段）、第一阶段审核的目的和范围，告之第一阶段审核的内容、方法和要求。

第一阶段审核按 SN/T 1443.2—2004《食品安全管理体系审核指南》中关于现场审核活动实施的要求，包括现场审核。信息的收集和验证并获得审核证据；形成审核发现、准备审核结论；审核中的沟通。

第一阶段审核的一般程序如下。

（1）与受审核方的管理者和 HACCP 小组组长会面，明确第一阶段审核的目的、审核内容、方法及确认审核计划安排，并陈述保密声明。

（2）与 HACCP 小组组长交谈，了解有关体系的整体运行情况，特别是受审核方的相关活动是否都遵守了食品安全法律法规的要求。

（3）生产现场调查，了解并分析生产加工过程中涉及的主要食品安全危害。

（4）在相关管理部门审阅文件和记录。

（5）与受审核方代表交流本次审核的审核发现和结论，指出其存在的问题，提出纠正的要求，确认审核范围并确定第二阶段审核的条件和具体事宜。

（三）第一阶段审核的要求

审核组长要参与并负责第一阶段审核工作，通过审核可以了解受审核方食品安全管理体系的概况，以便安排第二阶段的审核事宜，并在审核完成后，负责组织编写审核报告。

第一阶段审核不必对规范的所有要素进行审核，而是有侧重点地审核。在有限时间内，应详细审核侧重的要素和（或）活动。

在第一阶段审核中发现并确定的不符合，可以开出“不符合报告”，还可列出问题清单，通知受审核方予以纠正。对于不影响判断受审核方具备第二阶段审核的不符合，纠正情况可以在第二阶段审核时验证。

第一阶段审核应在组织的现场进行。在特殊情况下，如对于一些很小的组织，可以对认证程序进行变通，但审核必须满足第一、二阶段审核的要求。可以不进行第一阶段现场审核的条件如下。

（1）受审核方组织规模及现场范围很小，产品加工过程简单，食品安全危害明确且风险不大。

（2）审核组长已充分了解受审核方的现场及其涉及的食品安全危害与影响，认为具备认证审核的条件。

（3）审核组有充分的资源保证，在受审核方的配合下，可确保一个阶段的审核能满足审核准则的全部要求。

（四）第一阶段现场审核的内容

1. 了解受审核方基本情况 与受审核方 HACCP 小组组长和相关部门的人员交谈与沟通，了解受审核方的相关情况，收集有关危害的信息，包括受审核方的组织机构、职能和管理权限，生产现场所处的地理位置、周边环境、厂区内外设施，产品的工艺流程和特点，产品的季节性，生产使用的设备情况，人员素质和技术水平，原材料来源，产品的预期消费者、组织制定 HACCP 前提计划的依据等。

2. 对食品安全管理体系文件进行补充审查 在对文件评审的基础上，在现场对程序文件和作业指导书进行补充审查，考察其完整性、协调性、可操作性。特别是对文件评审中有疑问之处，可在补充审查中查证。文件的补充审查既可以在办公室进行，也可以在活动现场进行。

3. 现场调查 通过对受审核方现场的调查，核实厂区周边环境和厂区内外设施情况，验证厂区内设施布局、车间平面布置。人流、物流走向与相关的食品安全法律法规有无违背之处，了解工艺流程，了解生产活动的现场情况、生产和监测设备性能、HACCP 前提计划效果，为第二阶段审核做准备。

一般应关注的现场主要包括：①厂区内、外的卫生环境；②生产现场；③库房（如原辅料、包装材料、成品、化学品）；④员工更衣室、卫生间、洗衣房（适用时）；⑤水处理、垃圾和污水处理现场。

4. 现场审核中需要收集和评审的信息 在现场审核中，通过与受审核方有关人员的面谈、查阅有关的文件和记录、现场调查等方法，收集受审核方食品安全管理体系整体情况的有关信息，并依据食品安全管理体系规范和有关的法律法规的要求，对组织的食品安全管理体系进行初步的评价，判断食品安全管理体系是否已经实施。

现场审核中需要收集和评审的信息主要包括如下内容。

（1）产品安全目标的确定是否合理。

（2）产品描述是否完全并符合产品情况，图纸是否准确，有无人流、物流交叉点，工艺流程是否符合现场实际。

（3）生产过程中潜在的危害有哪些，危害工作分析单是否包含了组织应识别的潜在危害，对确定的危害采取了哪些控制措施，关键控制点的判定和关键限值的设定是否科学合理，HACCP 计划的合理性以及是否被执行，是否明确测量设备和方法。可查证有关资料证明，如产品检测报告等。

（4）了解对适用法律法规的收信渠道和识别情况，适用时是否包括出口国的要求。

（5）是否建立 HACCP 前提计划，实施措施是否具体，是否明确测量设备和方法。可查证有关资料证明，如水质检测报告等。

（6）职责和权限是否做出规定，是否传达并被相关人员理解和实施。

（7）是否建立不安全品控制程序和追溯、召回程序，追溯、召回的执行情况。

（8）组织是否与外部相关方进行沟通，是否有应急准备和响应程序，评审相关程序的执行情况。

（9）组织自我完善和持续改进的机制评价。通过体系确认、验证、关键控制点验证的结果和内部审核后实施纠正和预防措施的有效性，以及日常监督的实施情况，来评价受审核方自我完善和持续改进的机制是否有效。

（10）内部审核的信息，包括内部审核程序、审核计划、审核报告，并对审核的有效性进行评价。

（11）管理评审的信息，了解管理评审实施程序和方式，查看评审记录。管理评审应包括对体系的适应性、充分性和有效性进行评审。

（五）审核结论

审核组在完成现场审核后，应对审核记录汇总和整理，讨论得出审核结论。审核组长在与受审核方有关人员沟通时通报审核结论。

审核组在完成现场审核后，应从以下两个方面对受审核方的食品安全管理体系给予评价并做出结论。

（1）审核方的食品安全管理体系文件在审核范围内是否符合审核准则的要求。主要从文件是否完整并覆盖了规范的全部要求，组织结构和职责是否合理和明确，食品安全方针和目标是否明确，HACCP 提计划是否具体，HACCP 计划是否合理等方面综合考虑。

（2）受审核方的食品安全管理体系是否具备第二阶段审核的条件。主要从受审核方危害分析是否全面，显著危害是否识别清楚，控制措施是否确定，HACCP 计划是否可行，与受审核方确定的关键控制点和关键限值是否一致等方面考虑。

（六）审核报告

1. 审核报告的内容 审核组长根据第一阶段审核的情况及其审核结论编制第一阶段审核的审核报告。第一阶段审核的审核报告一般包括以下内容。

（1）审核过程综述　说明第一阶段审核的过程、审核的内容、审核的范围、审核的方法等基本情况。

（2）受审核方食品安全管理体系基本情况综述　通常包括：①文件的符合性结论；②体系建立和运行的基本情况；③食品安全方针的贯彻及实施情况；④组织结构和职责的合理性；⑤食品安全目标的合理性；⑥适用于组织的食品安全法律法规的获取和遵守情况；⑦危害的识别、分析和控制情况；⑧HACCP 前提计划是否全面具体；⑨HACCP 计划的合理性；⑩与外部相关方交流的记录和回复；内部审核的有效性；管理评审的实施情况，包括了对食品安全管理体系的适用性、充分性和有效性的评价。

目前存在的主要问题如下。

（1）是否具备第二阶段审核条件的结论，描述审核中发现的不符合情况，以及对这些不符合的纠正和验证要求，说明实施第二阶段审核的可能性和时间要求。

（2）第二阶段审核特别关注点，可简要说明第二阶段审核需要特别的关注之处和抽样方法。

如果第一阶段审核结论认为还不具备第二阶段审核，受审核方应进行整改，审核组长可与受审核方协商验证方式。通常文审的不符合采用书面验证的方式，现场不符合可以书面验证，也可以现场验证。验证合格后方可进行第二阶段审核。

2. 审核报告的示例　第一阶段审核报告的格式和内容没有统一的要求，认证机构可自行设计适宜的格式和内容。

第一阶段审核报告按各认证机构要求的程序提交给受审核方。

二、第二阶段审核

经过第一阶段审核，如果受审核方具备进行第二阶段审核的条件，即可进入第二阶段审核。第二阶段审核主要是通过现场系统评价受审核方的食品安全管理体系是否符合审核准则的要求，其审核重点是受审核方的食品安全管理体系的运行情况及其适宜性和有效性。

第二阶段审核的主要目的是判断受审核方的食品安全管理体系运行、实施是否符合 SN/T1443. 1—2004《食品安全管理体系 要求》，能否有效地实现组织的食品安全方针和目标；判断受审核方是否遵照要求，执行各项控制程序，实施了对食品安全危害的有效控制。通过第二阶段审核，审核组对受审核方做出是否推荐认证注册的审核结论。

第二阶段现场审核按 SN/T 1443. 2—2004〈食品安全管理体系审核指南》中关于现场审核活动实施的要求，主要包括举行首次会议、现场审核、信息的收集和验证并获得审核证据；形成审核发现、准备审核结论；审核中的沟通；召开本次会议。

（一）举行首次会议

首次会议的召开表明现场审核的正式开始。审核组进入现场后，首先应与受审核方的管理层召开首次会议。参加首次会议的除审核组全体成员外，还应包括受审核方的最高管理层、HACCP 小组成员，适当时还可包括受审核部门或受审核过程的负责人。首次会议应由审核组长主持。

1. 首次会议的目的

（1）向受审核方的中高层管理人员介绍审核组成员。

（2）确认审核计划、范围、目的和准则。

（3）简要介绍审核活动如何实施，介绍审核所采用的方法和程序。

（4）确认沟通渠道，在审核组与受审核方之间建立正式联系。

（5）向受审核方提供询问的机会。

首次会议是审核组与受审核方高层管理人员见面和介绍审核过程的第一次会议。审核组应保存会议记录和参加会议人员的签到表。

2. 首次会议的内容

（1）双方介绍参加会议的人员。审核组长应首先介绍审核组成员和资格，然后请受审核方介绍与会者及其职责。

（2）确认审核目的、范围及准则。

（3）与受审核方确认审核日程以及相关的其他的安排。例如：末次会议的日期和时间，审核组和受审核方管理层之间的临时会议，以及任何新的变动。

（4）介绍实施审核所用的方法和程序。审核组长应说明审核的基本方法是抽样，有一定风险和局限性。审核组长还应介绍审核的程序。

（5）确认审核组和受审核方之间的正式沟通渠道。明确联系人及沟通方式等。

（6）确认审核所使用的语言。双方应尽量使用通用性广的语言，如在中国境内审核时，应尽量用普通话。

（7）确认在审核中将及时向受审核方通报审核进展情况。审核组可通过正式的沟通渠道向受审核方通报审核进展，确保审核的透明度。

（8）确认已具备审核组所需的资源和设施。审核组应确认审核时所需的办公场所、办公条件、交通等。

（9）确认有关保密事宜。审核组长应申明审核人员的保密守则，承诺保守受审核方的技术秘密。管理诀窍、商业信息和审核信息等。

（10）确认审核组工作时的安全事项、应急和安全程序。审核中，受审核方的清洁区域、保密区域、保安措施等限制条件和要求，包括特殊防护要求等，应予以说明。

（11）确认向导的安排、作用和身份。审核组长请受审核方确定审核组的向导，并说明向导的主要作用和职责。

（12）介绍报告的方法，包括不符合的分级。审核组长应说明审核结论的种类，并说明审核组只提供推荐性结论，最后结论由认证机构决定并发布。说明不符合项的记录和确认方法。

（13）有关审核可能被终止的条件的信息。

（14）介绍审核的实施或结论的申诉系统的信息。审核组要介绍申诉渠道和方法。

（15）如需要，说明第一阶段审核提出不符合的验证情况。

最后由受审核方最高管理者简单致辞，扼要介绍实施食品安全管理体系的过程和取得的效果，代表受审核方表态并要求各部门积极参与和配合审核组工作。

首次会议的时间一般为半小时。首次会议力争达到初步营造轻松和谐、坦率、融洽气氛，讲究实效的目的。

审核组长确认有关问题已全部明确或澄清，在表示谢意后，则可结束首次会议。

（二）向导和观察员的作用和职责

向导和观察员可以与审核组同行，但不是审核组成员，不应当影响或干预审核的实施。

1. 向导 向导的主要职责是引导、联络和见证。向导由受审核方指派，向导协助审核组，并且根据审核组长的要求行动。

向导的职责可包括：①建立联系并安排面谈时间；②安排对场所或组织的特定部分的访问；③确保审核组成员了解和遵守有关的场所的安全规则和安全程序；④代表受审核方对审核进行见证；⑤在收集信息的过程中，做出澄清或提供帮助。

2. 观察员 观察员可能来自任何机构，受审核方的上级、受审核方的顾客、政府或咨询机构。观察员仅对审核组的审核活动进行观察，不能干扰或影响审核的实施，更不能代替受审核方回答问题。

三、现场审核

（一）现场审核内容

首次会议结束后，审核组进入现场审核。现场审核是使用抽样的方法寻找审核证据的过程。在此过程中，审核员的个人素质和审核技能对审核的充分性、公正性和客观性起着重要的作用。

食品安全管理体系的现场审核，必须按照审核计划的安排，对受审核方实施《食品安全管理体系要求》要求的全部要素进行审核，包括如下主要内容。

（1）食品安全方针和食品安全目标是否已得到贯彻实施。

（2）对确定的食品安全危害的控制措施是否有效实施，HACCP 计划是否得到有效实施，其记录及结果如何。

（3）识别的食品安全法律法规是否现行有效，并已全部理解和贯彻执行。

（4）HACCP 前提计划的实施是否有效。

（5）不合格品如何处理、追溯，召回程序是否有效实施。

（6）信息沟通渠道是否畅通，应急准备和响应能力如何。

（7）内审和管理评审等是否已按规定实施。

（8）文件和记录控制是否有效。

（9）培训是否全面实施，能力是否得到有效证实，员工的食品安全意识如何。

（10）体系中规定的日常监控和监控内容是否已执行，对测量设备和方法是否有效的控制。

（11）要求的管理程序和运行控制是否已被严格执遵守或行，是否能够及时实施并记录纠正措施和预防措施。

（二）信息的收集和验证

确定充分和适当的信息源，采用适宜的方法收集信息并进行证实，在此基础上寻找审核证据，将得到的审核证据与审核准则进行评价和对比，形成符合或不符合准则的审核发现，通过对审核发现的汇总、分析和评审得出审核结论是现场审核最实质的工作。

审核证据基于可获得信息的样本。因此，在审核中存在不确定因素，依据审核结论采取措施的人员应当意识到这种不确定性。

1. 信息源

（1）信息的收集　在审核中，与审核目的、范围和准则有关的信息，包括与职能、活动和过程间接接口有关的信息，应当通过适当的抽样收集并验证。只有可验证的信息方可作为审核证据。审核证据应当予以记录。

审核中所收集信息的代表性、相关性、充分性与真实性将影响审核实施的有效性。

信息的来源可以是记录、事实陈述和其他信息

审核员所选择的信息源可以根据审核的范围和复杂程度而不同，可包括：①与员工及其他人员的面谈；②对活动，周围工作环境和条件的观察，如在去企业的路上和到达企业后可以观察是否途经或在周围垃圾站、污水处理厂、养殖场等污染源；③文件，例如：方针、目标、程序、标准、作业指导书、HACCP 计划表、危害分析工作单、营业执照和卫生许可证、卫生操作规范。厂区平面图。车间平面图等图纸、合同和订单等；④记录，例如：检查和检验记录、会议纪要、审核报告、监控的记录和测量结果；⑤收集并研究经过汇总分析的数据及绩效指标，即综合信息（综合性数据或资料）；⑥查阅有关受

审核方抽样方案的信息，以及抽样和测量过程控制程序的信息；⑦查阅其他方面的报告，例如：顾客反馈、市场督查结果等；⑧查阅网站信息。

根据审核证据的定义，审核证据的来源可以是记录事实陈述和其他信息。文件和记录不仅限于书面的形式，还有如电子版的作业文件、报告等多种体现形式。

针对分配的审核任务，审核员要全面考虑各种可以利用的信息源，并力争从多个渠道获得信息，相互印证，不是只查记录，或只听受审核方某个人的陈述，如此才能降低审核的不确定度。如审核人员健康情况时，可查员工健康证明，可询问车间管理人员对员工健康状况如何管理，可观察现场员工的有无不适症状，可询问工人如果生病应如何做、可查日常卫生管理记录等。

（2）信息与审核证据的关系　审核证据应是与审核准则有关的，并且是可证实的。在审核中收集的与审核准则有关的信息只有能够证实，方可作为审核证据。审核证据是建立在获取的信息样本的基础上的。道听途说、假设、主观臆断、猜测等无法证实的信息不能作为审核证据，更不能用来形成审核发现（包括不符合）。

（3）收集信息的方法　由于审核是在有限的时间内并在有限的资源条件下进行的，因此，决定了审核是基于抽样的过程。在审核中，应当通过适当的抽样，收集信息并予以验证。

审核不是对所有信息的逐一查证。对于没有抽查到的区域。活动、人员、场所、文件、记录、设施等，其实际情况存在着不确定性，这也反映了审核的局限性。如，对培训的审核，不可能全部培训过程和培训内容都查到，可能抽某个部门的培训，也可能抽部门中某几次培训。根据审核结论采取措施的人员应当意识到这种不确定性。针对审核发现，包括不符合，要分析没有审核的区域是否存在类似情况。例如，对不符合原因的分析与纠正措施的采取，要做到举一反三，分析没有抽查到的区域是否也存在类似的不符合。

为了降低抽样造成的不确定性，审核抽样遵循“明确总体，合理抽样”的原则，即首先要针对审核的项目或问题，确定所有可用的信息源，并从中选择适当的信息源。针对所选择的信息源，明确样本总量，并从中抽取代表性的样本与足够的样本量，进行查证。在选择样本时。为确保抽样的代表性，可以考虑根据审核中提供的线索，有针对性地抽取样本；如培训要首先查培训计划是否全面，对 HACCP 理论知识的培训；内容有无遗漏。

分层与分类地进行随机地抽样。如在参与食品安全管理的各类人员中，可随机抽取生产人员、销售人员、维修人员的培训；对于关键岗位人员，如 HACCP 小组成员、CCP 点监控人员、偏离产品处置人员的培训，可随机抽样。

抽样的代表性通常与审核员的经验有关。

需要注意的是，不同性质的场所（如生产车间）、职能、产品、危害、过程之间不能进行抽样审核。这也是确定抽样计划时需要注意的。还有一些审核内容是不能进行抽样的，如综合信息中的目标指标，就可直接全面调查，不必在少量指标中再派一两个。又如重大投诉及食品安全事故，一般数量不会太多，也要全面查阅事故记录而不宜抽样。

2. 收集信息的方法　食品安全管理体系现场审核常用的收集信息的方法有以下几种。

（1）面谈　面谈是收集信息的重要手段，在面谈中可以了解许多情况，找到客观证据。但要注意的是面谈的方式应当与面谈的情况和面谈的人员相适应。

一般情况下，审核员在安排面谈时要考虑以下几个方面。

①面谈的对象应是实施或负责受审核的活动/过程的相关职能和层次的人员。如对于食品安全方针，与最高管理者面谈时，主要了解如何制定、如何贯彻；而对中层干部或职能部门的领导，则应了解部门如何贯彻方针；对基层工作人员则应了解如何结合本职工作贯彻方针。

②面谈应在被访人员的工作时间和工作场所内进行。

③在面谈前和面谈过程中，审核员应尽量营造和保持轻松、和谐的气氛，使对方能够在放松的状态下与审核员进行交流。

④面谈前，审核员应向对方解释面谈及记录面谈信息的原因，有助于消除被面谈人员的紧张。

⑤面谈时可以通过请对方描述其工作开始。例如：与一个加工车间的工人面谈时，可以先请其介绍他每天的工作内容；又如与检验部门的负责人面谈时，可以先请他介绍检验部门的主要职责等。

⑥面谈中，审核员应针对审核的内容向对方提出一些问题，从对方的陈述和问答中获取相应的信息，从而了解审核对象的职责、过程、活动、地点、时间、原因、接口，确认和验证某些事实。提问的方式很多，审核员应根据不同情况，灵活地运用不同的提问方法（如封闭式提问、开放式提问、澄清式提问等），以获取所需的信息。审核员在提问过程中要避免提出有倾向性答案（即引导性提问）的问题，以免误导对方。

⑦在面谈过程中，审核员应仔细倾听对方的陈述和（或）回答，并做出适当的反应，当对方误解或答非所问时，应客气并及时地加以引导，不能粗暴打断。

⑧面谈结束时，审核员应当与对方总结和评审面谈的结果，并向接受面谈人员的参与和合作表示感谢。

（2）观察　观察是获取信息的重要渠道，通过观察可以获得大量信息。观察的基础是审核员熟练地掌握适用于生产现场的食品安全法律、法规的要求，具备必要的危害知识，并了解组织的文件要求。审核员可针对不同过程的不同特点，采取观察的方法来获取有益的信息，如：观察审核现场的卫生状况、现场人员的工作状态、设备状态、产品标识、过程和活动的实施状况、面谈人员的神态等。

需首先要求审核员在下现场之前熟悉本现场有关的程序文件和作业指导书的要求，以此准则来衡量现场的执行情况。例如：在文件控制程序上规定“重要食品安全岗位必须存有作业指导书的有效受控版本”。如果审核员熟记这一规定，那么在重要食品安全岗位现场，如果发现作业指导书是复印件，审核员马上就可以发现这个问题。

另外，必要的食品安全知识和法律、法规知识，在现场审核中也是必须的。例如，在生产车间墙角处，放着一瓶标有“福尔马林”字样的液体，如果审核员不了解福尔马林是甲醛的水溶液，而甲醛是有毒性的化学试剂，就很难发现这一问题。

（3）查阅文件和记录　审核过程中，查阅文件和记录也是获取信息常用的方法。审核员会针对审核对象的特点，查阅与受审核活动有关的文件和记录，以获得受审核方对相关活动和过程的具体职责、要求、实施和控制方法和结果等方面的信息。在查阅文件和记录时，通常应掌握以下方面的技巧。

①查阅的文件和记录应与受审核的活动和过程直接相关；

②在明确了与审核对象有关的文件和记录的总体量后，审核员可以根据需要，运用抽样技巧抽取足够数量的样本文件和记录，而没有必要查阅每一份文件和记录。

③查阅文件时应关注文件的有效性及其内容的充分性和适宜性，关注文件中对具体活动和过程的职责划分、接口关系、具体要求、实施和控制的方法和程序以及记录的要求等方面的信息。

④查阅记录时应关注记录内容的完整性和真实性，以及与相关文件规定的一致性。

（4）实际测量　需要时，审核员还可以通过实际测量来获取有关的信息。例如：用氯试纸对洗手消毒池中含氯消毒液的有效浓度进行测定。实际测量对审核员的专业技术要求较高。

需要注意的是，任何一种收集信息的方法都不是单一使用的。审核中常常是面谈、查阅文件、记录。观察和实际测量等方法结合运用，这样既能使审核深入，又能使审核证据相互支持，有很好的重查或追溯性，从而避免审核的不确定度。

现就某些要素的审核举例如下。

HACCCP前提计划中SSOP的审核。SSOP是组织根据法律法规的要求，结合自身的情况编写的卫生控制程序文件，通常包括对水、食品接触面、交叉污染、洗手和卫生间设施、外来杂质污染、有毒有害品标志和使用、员工健康、虫鼠害控制等8个方面，在文件审核时，要首先明确受审核方在8个方面有无缺漏，对每个方面所要求的内容有无缺漏。在进入现场前，审核员要尽可能记住文件中的描述和规定。

如适用，在车间现场审核时，审核员可在车间入口处观察员工的着装及洗手过程，或审核当天的员工卫生检查记录，观察洗手消毒设施的状况，观察现场有无消毒原液，是否标识，询问配制、更换、监测消毒液的情况，可对使用中的消毒液进行测定（如认为必要），观察卫生间的卫生状况。进入车间后可询问员工如果去洗手间是怎样做的，观察员工在手被污染后如何操作，员工的健康状况，车间内废弃物如何处理，在车间内使用的有毒化学品及询问如何控制，观察在车间内有无害虫，经过食品上方的管线是否有冷凝物，冷凝物是否可能滴落入食品，工器具的卫生状况及清洗方法，可检查车间内当天的相关卫生记录等。

对于法律法规符合性的审核，审核员可先查问组织通过哪些渠道收集相关的法规，再查法律法规清单的有效版本和（或）文本。如既做内销又做出口食品的食品企业，它就不仅要收集卫健委颁布的规范，还要收集国家市场总局颁布的出口企业卫生规范。审核员或对其适用性做出判断，并判定法律法规的收集是否全面，重要法规有无遗漏，是否能及时更新。法律法规落实情况的审核可体现在审核全过程中。当审核员在生产车间现场审核时，可观察车间的屋顶、墙壁。地面是否符合法规要求，组织使用的生产设备和原料是否符合卫生要求，车间内布局是否合理，是否根据卫生情况分区控制，人流与物流的流向设置如何、是否有交叉，车间内通风是否良好等。如果出现违反法律法规的情况，采取何种措施。

（三）审核活动的控制

1. 对实施审核计划的控制 通常情况下，审核组应按审核计划实施现场审核。保证审核按计划实施的关键是掌握好对每个部门或要素的审核时间。

审核员要注意控制审核时间，不要偏离审核线索。在现场审核中可充分借助检查表，根据在被审核部门所应花费的总时间，掌握每个问题占用时间长短。如果制定的审核计划在实际审核中确实存在需要调整的情况，经过审核双方同意后，可以做必要的调整，但总的审核天数一般情况下不宜变更。

在审核过程中，可能会遇到突发事件，如突然停电、停水等，这时应与受审核方及时协商适当调整审核计划，以确保审核任务的完成。

2. 合理选择样本 审核最基本的方法是抽样，审核员对审核范围内的事物或活动应抽取相应的样本，证实相应的审核对象是否符合要求。食品安全管理体系审核中最主要的要素是HACCP原理，但绝非要求在每个部门都要审核HACCP的7个原理，也不需要审核某一个部门的所有现场，更不能够要求检查所有有关记录。

因此，审核员在编制检查表时就应对拟抽取的样本进行策划，策划时应考虑受审核对象的特点和重要性，结合受审核方产品的特点和企业情况有所侧重，拟抽取的样本应具有代表性，并能体现审核的系统性和完整性。例如，审核生产干制品的组织，对水质的控制要求可低于罐头、鲜制品，但对空气清洁度的要求较高。对季节性生产的企业，生产车间的员工流动性很大，要注意对员工健康证明的检查。

在第二阶段现场审核过程中，审核组按规定的现场抽样方案进行审核时，如果出现根据抽样的样本，难以做出准确判断时或发现严重不符合时，可以适当增加现场审核的抽样样本量，以便能够综合判断所有现场审核食品安全管理的有效性。

3. 注重关键岗位和体系运行的主要问题 一个组织的食品安全管理体系是由一组相互关联和相互

作用的要素构成的系统，不同的要素对食品安全管理体系实现食品安全方针和目标的有效性有着不同的影响，因此，审核员应通过审核准备和查阅文件、观察和调查，并借助组内专业审核员的指导，来判断影响食品安全管理体系运行有效性的关键控制点、关键岗位和主要问题。

在现场审核过程中，审核员会发现各种各样的问题。在这种情况下，审核员一定要头脑清醒，集中精力抓住可能造成管理混乱、影响体系运行、有可能造成重大食品安全影响的问题。特别注意体系运行的关键岗位，如关键控制点的监控和验证人员、纠偏措施的负责人、有毒有害品管理人员、不合格品处理负责人、应急反应人员、产品追溯回收人员等，以上人员应充分了解相关控制程序，并有效执行。

审核员应对现场审核中发现的具体问题进行认真分析，将可能属于在体系实施运行中个别的、孤立的问题，与可能属于体系运行中重要缺陷的具体表现区别开来，并对这些问题在必要时进行追踪，从而判断体系策划或实施运行方面是否存在缺陷，从整体上把握其体系的适用性、充分性和有效性。

4. 注重收集体系运行有效性的证据 食品安全管理体系的现场审核是收集体系运行有效性的证据，重点是收集符合性的证据，例如：危害的预防和分析能力，危害控制效果，食品生产车间。厂区卫生状况的改善，人员食品安全意识的提高，组织对应急事件的应对能力，对产品追溯回收的能力等。通过对体系运行前后各种成效进行的比较，来证明体系运行的有效性。在收集符合性的证据的过程中，审核员可能会发现不符合的事实，对这些事实，审核员应依据审核准则进行分析判定。

5. 始终营造良好的审核气氛 审核过程中营造良好的审核气氛是保证审核顺利进行的必要条件，也是审核组全体成员的重要职责。

在现场审核中，审核员在任何情况下都要谦虚、谨慎，充分尊重受审核方，具备良好职业道德风范，体现出审核员应有的素质和水平，对没有搞清的问题不轻易下结论。

审核员在现场审核时可能会受到来自受审核方人员的各种干扰，如有的态度冷淡，不重视审核；有的对食品安全管理体系审核有偏见；有的人有意、无意地转移审核员的视线等。对于这些情况，审核员要始终保持冷静、耐心和礼貌，避免与受审核方产生争论或介入受审核方的内部争论，态度诚恳，实事求是，以确保审核的客观性和公正性。审核组长应时刻注意审核工作的进展情况，对审核中不应该出现的紧张气氛，应采取适当的措施予以改善。

另外，营造和保持良好的审核气氛，还取决于审核组成员的团结协作。审核组成员之间要相互配合，注重交流，发现问题及时沟通。严格按照审核计划完成好自己的审核任务，如果需要调整审核计划，要积极地配合好审核组长。

审核员在审核过程中要守时、客观、公正，并能遵守保密承诺，不介入冲突和利益竞争，不因受来自权利、利益或其他方面的影响而偏离审核员行为准则的要求。

审核员应注意审核所在地的文化和风俗习惯，遵守受审核方的规章制度，特别是涉及健康和安全的各项要求。

审核员在审核过程中不能潦草行事或知难而退，避免由于个人情绪或喜好而影响审核质量。

审核组长应关注审核员的表现，凡发现有违反审核纪律或不利于审核正常进行的言行要及时纠正。

（四）审核方式

管理体系的审核方式一般有3种：一种是以部门为主线的审核方式（或称按部门审核）；另一种是以要素为主线的审核方式（或称按要素审核）；此外，还有以食品安全危害为主线的审核方式。

1. 按部门审核的方式 这种方式是以部门为主线进行审核。一个部门往往承担若干要素的职能，审核时要以其主要职能为主线，针对与部门有关的要素进行审核，对辅助职能有重点的审核。没有必要把这个部门有关的所有要素全部查到。但应注意不能遗漏该部门的主要食品安全职能。

按部门审核方式的优点是审核效率高，对受审核方正常的生产经营活动影响小。但缺点是审核内容比较分散，要素的覆盖可能不够全面。因此审核员要事先做好准备，特别要针对相应部门编写好详细的现场检查表。

2. 按要素审核的方式 按要素审核是以要素为主线进行审核。例如，HACCP 前提计划方案的实施情况，可以按方案所列项目分别到所涉及的部门和区域审核其实施情况。

这种审核方式的优点是目标集中，容易判断实施的状况与规范或程序义件规定的符合性。缺点是审核效率低，对受审核方正常的生产经营活动影响较大，审核一个要素往往要涉及到许多部门，因而每个部门要重复接受多次审核才能完成受审核任务。

对比上述两种审核方式的优缺点，为了提高审核效率，食品安全管理体系审核常采用按部门审核的方式。但在审核中，往往是二种方式结合，如为了追踪某一要素的实施情况时，也常采用按要素审核的方式；在对同一个部门审核中，也常以要素为主线审核各下属单位的实施情况。

3. 以危害为主线的审核方式 这种审核方式以食品安全危害作为审核线索，贯穿全部体系要素，通过审核危害分析工作单、HACCP 计划、相关控制程序及其运行状况、监控状况和结果，将食品安全管理体系的各要素有机地连接起来，最终综合审核发现做出对食品安全管理体系的总体评价。

此种审核适合工艺较简单、规模较小的组织。

（五）审核技巧

审核员应该具有相当好的表达能力，能够清楚地表述自己的问题或观点；具备一定的人际交往能力，能与各受审核人员沟通；具有灵活的反应能力，能够随时抓住可能存在的问题进行追踪；具有根据客观证据做出正确判断的能力，理解并判断哪些是管理上的重点，哪些是次要问题等。

下面给出在现场审核中不同情况下，审核员应掌握的一些应对技巧。

（1）力图使审核员产生“优秀”的看法，对不好的方面搪塞了事 应对技巧：坚持全面审核。

（2）不欢迎任何批评，轻视审核员的意见 应对技巧：保持冷静，坚持审核，对查到的问题做清楚耐心的说明。

（3）尽可能少说话，少回答问题，使审核员尽量少地了解真实情况 应对技巧：耐心、容忍、灵敏地变换审核方法和技巧，直到达到目的。

（4）一问三不知 应对技巧：另请另派熟悉情况的受审核方人员。

（5）对审核员提的问题高谈阔论，想显示其技术和管理理论水平 应对技巧：及时插入最实际的问题，不与其讨论理论问题或技术问题。

（6）对查到的不符合千方百计地辩解 应对技巧：可重新核查，坚持以事实为根据。

（7）针对存在的问题，推卸责任 应对技巧：先查清当事人所在部门的问题，不介入受审核方的人际矛盾。

（8）夸夸其谈，顾左右而言他，转移目标 应对技巧：可客气、及时地打断并加以引导，不能粗暴无礼。

除以上介绍的情况之外，审核员在审核工作中还可能会遇到很多实际情况，一个合格的审核员应在实际工作中灵活运用审核的方法和技巧，最终完成审核任务，达到审核目的。

（六）审核中的沟通

根据审核的范围和复杂程度，有必要对审核中的沟通做出安排，以确保审核有序与顺利地进行。

审核中的沟通包括审核组内部的沟通、审核组与受审核方之间的沟通以及审核组与审核委托方之间的沟通。

1. 审核组内部沟通 审核组成员之间应及时交换意见。审核组可采用审核组内部会议以及其他适宜的方式定期讨论以交换信息，评定审核进展情况，以及需要时重新分派审核组成员的工作。

审核组内部沟通的内容包括：①审核组成员从不同渠道所获得信息的汇总以及相互补充印证，以获得审核证据和形成审核发现；②评审审核发现，包括不符合；③提出需要审核组其他成员进一步追踪的问题；④按照审核计划的完成情况，是否需要根据实际情况进行调整；⑤工作任务分工是否适宜，是否需要重新分配；⑥讨论审核过程中出现的异常情况；⑦讨论并得出审核结论。

2. 审核组与受审核方以及认证机构的沟通 在审核过程中，审核组长应当定期向受审核方和审核委托方通报审核的进展情况及关注的问题。

（1）审核进展的通报 审核组可通过与受审核方的简短会议，例如每天一次，沟通以下内容：①审核计划的完成情况及审核计划与任务分工的变动；②简述审核发现的问题，以及可能的不符合情况，以便给受审核方足够的时间进行必要的澄清或提供进一步的证据；③需要受审核方进一步提供的配合与支持。

此外对于审核中出现的异常情况，审核组需要向审核委托方通报。例如：①提请认证机构对审核组难以判定的潜在不符合予以澄清；②审核时间不够的问题；③审核中遇到的障碍和困难。

（2）风险的报告 如果审核中收集的证据表明存在紧急的或重大的风险，审核组应当及时向受审核方，适当时向审核委托方报告。这类风险涉及使用原料可能受到污染，监控装置失效等。

即使引起关注的问题超出了审核范围，审核员也应当指出并向审核组长报告，并在可能时向审核委托方或受审核方通报。

（3）审核的调整 当获得的审核证据表明不能达到审核目的时，例如：①组织的生产规模远远超过其事先声明的规模，如生产线不止一条、人数大大增加，导致审核时间不够，无法获得充分的客观证据；②管理体系达不到认证注册的要求；③出现严重违反法律法规要求的情况；④管理体系未覆盖一些关键的过程、场所或活动；⑤审核范围中的过程与活动部分或全部未开展，不能提供充分的客观证据。

审核组长应当向认证机构和受审核方报告，以确定适当的措施。这些措施包括：①重新确认或修改审核计划，例如，延长审核时间、修改审核日程，增加审核组成员；②改变审核的目的，例如，将认证注册的目的改为识别潜在的改进机会；③改变审核范围，例如，增加受审核的场所、过程或活动或缩小审核范围；④终止审核。

随着现场审核活动的进展，若出现需要改变审核范围的任何情况，应当经认证机构（适当时，包括受审核方）评审和批准。审核组长不宜对审核范围的改变自行做出决定。审核范围的变更可能会引起审核持续时间、审核组组成和规模等方面的变化。

四、形成审核发现和准备审核结论

审核发现是对照审核准则评价审核证据得出的结果。审核发现可以表明符合或不符合审核准则，因此审核发现既有正面的，也有负面的。

（一）审核发现的评审与汇总

审核发现的评审应当由审核组成员共同参与，并且作为审核组内部沟通的一项内容，审核发现评审可包括以下内容。

（1）按照审核计划与任务分工，回顾有关场所、现场、组织单元、职能单元、过程和活动等管理体系要素的审核情况，包括符合与不符合的审核发现。

（2）针对由不同成员涉及的同一审核对象，例如一些通用的管理体系要素，如文件和记录控制。培训、职责和权限、方针和目标等，以及由不同职能实施的同一过程等，对审核组成员各自获得的审核证据及信息进行汇总与分析，以形成相应的审核发现。

（3）讨论不符合，包括支持性的客观证据及对应的审核准则。

(4)为形成审核发现，需要从审核组其他成员获得印证信息或客观证据。

(5)讨论审核中发现的疑点，包括以后审核中需要重点跟踪的问题。

(二) 审核发现的记录

在对审核发现评审的基础上，审核组应当汇总与审核准则的符合情况，并予以记录，以表明审核过的场所、职能或过程。审核记录的内容包括：①审核覆盖的区域（如场所，职能或过程），包括审核的线路；②具体的审核发现，包括正面的和负面的以及支持的审核证据；③确定的有审核证据支持的不符合的报告。

记录需考虑：①为认证决定提供支持；②在诸如申诉、策划下次审核情况下，可追溯；③保证连续性。

(三) 不符合项的确定与不符合报告

食品安全管理体系审核中的不符合是指那些违背审核准则的审核发现。

食品安全管理体系审核准则通常包括：①《食品安全管理体系 要求》标准；②适用于受审核方的与食品安全有关的法律法规及其他要求；③受审核方的食品安全管理体系文件（包括手册、程序文件和作业指导书）。

这些审核准则中，《食品安全管理体系 要求》是审核员判断是否符合要求的基本准则。

1. 不符合项的形成 在食品安全管理体系审核中，审核组将现场审核中收集的审核证据进行归纳、分析，并对照约定的审核准则，对违背审核准则的审核发现可确定为不符合项。通常不符合项有以下几种情形。

(1)食品安全管理体系文件没有完全达到《食品安全管理体系 要求》和适用的法律法规和其他要求，即文件的规定不符合标准。

(2)食品安全管理体系实施未按标准、适用的法律法规和食品安全管理体系文件的规定执行，即运行实施不符合规定的要求。

(3)食品安全管理体系的运行结果未达到计划的目标和指标，即实施效果不符合所建立的目标。

(4)食品安全管理体系运行的食品安全行为未达到食品安全法律法规和其他要求的规定，即食品安全行为不符合法规要求。

2. 不符合性质的判定 不符合可按严重程度分级，分级的原则通常由认证机构确定，有些认证机构将不符合分为严重不符合和一般不符合两类，有些机构对不符合不分类。本章介绍不符合分类的情况。

(1)严重不符合 出现下列情况之一，原则上可构成严重不符合项：①食品安全管理体系出现系统性失效，如食品安全管理体系某一要素、某一关键过程重复出现失效现象，又未能采取有效的纠正措施加以消除，形成系统性失效；②食品安全管理体系运行区域性失效，如某一部门或场所的全面失效现象，或者各层次、各部门培训出现失效，且没有纠正措施；③造成严重的危害，或潜在危害严重的食品安全事故；④组织违反法律、法规或其他要求的食品安全行为较严重；⑤一般不符合项没有按期纠正；⑥目标未实现，且没有通过评审采取必要的措施。

(2)一般不符合 出现下列情况之一，原则上可构成一般不符合项：①对满足食品安全管理体系要素或体系文件的要求而言，是个别的、偶然的、孤立的、性质轻微的不符合；②对所审核的体系的符合性和有效性而言，是次要的问题。

严重不符合和一般不符合性质的判定，对审核结论有决定性的影响，对受审核方能否通过食品安全管理体系认证起着关键作用。因此审核组在判定不符合性质时要特别谨慎，对于可能成为严重不符合项的审核发现，审核组长一定要认真对待、反复核实。

3. 确定不符合项的原则 审核组在确定不符合项时，应遵循以下几个方面的原则。

（1）必须以客观事实为基础 判定不符合必须以客观事实为基础，客观事实不能掺杂任何个人的主观考虑，也不能掺杂“推理”“假设”或“想当然”的成分。客观证据通常包括：①在文件、记录审阅中发现的客观事实，如文件中的规定内容、记录中对活动的记载信息等；②在现场观察中发现的客观事实，如现场观察时看见的工作人员的操作情况、设施设备的状况等；③现场审核中受审核人员对审核员所提问题的回答。对于通过面谈取得的信息，应当通过其他事实得以证实，避免受审核人员情绪紧张或口误造成回答失误，导致错判。例如：受审核人员不了解本身的职责，需更进一步核实的是受审核者是否履行本人的职责；又如，受审核者说“所有目标已完成”，确切的证据应是涉及完成的记录和可见的有形证据。

在现场审核中发现的不符合事实宜请受审核的当事人或负责人确认，陪同人员作旁证。

（2）必须以审核准则为依据 审核组在判定不符合项时应以审核准则为依据，不能以审核员个人的任何意见、观点作为依据。审核员开具的不符合项必须在审核准则中明确地找到所不符合的条款。例如：如果审核员了解到 HACCP 小组进行了若干次活动，而均未形成正式的会议记录，但在 SN/T1443. 1—2004 和有关法规中均没有做出相关规定，但受审核方的运行控制的相关作业文件中也没有对活动进行记录的要求，因此，审核员就不能将 HACCP 小组活动无记录判为不符合项。

（3）综合分析所有不符合的原因，以确定体系的缺陷 食品安全管理体系审核是一种体系审核，目的是判定受审核方的食品安全管理体系是否符合规范的要求，所以审核员不能仅满足于发现个别的不符合现象，还应对这些不符合的现象进行追踪和综合分析，以找出食品安全管理体系存在的问题。

（4）审核组内相互沟通，统一意见 审核过程中往往进行分组审核，因而每位审核员所接触的只是受审核方食品安全管理体系的一部分。食品安全管理体系中存在的问题往往不是孤立的，常常存在某些联系。因此，审核员在确定不符合项之前，需要审核组成员充分讨论，交流情况，互相补充印证。如此，有助于审核员更准确、更全面地做出判断，避免由于审核员个人收集信息的局限所带来的片面性，有利于对受审核方食品安全管理体系的建立、实施、保持和改进等方面做出全面的综合评价。最终，由审核组长确定审核发现是否形成不符合项。

（5）与受审核方共同确认不符合项的事实 应当与受审核方一起评审不符合。其目的在于，确认支持不符合的审核证据的准确性，并使受审核方理解不符合所反映的问题以及有关审核准则的要求。如果受审核方与审核组对审核证据和（域）审核发现有分歧，应当努力予以解决，包括重点确认审核证据的准确性。

共同确认不但体现了审核的公正、透明和规范，也利于查清楚造成问题的根本原因，促进受审核方采取纠正措施来解决和消除不符合。

如果受审核方提出补充证据，经调查和验证后的确是审核组提出的不符合事实有误，审核组应勇于修正错误，取消该不符合项。

如果经审核组的调查、解释，受审核方代表仍不确认的，审核组应告知受审核方可以提出申诉。

4. 不符合报告 编写不符合报告，是审核员必须掌握的基本技能。

（1）不符合报告的内容 不符合报告主要包括下列内容：①受审核方名称；②不符合事实描述；③不符合判据及条款号；④不符合性质的判定；⑤审核员姓名及开具日期；⑥受审核方代表确认及签名；⑦要求完成纠正措施的日期。

（2）编写不符合报告的技巧 ①不符合事实的描述应准确地描述客观事实，包括时间、地点、人物（要注明其职务、岗位等，非必要情况不要写明姓名）、主题事项等；②不符合事实应准确具体，具有可重查性和可追溯性，文字表述力求简明精炼；③不要遗漏任何有益信息，观点和结论要从描述中自然流露，不要只写结论不写事实；④不符合事实描述中尽可能使用规范术语（如规范或体系文件术语）和行业或专业术语；⑤不符合的条款应力求判断得比较确切，如果判断得不确切，会导致纠正措施的方向发生偏差；⑥不符合的性质的判定应能客观地反映不符合项的实际影响或后果。

（3）不符合报告的示例　不符合报告无固定的格式，各认证机构可设计符合自己工作习惯的格式。表 12－4 提供了一个不符合报告的示例。

表 12－4　不符合报告（示例）

受审核方：上海 XXX 食品公司
编号：

受审核部门	生产部	部门负责人	白池	陪同人员	郭月清
审核员	张虎		审核日期		2005 年 8 月 9 日

不符合事实描述：
L－H－001 关键控制点监控程序 5.5 条规定“品控班长有权启动纠正措施，对关键控制点监控结果由品控班长评估”，但生产部提供的 2005 年 8 月的有关检查记录是由生产班长评估的。
不符合条款和内容：
1. SN/T 1443.1—2004《食品安全管理体系要求》7.5.5 关键控制点的纠偏行动应由组织授权的专家或专业人员对受偏离影响的产品进行评估。
2. 受审核方文件：L－H－001 关键控制点监控程序 5.5 条

不符合性质：
□严重不符合 □一般不符合
审核员　刘欢　　　　审核组长：高平
日期：2005 年 8 月 9 日　　　　日期：2004 年 10 月 8 日
受审核方代表：　祝福　　　　日期：2004 年 10 月 8 日

（四）准备审核结论

1. 准备审核结论　在举行末次会议之前，审核组应当在一起讨论以下内容。

（1）评审审核发现及其他适当信息　除对现场审核活动中形成的审核发现进行评审外，还需要考虑审核中收集的其他适当的信息。

①受审核方的一些关键人员，如 HACCP 小组组长不在场，而其他代行其职责的人员对体系不够熟悉，从而影响了审核取证活动的开展。

②受审核方的态度影响了审核目的的达到。例如，如果受审核方在审核中一直保持“高度戒备”状态并且要用很长的时间提供必要的信息。

③受审核方在符合法律。法规要求方面的以往业绩，包括行政部门监督抽查或检查的结果。

④相关方给予的奖励和荣誉以及社会反映。

⑤同类产品质量安全问题的调查情况。

（2）对审核结论达成一致　考虑抽样以及审核组成员的人为等因素，造成的审核固有的不确定性，审核组达成对审核结论一致性。例如，考虑样本的相关性以及样本量的充分性，努力避免因抽样的局限性而可能造成的以偏概全，以及绝对保证式的评价。此外，对于审核组成员看待问题的主观性、个人视野的局限和收集有限信息等所带来的片面性，也需要通过审核组成员之间充分的讨论与相互补充印证予以尽可能地避免。

（3）准备建议性意见　如果审核目的有规定，提出是否通过认证的推荐性意见，指出潜在的改进机会，但不能提供咨询性意见。

（4）讨论审核后续活动　如果审核计划有规定，讨论审核的后续活动，包括不符合的纠正措施的完成时限与验证方式。适当时，还可以就受审核方已采取的措施或已制定的改进计划进行讨论。

根据审核目的及审核方案程序的规定，审核结论通常可以陈述（但不限于）以下内容：①管理体系符合审核准则的程度；②管理体系充分性、适宜性和有效性的综合评价；③指出潜在的改进机会；

④是否通过和（或）保持认证的推荐性意见。

2. 食品安全体系有效性的评价 实施食品安全管理体系的目的是提高组织的食品安全管理水平，控制对食品安全有不利影响的食品安全危害，提高产品的安全性，保护消费者健康。

因此，进行食品安全管理体系审核的基本任务就是判断受审核方的食品安全管理体系是否符合审核准则的要求，以证明食品安全管理体系的作用。审核应是正面地收集食品安全管理体系实施有效性的证据，而不是为了一定要发现不符合，去收集那些不符合审核准则的证据。

评价受审核方实施食品安全管理体系的有效性可从以下两个方面进行。

（1）食品安全管理体系有效性的评价 食品安全管理体系有效性的评价，可以通过对审核过程中收集到的，对重要食品安全危害有效控制的客观证据进行。食品安全管理体系有效性评价的内容主要包括：①食品安全管理体系能够保证实现组织的食品安全方针；②危害分析对显著危害没有遗漏，HACCP计划实施有效，对危害能够有效控制；③通过监视和测量、不符合纠正与预防、验证、内审和管理评审等要素的实施，组织的食品安全管理体系形成了一套自我完善的机制；④生产现场的卫生保持是HACCP前提计划方案是否有效实施的体现。

（2）食品安全管理体系实施效果的评价 组织建立和实施食品安全管理体系的目的，是根据组织的食品安全方针改进其对危害的预防控制能力。因此，在食品安全管理体系审核中，除了依据审核准则评价食品安全管理体系的符合性本身外，还要运用收集到的食品安全管理体系实施成效的证据，来评价食品安全管理体系实施的效果。

审核员在审核中应着重就组织在产品或服务过程中危害控制和预防、应急响应能力、员工食品安全意识的改善与提高等方面的能力来评价食品安全效果。

1）危害控制和预防 食品安全管理体系的基本要求是危害控制与预防，这也是每个组织在食品安全方针中必须承诺的内容。可从下列几方面评价：①产品生产或服务过程中涉及的食品安全危害是否控制在可接受水平，是否从原料就实施控制；②是否定期复核影响危害分析的相关因素，并在相关因素发生变化后，验证原危害分析和控制措施的有效性；③是否主动搜集潜在危害的相关信息和更新法律、法规，并验证原危害分析和控制措施的有效性。

2）应急响应能力 组织的应急响应能力是否能够在必要时展现。对于来自原料供应、生产过程控制等方面原因造成的有潜在食品安全危害的产品，是否能够在最短的时间内公示、回收和处置。

3）员工食品安全意识 员工通过食品安全管理体系的建立和实施提高了食品安全意识，增长了与危害相关的知识，并能够有意识地与本职工作相结合，在各项操作中自觉避免危害引入产品。

由于组织的性质和情况不同，通过食品安全管理体系的运行，上述效果在产生时可能会有侧重，但总会在某些方面产生效果。因此，认真总结审核证据对上述食品安全效果做出评价，可以全面、客观地证明体系的有效性。

3. 审核结论 审核结论是审核组对受审核方食品安全管理体系有效性进行综合评价后，得出的最终审核结果。认证机构根据审核方案中的规定，确定审核结论的划分方法和标准，审核员应当依据认证机构的要求执行，本节将审核结论分为“推荐通过认证”“有条件推荐通过认证”和“不推荐通过认证”3种。

（1）推荐通过认证 审核中没有发现不符合项或发现少量一般不符合项，如果发现少量一般不符合项，受审核方应在商定的期限内采取纠正措施，并经审核组验证有效后，审核组可以做出“推荐通过认证”的审核结论。

（2）有条件推荐通过认证 审核中发现少量严重不符合项和（或）一般不符合项或个别过程或区域需要再次进行现场审核，受审核方在现场审核期间没有采取纠正措施，审核组可以做出“有条件推荐通过认证”的审核结论。受审核方在商定的时间内对所有不符合项采取有效的纠正措施。需要时，审核组需对个别过程或区域再次进行现场审核，并对受审核方采取的纠正措施进行验证有效后，才能向认证机构推荐通过认证。

（3）不推荐通过认证　审核中发现存在多个造成系统失效的严重不符合，审核组可以做出“不推荐通过认证”的审核结论。受审核方可以对所有问题采取有效的纠正措施后重新向认证机构提出认证申请。审核组做出审核结论后，可以在本次会议前与受审核方管理者沟通时告知。

需要说明的是，审核组做出的审核结论只是向认证机构提出的推荐性结论，最后的批准由认证机构做出，任何与审核组的推荐性结论不一致的意见都必须由认证机构以书面方式通知受审核方。

五、末次会议

本次会议是审核组向受审核方报告审核发现和审核结论的会议，本次会议由审核组长主持。末次会议是正式的会议，会议要保持记录，包括出席人员的记录。参加末次会议的人员应当包括受审核方，也可包括审核委托方和其他方。

1. 末次会议的目的　末次会议的目的主要包括：①向受审核方的最高管理层和部门负责人介绍审核情况；②宣布审核发现和审核结论；③提出纠正措施的跟踪验证要求；④介绍获证后监督审核的规定；⑤宣布结束现场审核。

2. 末次会议的内容　末次会议通常可包括以下内容。

（1）与会者签到　审核组与受审核方与会者在签到表上签名。

（2）致谢　审核组长宣布末次会议开始，并代表审核组对受审核方在审核中的配合和支持使审核顺利完成表示感谢。

（3）重申审核目的、审核范围和审核准则　在末次会议上重申审核目的、准则和范围，是为了向受审核方表明，审核组的审核过程始终是遵循审核的目的、准则和约定的审核范围实施的。

如果审核组通过现场审核确认后的审核范围，与受审核方申请认证时申请覆盖的范围不一致时，审核组长应详细说明，并得到受审核方和（或）审核委托方的确认。

（4）宣布审核发现　对受审核方的食品安全管理体系实施的有效性做出基本评价，包括正面的结果、体系运行的薄弱环节和不符合项。

（5）宣读不符合报告　审核组长宣读不符合报告，需要时可适当做出解释，以使受审核方能够清楚理解不符合项的事实。

（6）澄清　审核组长应给受审核方澄清疑问的机会。

（7）宣布审核的结论　审核组长宣布本次审核的结论。同时，审核组长应再次说明审核组所做的只是推荐性的审核结论，最终的审核结论由认证机构决定。

（8）说明抽样的局限性　审核组长应说明审核是一种抽样检查的活动，带有一定的风险性和局限性，未必就仅有开出的几个不符合。从而要求受审核方针对提出的不符合举一反三，改进食品安全管理体系。

（9）保密承诺　审核组长要重申审核人员的保密守则，承诺保守受审核方的技术秘密、管理诀窍和审核信息。

（10）纠正措施要求　审核组长要提出对纠正措施的要求，包括纠正措施完成期限和追踪验证或监督审核方式的要求。

（11）认证后监督要求　审核组长要说明认证后监督的作用、实施要求，并说明正确使用认证证书和标志的要求。

（12）受审核方代表简短致辞　由受审核方最高层致辞，就审核结论和纠正措施要求做简短表态。

（13）再次感谢，末次会议结束　当末次会议所有议程完成，受审核方没有任何异议时，审核组长再次代表审核组感谢受审核方的合作和配合，宣布本次会议结束。

任务四 审核报告和审核完成

情境导入

本项目以虚拟公司名义对同学进行分组，组成审核组，对另一组的“质量保证体系”进行模拟内部审核，各小组收集资料进行报告，并在教师组织下进行综合评价，并在条件许可下列席参加金华某电动工具有限公司内部审核。学生作为虚拟内部审核员要求能熟悉与审核有关的术语，明确审核策划、审核准备、审核实施、纠正措施和跟踪验证的相关知识，进一步加深对GB/T 19001标准的理解。

【任务描述】

使学生能够熟知审核的启动与准备的相关程序，具备质量管理体系内部审核员的初步启动与审核活动实施以及审核报告的完成审核的能力。

【相关知识】

一、审核报告

审核报告通常由审核组长编写，也可以在审核组长的指导下由审核组成员编写，审核组长对审核报告的准确性与完整性负责。

在编写审核报告前，审核组要认真分析体系文件、审核记录，并进行汇总和整理，以此为基础，完整、准确地对第一阶段和第二阶段审核结果做出描述。审核报告应提交给认证机构，并经认证机构评审后才能正式分发。

1. 审核报告的内容 审核报告通常应包括以下内容。

（1）受审核方的基本情况 包括受审核方名称、地址、联系方式、主要产品、活动或服务的内容等。

（2）审核概况 ①审核目的。②审核范围，尤其是应当明确受审核的组织和职能的单元或过程，以及审核所覆盖的时期。对于认证初次审核，一般是从食品安全管理体系正式运行、食品安全管理体系文件开始生效之日开始直到审核之日为止；对于认证监督审核，是从上次审核结束后到此次审核之日为止。③明确审核委托方。④明确审核组长和成员。⑤现场审核活动实施的日期和地点；明确第一阶段审核和第二阶段审核实施的日期。⑥审核准则。

（3）审核发现 提供正面的和负面的审核发现的描述，包括确定的不符合以及对不符合报告的引用。

第一阶段和第二阶段审核的发现，内容一般包括：①第一阶段和第二阶段审核日期；②受审核方的食品安全管理体系符合SN/T 1443.1—2004《食品安全管理体系 要求》的情况；③食品安全法律、法规和其他要求识别的充分性和遵守情况；④食品安全危害分析的科学性和HACCP计划的执行情况；⑤受审核方食品安全管理体系的实施和保持情况，包括：食品安全方针、目标、HACCP前提计划方案实施完成情况，各种程序文件和作业指导书的执行情况等；⑥内审和管理评审实施情况及其效果，是否建立和实施自我发现、自我纠正、自我完善的运行机制；⑦受审核方食品安全管理体系实施的持续适宜性和有效性，包括危害预防、应急反应、员工食品安全意识等；⑧不符合项概述，以及实施完成纠正措施的要求；⑨需要时，不符合项纠正措施有效性验证情况。

（4）审核结论。

（5）其他 适当时，审核报告还可以包括或引用以下内容。

①审核计划，如果对审核计划进行修改，则需要包括或引用经过修改的审核计划。

②审核过程综述，对审核的实施过程（包括文件评审和第一阶段、第二阶段现场审核）进行概括性的描述。适当时，可包括文件评审的内容与结果、现场中所查询的信息源、所采用的收集信息的方法、审核的抽样量以及开具的不符合的数量及其分布情况等。

还应当指出审核过程中遇到的可能降低审核结论可信任程度的不确定因素和（或）障碍。

③确认在审核范围内，已按审核计划达到审核目的。

④审核组与受审核方之间没有解决的分歧意见。包括审核发现（含不符合）。审核结论以及认证范围等方面的分歧意见。

⑤对改进的建议，如审核目的有规定，审核组可以指出潜在的改进区域，但不应提供咨询性的意见。

⑥商定的审核后续活动计划（如果有），主要指已经过审核组确认的纠正措施计划。

⑦关于内容保密的声明，包括保密的信息范围、保密涉及的方面、人员范围以及承诺等。

⑧审核报告的分发清单，包括明确审核报告分发的对象以及（适当时）分发的份数。

2. 审核报告的批准和分发 审核组长应按认证机构规定的时限提交审核报告。如果不能按时提交，应及时向认证机构说明延误的理由，并协商确定提交的时间。

认证机构应按有关审核方案程序的规定，对审核报告进行评审和批准，并注明评审和批准的日期后正式分发。审核报告应分发给受审核方，必要时可分发或提交给其他相关方（如认可机构等）。

审核报告归审核委托方（认证机构）所有，审核组成员以及审核报告所有持有者都应当注重对审核报告的保密。

3. 审核报告的示例 审核报告没有固定的格式，各认证机构可编制适宜的格式。

二、审核完成

当审核计划中的所有活动已完成，并分发了经过批准的审核报告时，审核即告结束。

1. 与审核相关的文件的保存 与审核相关的文件既包括受审核方提交的管理体系文件（例如手册、程序文件等）、记录以及证明，也包括在审核过程中形成的记录，如审核计划、检查表与审核记录、不符合报告、会议记录、审核报告等。在审核完成之后，这些文件（包括记录）应当根据参与各方的一致意见，并按审核方案程序以及适用的法律、法规和合同要求予以保存或销毁。

2. 信息保密 需要保密的信息包括：①与审核相关文件的内容；②审核中获得的其他信息，包括涉及商业、技术、管理方面的信息以及知识产权；③审核报告。

在审核完成之后，审核组成员以及负责审核方案管理的人员均有义务对上述信息予以保密。此外，在上述信息的借阅、传递、转交的过程中，也应当注意信息的保密。

3. 第一阶段和第二阶段审核的区别 由于食品安全管理体系分两个阶段进行审核，而两个阶段审核的目的、范围和内容均有差别。

任务五 审核后续活动与认证后监督

【任务描述】

使学生能够熟知审核的启动与准备的相关程序，具备质量管理体系内部审核员的启动与审核活动实施以及审核报告的完成审核、审核后续活动与认证后监督执行能力。

【相关知识】

如果审核组在审核中发现不符合，向受审核方提出了采取纠正、预防或改进措施的要求，则需要实施审核后续活动。审核后续活动通常不视为审核的一部分。

审核后续活动通常可包括：受审核方确定和实施纠正、预防或改进措施，在商定的期限内实施，并告知认证机构实施纠正、预防或改进措施的状态。

认证机构委派审核员对纠正措施的完成情况及其有效性进行验证。

对纠正措施的完成情况及有效性进行验证可以是随后审核活动的一部分。可由审核组成员进行审核后续活动，纠正措施的评审和验证的好处在于审核组成员熟悉有关问题（包括不符合）提出的背景，包括其所针对的受审核方食品安全管理薄弱环节，因此审核组成员的参与有助于提高评审与验证活动的准确性与有效性，使这些措施切实能够为受审核方管理体系的实施带来增值。

【同步训练】

·重点概念

1. 审核　2. 审核方案　3. 审核类型

·课后讨论

1. 如何应用审核的启动与准备相关？
2. 如何能够控制现场审核活动的实施过程？
3. 如何能够完成审核报告和审核程序？
4. 如何能够完成审核后续活动与认证后监督管理过程？

练习题

答案解析

一、选择题

1. 供应链有时被称为价值链或需求链，包括（　）、供应商、过程、产品以及向最终顾客交付产品和服务有影响的各种资源。

A. 生产　B. 顾客　C. 质量　D. 检验

2. 认证机构对组织食品安全管理体系审核，满足如下条件时，第一阶段可不到现场（　）。

A. 小型组织、加工线为一条，员工素质较高

B. 小型且欠发达组织，利用外部组织开发的食品安全管理体系

C. 审核员对审核组织十分熟悉，且在该组织工作过

D. 审核员对审核组织的加工过程十分熟悉，且该组织规模小、加工过程简单

3. 审核员在糕点加工企业审核时，下面哪一种情况可以作为食品安全管理体系审核时的审核证据，（　）与审核准则相关度最大。

A. 正在搭脚手架的建筑工人未穿戴安全带

B. 向导向审核员介绍说："公司的白砂糖都是从合格供方中采购的"

C. 质检人员正在打扫微生物操作间

D. 食堂的冰箱内存放着中午员工就餐后留样的饭菜

4. 将组织按照部门进行划分主要是解决组织的（　）。

A. 纵向结构问题　　B. 横向结构问题

C. 纵向协调问题　　D. 横向协调问题

5. 下列说法正确的是（　）

A. 作为审核的一部分，审核结论应指出改进措施的需要

B. 如果审核目的有规定，审核结论可能导致有关改进、商务关系、认证或未来审核活动的建议

C. 适用时，审核结论可以指出采取纠正、预防或改进措施的需要，视为审核的一部分

D. 审核结论必须指出改进措施的需要，不作为审核的一部分

二、简答题

1. 审核中沟通的类型及其目的、重要性是什么？

2. 请阐述食品安全管理体系的审核范围如何确定，举例说明。

3. 简述食品交叉感染的来源及预防措施。

三、案例分析题

1. 阐述如何审核一个组织的基础设施和维护方案控制。

2. 某企业的成套加工设备是从国外引进的，设备由先进的电脑中央控制系统控制。审核员在检查时询问中央控制室的操作人员如何调整控制参数，操作人员答复说："我们的加工程序是标准程序，参数已经在系统中设定好，操作界面是英文的，我不大看得懂。我只学会了开机和调试出标准程序，加工步骤全是自动进行，这设备可先进了，不用我操心。"

书网融合……

本章小结　　微课　　题库

参考文献

[1] 颜廷才，刁恩杰．食品安全与质量管理学［M］. 2 版．北京：化学工业出版社，2016.
[2] 姚卫蓉，吴存兵．食品安全与质量控制［M］. 2 版．北京：中国轻工业出版社，2021.
[3] 苏来金．食品安全与质量控制［M］. 北京：中国轻工业出版社，2020.
[4] 张晓燕．食品安全与质量管理［M］. 3 版．北京：化学工业出版社出版，2023.
[5] 申永奇．食品安全与操作规范［M］. 武汉：华中科技大学出版社，2023.
[6] 彭少杰．食品安全监督管理概览［M］. 上海：华东理工大学出版社，2023.
[7] 杨国伟．食品质量管理［M］. 北京：化学工业出版社，2019.
[8] 王京法．食品安全基础［M］. 北京：中国轻工业出版社，2024.
[9] 王玉君，张海军．食品安全管理体系内审员培训教程［M］. 2 版．北京：化学工业出版社，2023.
[10] 王世平，王增利．食品标准与法规［M］. 3 版．北京：科学出版社，2023.
[11] 刘金福，陈宗道，陈绍军．食品质量与安全管理［M］. 北京：中国农业大学出版社，2021.